Neurobionik

Hans-Werner Bothe
Michael Engel

Neurobionik

Zukunftsmedizin mit
mikroelektronischen Implantaten

Hoffnung für
- Querschnittsgelähmte • Schlaganfallpatienten
- Parkinson-Kranke • Seh- und Hörgeschädigte
- Epilepsie-Kranke • Chronisch-Schmerzkranke

UMSCHAU

	Einleitung	7
1	Was heute möglich ist: Behandlung der Parkinson-Krankheit	21
2	Erkenntnistheoretische Grundlagen und Konzeption	31
	Grenzen des deterministischen Denkens	34
	Reduktionismus und Nichtlinearität	37
	Theorie nichtlinearer, dynamischer Systeme	37
	Sequentiell-lineare und neuronal-nichtlineare Informationsverarbeitung	39
	Das menschliche Zentralnervensystem als neuronales Netz	41
	Inhalt und Zielsetzung der Neurobionik	42
3	Überlegungen zu ethischem Handeln	51
	Vernunftgeleitete Entscheidungsfreiheit	53
	Bewertung unseres Handelns	55
	Verhältnis von Individuum und Gesellschaft	56
	Recht auf Nichtwissen?	59
	Gesinnungsethik kontra Verantwortungsethik	60
	Bewahrung und Fortentwicklung	62
	Ethische Fragen der Neurobionik	64
4	Geschichte der Bionik	69
	Inspiration Natur	71
	Bionik auf breiter Front	77
5	Mathematische Grundlagen	81
	Klassische KI-Forschung in der Sackgasse	83
	Verhulstsche Wachstumsgleichung	84
	Eigenschaften nichtlinearer, dynamischer Systeme	87
	Übergang von Linearität zu Chaos	89
	Ordnung im Chaos der Gehirnaktivität	90
	Fraktale Geometrie	92
6	Bionischer Forschungsgegenstand Mensch	97
	Menschen vom Reißbrett	99
	Neues Lebenselixier: Elektrizität	102
	Wahrnehmen bedeutet Daten verarbeiten	105
	Schneller Computer – langsames Gehirn	108
	Neurocomputer lernen wie Kinder	110
7	Struktur und Funktion neuronaler Netze	113
	Kleinste informationsverarbeitende Einheit Neuron	115
	Perceptron-Modell	118
	Selbstorganisierende Netze	120
	Selbstorganisation und Lernfähigkeit	124
	Neuronale Netze im Überblick	125

8 Welt der Nerven — 127
Elektrische Aktivität in Nervenzellen — 129
Transistor mit Gefühl — 139
Neuronales Feuer: Zellen geben Signale — 142
Neuroprothetik: Gegenwart und Zukunft — 147

9 Neuroprothesen im medizinischen Einsatz — 149
Fallbeispiel Phantomschmerzen — 153
Prothesen zeigen Muskeln — 158
Urin auf Knopfdruck — 170
Computer im Ohr — 175
Neuroprothese am Gehirn — 186

10 Neurobionische Prothesen der Zukunft — 195
Prothetisches Paradies in Sicht — 200
Sehen mit Retina- und Sehnervenimplantat — 201
Subret-Prothesen gehen unter die Haut — 210
Tiere im Test — 216
Epiret-Projekt — 218
Alternative: Solaris-Projekt — 223
Was haben Prothesen mit der Psyche zu tun? — 226
Blinde Menschen drängen zur Eile — 228
Amerikanischer Weg zum Licht — 229
Sehprothesen zur Horizonterweiterung — 232
Selbstheilungskräfte der Nerven — 233
Gefühlvolle Bewegung: die neuronale Armprothese — 235
Entwicklung einer ersten bidirektionalen Neuroprothese — 245

11 Verbindungsmethoden für Biologie und Technik — 251
Dualselektive Scannerelektrode — 256
Nerventransplantationskammer — 257

12 Sinn und Unsinn von Tierversuchen — 261

13 Partnerwissenschaften der Neurobionik — 267
Computational Neuroscience — 269
Biophysik — 272
Zell- und Gewebebiologie — 276
Neurotechnologie — 278
Mikromechanik — 278
Mikroelektronik — 280
Neurochirurgie — 283
Neurologie — 287
Neurorehabilitation — 291

Selbsthilfe: Verbände und Vereine — 295

Institute und Kliniken — 299

Einleitung

Das Wissenschaftszentrum Nordrhein-Westfalen in Düsseldorf wollte es genau wissen: Welche Meinung hat „der Mann oder die Frau auf der Straße" über die Hirnforschung im allgemeinen und über Neuroprothesen im besonderen? Im Sommer 1993 schwärmten Mitarbeiter des Bielefelder Emnid-Instituts in alle Teile der Bundesrepublik aus, um insgesamt 1 535 erwachsene Personen mit verschiedenen Thesen zur Hirnforschung zu konfrontieren; wie zum Beispiel:

»Es ist ethisch nicht zu vertreten, daß man Computer mit dem menschlichen Nervensystem koppelt, um zum Beispiel Prothesen für behinderte Menschen herzustellen.«

Computer sollen mit dem menschlichen Nervensystem verbunden werden? Davon hatte die Mehrheit noch nie etwas gehört. 20 Prozent der Befragten wollten aus diesem Grund überhaupt keine Meinung äußern. 42 Prozent zeigten sich schockiert, sie beurteilten die Forschung als anstößige Projekte. Selbst jene 37 Prozent, die den Wissenschaftlern ethischen Begleitschutz gaben, wußten mehrheitlich nichts von den Möglichkeiten der Neuroprothetik. Bemerkenswert an der Emnid-Untersuchung waren nicht so sehr die einzelnen Antworten, sondern der Verlauf der Gespräche, denn anfangs demonstrierten die meisten der Befragten ungebrochenen Fortschrittsglauben. Erstes Statement:

»Durch die Entwicklung der medizinischen Wissenschaft werden die Eingriffsmöglichkeiten am Gehirn immer größer. Das ist ein großer Fortschritt.«

Fast drei Viertel der Befragten äußerten sich positiv über den medizinischen Fortschritt in der Hirnforschung, wohl auch deshalb, weil hier noch keine konkreten Details genannt werden. In den ostdeutschen Bundesländern waren es sogar 84 Prozent. Diese anfangs optimistische Einstellung sollte im Verlauf des Gesprächs allerdings in sein Gegenteil umschlagen. Je mehr die Befragten von den Möglichkeiten der Neurotechnologie erfuhren, desto skeptischer wurden die Urteile. Am Ende, als »besonders strenge ethische Maßstäbe« für die Hirnforschung zur Disposition standen, votierten 79 Prozent für rigide Richtlinien. Dieser erstaunliche Meinungsumschwung im Verlauf eines nur wenige Minuten dauernden Gesprächs macht das Dilemma der Hirnforschung deutlich. Die Mehrheit der Menschen nimmt von den konkreten Projekten keinerlei Notiz, obwohl dieser Forschungsbereich momentan mit geradezu phantastischen Zukunfts-

Einleitung

perspektiven aufwartet. Daß viele Menschen geradezu schockiert reagieren, wenn sie von den „ungeheuren" Möglichkeiten der Neurotechnik erfahren, können auch Forscher wie Gerhard Roth von der Universität Bremen nur bestätigen: »Auf der einen Seite fühlt man sich als Hirnforscher geschmeichelt, wenn viele Leute zu den eigenen Vorträgen kommen. Wenn man aber darlegt, daß Geist und Bewußtsein mit naturwissenschaftlichen Methoden untersucht werden können, daß man vielleicht Geist und Bewußtsein wird nachbauen können, dann kommt oft große Angst auf.«

Die Weltgesundheitsorganisation (WHO) erklärte die neunziger Jahre zur *Decade of Brain* – zum Jahrzehnt der Hirnforschung. Eine durchaus mißverständliche Formulierung. Selbstverständlich geht es nicht darum, das menschliche Hirn zu verstehen, und schon gar nicht wird diese Aufgabe noch in diesem Jahrzehnt zu Ende gebracht werden können. Seit Hunderten von Jahren versuchen Menschen die besonderen Leistungen ihres Denkapparates zu erklären, doch erst seit kurzer Zeit ist es möglich, die spezifischen Fähigkeiten des Gehirns wie Lernen und Gedächtnis auf neuartigen Computerprogrammen – den neuronalen Netzen – zu installieren. In dieser „technischen Verfügbarkeit" des Gehirns – wenn auch derzeit noch in sehr rudimentärer Form – liegt der eigentliche Reiz der Neuroforschung. In Wahrheit sind also die Fortschritte der Computertechnologie dafür verantwortlich, daß die letzte Dekade vor der Jahrtausendwende dem Gehirn gewidmet ist. Selbstredend, daß die beteiligten Industrienationen vor allem Vermarktungsstrategien mit der Hirnforschung verbinden. Intelligente Neurocomputer sollen die Börsenkurse besser als irgendein aufgeregter Yuppie vorhersagen können. Heute noch berechnen Computer das Wetter von morgen mit Hilfe hochkomplizierter Programme und einer endlosen Batterie atmosphärischer Daten. Morgen könnten Neurocomputer dies mit einer durchaus menschlichen Mischung aus Intention und Erfahrung, Wissen und Gefühl sehr viel verläßlicher erledigen: Nicht nur beim Wetter sind verläßliche Prognosen ein Milliardengeschäft.

Die Medizin bietet nicht minder interessante Exportmöglichkeiten. Auch in diesem Zusammenhang ist zu verstehen, daß nationale Forschungsprojekte in den USA und Deutschland ganze Heerscharen von Wissenschaftlern auf die lukrative Fährte setzen. Neuronale Prothesen – und auch hier spielen Neurocomputer eine zentrale Rolle – sollen einmal geschädigte Nervenzellen ersetzen. Die Aussichten dieser Forschungen erinnern an ein biblisches Märchen: Blinde könnten wieder sehen, Lahme wieder gehen. Doch das ist nur der halbe Weg.

Schon heute ist denkbar, daß am Ende dieser Entwicklung technische Ersatzteile sogar für das Gehirn zur Verfügung stünden: menschlicher Geist, gebündelt auf einem Mikrochip – und auch hier durchkreuzen wir die Vorgaben der Bibel: Menschen schicken sich an, dem Heiligen Geist Konkurrenz zu machen, indem sie als körperlose, wohl aber denkende Wesen existieren wollen. Schon weit „im Vorfeld" bergen die Forschungen jede Menge Zündstoff. Allein der Umstand, daß sich eine Neuroprothese im Gehirn auf die Psyche der Behandelten auswirken kann, tangiert einen zentralen Bereich: die Grenzen der menschlichen Identität.

Keine Frage: Neurowissenschaftler „profitieren" von der Ruhe in der Öffentlichkeit. Ungestörte Arbeit in den Laboratorien durchführen zu können war schon immer etwas reizvoller, als ständige Legitimation in Talkshows und der Tagespresse nötig zu haben. Sonderbarerweise geben sich auch die selbsternannten Experten für die menschliche Seele gelassen. Die Mehrheit der Psychiater und Psycho-

Antiquierte Prothetik
Mechanische Prothesen aus dem 17. Jahrhundert.

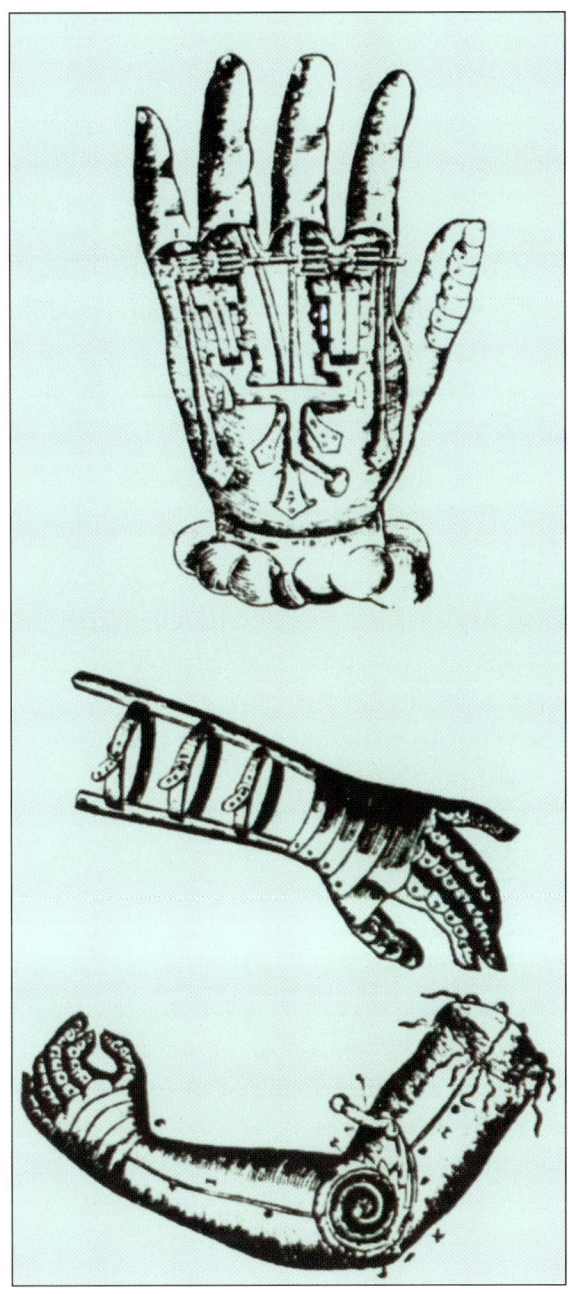

Einleitung

therapeuten zum Beispiel wollen nicht einmal die „Physiologie des Denkens" zur Kenntnis nehmen, daß es letztlich Moleküle sind, aus deren Zusammenwirken die Symphonie des Geistes resultiert. Die dogmatisch anmutende Weigerung der Seelenärzte mag verständlich sein, weil sie eine ganzheitliche Auffassung der menschlichen Psyche zum Ausdruck bringt; gleichwohl darf das Feld eben nicht nur den Neurowissenschaftlern überlassen bleiben, die Schritt für Schritt die „Materie des Denkens" enträtseln und den Geist auf eine materielle – maschinell nachbaubare – Grundlage stellen. Es ist ein zentraler Wunsch der Autoren, eine breite öffentliche Diskussion über Hirnersatz und menschliche Identität zu entfachen. Doch viele Menschen meinen, das Thema sei – wenn überhaupt – erst im übernächsten Jahrhundert relevant, ohne zu ahnen, daß das Zeitalter der Neuroprothetik bereits begonnen hat.

Auch in den Reihen der um das Seelenheil bemühten Kirche ist es sonderbar still, was noch mehr verwundert, denn letztlich könnten die Neurowissenschaften die Religion im Handstreich *erledigen*. Wenn nämlich die Einheit des neuronalen Systems in einer konstruktivistischen Wirklichkeitssicht aufgelöst wird, dann ist Gott höchstens noch ein Symbol für die Denkfähigkeit des Menschen. Kürzlich erst wurde der italienische Astronom Galileo Galilei von der katholischen Kirche rehabilitiert, der sich Anfang des 17. Jahrhunderts erdreistete, die Sonne in den Mittelpunkt des Weltsystems zu stellen. 400 Jahre Bedenkzeit brauchten die Päpste, um den vergleichsweise „harmlosen Fall" gütlich zu Ende zu bringen. In den Neurowissenschaften ist eine dornröschenhaft verschlafene Strategie wie im Falle Galilei nicht möglich. Eine Kirche, die nämlich ihrer Legitimation beraubt ist, kann nicht existieren und folglich auch keine Urteile fällen. Religiosität, erklärt als mentales Impulsgeschehen, fiele der Bedeutungslosigkeit anheim.

Was die zu besonderer Ethik verpflichteten Ärzte und Geistlichen nicht schaffen, bringen andere Betroffene zustande. Es sind Behinderte, die sich von den Forschungsergebnissen völlig neue Heilungsmöglichkeiten erhoffen, aber auch nicht vergessen, Wissenschaftler zu verantwortlichem Handeln zu verpflichten, zumal die Prothesen im Verdacht stehen, massiven Einfluß auf die Psyche des Menschen nehmen zu können. Natürlich geht vielen behinderten Menschen die Forschung gar nicht schnell genug voran. Die *Deutsche Retinitis-pigmentosa-Vereinigung*, in der blinde Menschen organisiert sind, verkündete Ende 1996, »daß das Potential und die Ressourcen der Neurotechnologie intensiver als bisher für den medizinischen Einsatz zur Linderung des psychischen

Einleitung

und körperlichen Leidens genutzt werden sollten«. Wissenschaftler können sich geschmeichelt fühlen.

Herzen, Lungen und Nieren – ein ganzes Ersatzteillager biologischer und auch künstlicher Organe – liegen heute zum „Einbau" bereit. Transplantationen gehören wie selbstverständlich zum Repertoire der High-Tech-Medizin. Sogar Teile von Gehirnen, wie beispielsweise aus abgetriebenen Föten zur Behandlung der Parkinsonschen Krankheit, setzen Neurochirurgen in die Gehirne erwachsener Empfänger ein. Die grundsätzliche Frage nach der Identität des Menschen, der im Extremfall vielleicht sogar mit einer ganzen Palette fremder Organe ausgestattet ist, spielt in diesem Zusammenhang praktisch keine Rolle.

Prothesen für das Gehirn würden die Situation schlagartig ändern, schließlich ist unser „Palast der Erinnerung" nicht irgendein Organ wie Lunge und Leber, sondern schlechthin der zentrale Ort, an dem menschliches Bewußtsein, Seelenleben und Gefühle vereint sind. Hier scheint das, was den Menschen über alle anderen Lebewesen erhebt, in einem Volumen von 1,5 Litern grauer Masse vereint zu sein. Und diese Argumentation zieht sich wie ein roter Faden bis hin zum sogenannten Hirntod, der den Todeszeitpunkt eines Menschen ethisch rechtfertigt, obwohl alle anderen Organe noch trefflich arbeiten. Gehirnprothesen durchkreuzen das gängige Todeskonzept, weil es künftig möglich sein wird, ausgefallene Hirnregionen durch Mikrochips zu ersetzen. Am Ende dieser Entwicklung könnte der Mensch sogar unsterblich werden, dann nämlich, wenn sein biologisch basierter Geist auf die metallenen Leiterbahnen eines Mikrochips transplantierbar wäre. Der sogenannte Heilige Geist als religiöses Synonym für Gottvater – losgelöst von den Schwernissen aus Fleisch und Blut – würde eine prothetisch gestützte Entsprechung finden. Die Neurobionik wird unser Weltbild, unser Selbstbild und, damit verbunden, unser religiöses Verständnis fundamental verändern, mehr als jede andere wissenschaftliche „Errungenschaft" in der Menschheitsgeschichte. Diese Dimensionen aufzuzeigen, eine Diskussion in Gang zu bringen, Chancen, aber auch Risiken zu beleuchten, ist das Ziel unseres Buches.

Neurobionik ist ein Kunstwort, das Elemente aus drei verschiedenen Disziplinen, den Neurowissenschaften, der Biologie und der Technik, vereint. Unter dem Dach interdisziplinärer Forschung arbeiten Wissenschaftler auf der ganzen Welt an der Konstruktion neuronaler Prothesen. Das Problem dabei: Die „elektronischen Krücken" müssen mit dem menschlichen Nervensystem kommunizieren, die spezifischen Signale genau verstehen und natürlich auch

Einleitung

Antworten geben, die von den grauen Zellen des Gehirns verstanden werden. In diesem optimalen Fall würden neuronale Prothesen zum integrierten Bestandteil des Menschen auswachsen: Eine neuronale Armprothese würde sich *anfühlen* wie ein biologischer Arm. Das ehrgeizige Konzept beginnt zunächst einmal in der Peripherie, weil dort die anatomischen Verhältnisse noch „recht einfach" liegen. Zu den ersten Prothesen zählen künstliche Ohren und Augen. Auch gibt es erste Lösungen für Arme und Beine, doch ist heute bereits absehbar, daß die Prothesen der Zukunft sogar die Funktionen des menschlichen Gehirns ersetzen können. Der menschliche Geist wäre am Ende dieser Entwicklung auch ohne das Gehirn – seinen biologischen Träger – denkbar.

Forscher, die daran arbeiten, haben natürlich nicht vor, künstliche Menschen zu schaffen. Der Antrieb ist vergleichsweise profaner, weil medizinischer Natur. Es geht um Heilung, Rehabilitation und Integration von Patienten mit Nervenschädigungen. Nervenfasern verbinden beispielsweise unser Gehirn mit den Beinen, wodurch es möglich ist, daß wir uns willentlich bewegen. Sind diese „Kabelstränge" durch einen Unfall oder einen Tumor zerstört, müssen die Betroffenen zeit ihres Lebens im Rollstuhl sitzen. Die Neurobionik könnte das „Wunder" vollbringen, daß Querschnittsgelähmte tatsächlich wieder laufen, indem die neuronalen Prothesen die durch den Unfall entstandene Bruchstelle im Rückenmark elektrisch überbrücken und den Kontakt zwischen Hirn und Beinen wiederherstellen. Den Rollstuhl könnten Querschnittsgelähmte dann für immer stehenlassen.

Phänomenale Heilung versprechen neuronale Prothesen auch bei anderen „Nervenleiden". Oftmals zerstören bösartige Geschwüre die Leitungsbahnen der Augen zum Gehirn, in manchen Fällen sind die lichtempfindlichen Nervenzellen der Netzhaut geschädigt. Neurobionik stellt die Kommunikation zwischen Auge und Gehirn mit Hilfe von Sehprothesen wieder her: Blinde – so das Ziel – könnten wieder sehen. Erste Ansätze gehen dahin, daß intelligente Fotochips die Arbeit des biologischen Pendants übernehmen. Bei neuronalen Hörprothesen ist die Entwicklung noch weiter gediehen. Mehr als 1 000 Patienten weltweit – vornehmlich Kinder – tragen heute ein sogenanntes Cochlea-Implantat.

Auch bei Arm- oder Beinamputationen bieten neuronale Prothesen eine weit bessere Alternative. Die neuartigen „Krücken" sind zwar ein technisches Produkt aus Drähten, Mikrochips, überzogen vielleicht mit einer fleischfarbenen Hülle aus Kunststoff, und trotzdem werden diese Prothesen verblüffende Eigenschaften besitzen, die nichts mehr mit ihren hölzernen Vorgängern gemein haben. Mit einem neuronalen Arm beispielsweise könnte der Betroffene wie mit einem „richtigen Arm" nach einer Tasse Kaffee greifen und dabei sogar spüren, ob das Getränk noch heiß ist. Neuronale Prothesen empfinden und vermitteln nämlich „Gefühle" wie Schmerzen, Druck oder Hitze und leiten diese „Eindrücke" – aufbereitet in der spezifischen Sprache der Nerven – an das Gehirn, wo uns das Gefühlte bewußt wird. Träger einer solchen Prothese hätten weit weniger den Eindruck, ein fremdes Anhängsel zu tragen, als dies bei einer *normalen* Prothese der Fall ist. Ein Pianist, der durch einen Unfall seinen Arm verliert, kann heute seinen Beruf an den Nagel hängen. Mit einer neuronalen Ersatzhand indes ließen sich selbst virtuose Stücke von Frédéric Chopin bewältigen. Eine aus heutiger Sicht geradezu unglaubliche Vorstellung, die alle Science-fiction-Darstellungen herumstolzierender Roboter in den Schatten stellt. Die Neurobionik ist das Bindeglied in diese faszinierende, aber auch beängstigende Zukunft.

Hunderttausende von Menschen sind Opfer von Hirnschlägen. Heute besteht praktisch keine Heilungsmöglichkeit, wenn Hirngewebe durch Sauerstoffmangel abstirbt. Zentrale Nervenzellen sind nämlich nicht regenerationsfähig, und benachbarte Zellen können nur in Maßen die Aufgaben übernehmen. Ist die motorische Rinde betroffen, verlieren die Patienten ihre Beweglichkeit. Einseitige Lähmungen stellen sich ein, die selbst durch jahrelanges Training nur mit minimalem Erfolg belohnt werden. Ein Infarkt im Bereich des Sprachzentrums wirft den Menschen nicht selten auf das sprachliche Niveau eines Kleinkinds zurück, in dramatischen Fällen erleiden die Patienten totalen Gedächtnisverlust. Neuronale Prothesen, die in das Gehirn eingesetzt werden, bieten nach bisheriger Kenntnis die wohl einzige Hilfe. Vorstellungen gehen dahin, daß die neuronalen Prothesen als „technische Teilhirne" die spezifischen Leistungen ausgefallener Hirnbereiche übernehmen. Da die Prothesen gleichsam im Gehirn eingebettet sind – vernetzt mit vielen Millionen benachbarter biologischer Hirnzellen –, tauschen sie ihre Signale mit den noch intakten Bereichen des Gehirns aus.

Mit dieser gewiß phantastischen Vision ist das Ende neurobionischer Entwicklung längst nicht erreicht. Wenn es nämlich gelingen würde, das Gehirn Schritt für Schritt nachzubauen, dann ist der Weg auch zur neuronalen Totalprothese vorgezeichnet. Ein künstliches Gehirn im Kopf, das die menschliche Identität seines Trägers vereint …, viele werden bei diesem Gedanken erschaudern. Wenngleich wir heute von dieser Medizin mit Mikrochips noch weit entfernt sind, projiziert die „Ganzhirnprothese" den Charakter der neurobionischen Revolution in seiner atemberaubenden Breite: Mensch und Maschine – der Unterschied verschmilzt zur Bedeutungslosigkeit. Science-fiction-Autoren haben in ungezählten Storys eine Zukunft mit intelligenten, liebenswürdigen, aber auch bösartigen Robotern entworfen, die alle menschlichen Eigenschaften maschinenhaft zur Schau stellen. Was diese Geschichten zwischen Himmel und Erde allesamt schuldig geblieben sind, ist die Antwort auf die Frage, warum diese menschlichen Kreaturen aus Stahl überhaupt entwickelt worden sind. Die Antwort kann nur lauten: Der medizinische Bedarf an neuronalen Prothesen ist der eigentliche Motor in diese Zukunft, in der die Grenzen zwischen Leben und Tod, Mensch und Maschine verschwinden.

Menschliches Bewußtsein, unabhängig von Fleisch und Blut, deponiert mitunter sogar in einem kalten Gehäuse aus Blech: Künftige Generationen werden die Fundamente des Menschengeschlechts neu überdenken müssen. Mensch und Maschine – dieser kategorische Unterschied verliert im Zuge neurobionischer Entwicklung seine Konturen. Am Horizont stehen „Maschinen" mit menschlichen Gefühlen, fähig zu Liebe und Haß, Besitzstreben und Selbstsucht. Es wären zugleich Maschinen, die ihren Platz in der sozialen Gemeinschaft über einen Lern- und Erfahrungsprozeß erst noch finden müssen. Selbst eine Schule – zum Training der neuronalen Chips – bliebe diesen Mensch-Maschinen nicht erspart. In diesem abenteuerlichen Szenario warten aber auch neuronale Supercomputer als „Aufnahmegefäße" für sterbende Menschen; auf der Suche nach einer neuen „Behausung" für den Geist, bevor die „sterbliche Hülle" ihren Dienst versagt. Vielleicht läßt sich die biologische Lebensspanne des Menschen durch die Aufklärung molekularer Alterungsmechanismen tatsächlich einmal auf 400 Jahre ausdehnen, wie Altersforscher seit jüngster Zeit behaupten. Vor dem Hintergrund neurobionischer Unsterblichkeit verblassen alle diese Prognosen allerdings zur Bedeutungslosigkeit.

Zweifelsohne ist die Vorstellung von Menschen mit künstlichen Gehirnen oder – umgekehrt – von Robotern mit menschlichem Genie ungeheuerlich. Gläubige werden den Vorwurf der Gotteslästerung erheben; mehr noch, wenn ihnen bewußt wird, daß sich diese Mensch-Maschinen möglicherweise sogar selbst an Gott wenden, um Antworten auf ihre Existenz zu finden. Biologische und technischen Menschen werden sich das Recht herausnehmen, einander zu lieben. Auch die vielzitierte platonische Liebe würde durch eine neurobionische Variante erweitert.

Die Entwicklung in diese Richtung schreitet momentan mit hohem Tempo voran. Keine sechzig Jahre sind vergangen, da der erste Computer der Welt im wahrsten Sinne des Worte losratterte: Die mechanischen Schalter der klobigen Telefonrelais ließen jedes Bit regelrecht erklingen. Wenige Jahre später arbeitete bereits der erste Großcomputer. Trotz seiner 18 000 Röhren und der stattlichen Dimensionen eines Seecontainers dachten die Konstrukteure an Höheres: Das technische Monstrum, Eniac genannt, machte als „Elektronenhirn" Furore.

Bis zum Ende dieses Jahrhunderts werde man von denkenden Maschinen sprechen können, ohne auf Widerspruch zu stoßen, prognostizierte der britische Computerpionier Alan Turing Anfang der fünfziger Jahre. Zugleich entwarf der Wissenschaftler ein legendäres Experiment, mit dem er feststellen wollte, ob eine Maschine tatsächlich wie ein Mensch denkt. Eine Versuchsperson sollte der Maschine, ohne sie zu sehen, beliebige Fragen stellen. Werden die Antworten, aus welchen Gründen auch immer, einem menschlichen Wesen zugeordnet, dann – so der Computerexperte überzeugt – könne die Maschine wirklich wie ein Mensch denken. Heute kann man über den Versuch allenfalls lächeln, denn mit kognitiven Strategien allein ist die Frage nach maschinell erzeugter Menschlichkeit wohl kaum zu beantworten. Mittlerweile schlägt ein Schachcomputer sogar die Königsfigur des amtierenden Weltmeisters, ohne daß jemand ernsthaft auf den Gedanken käme, die Maschine hätte menschliche Weisheit entwickelt. An Versuchen, diesem Ziel näher zu kommen, fehlt es allerdings nicht. Der jüngste Sproß dieser intelligenten Blechbüchsen wurde in einem Forschungslabor des japanischen Autoherstellers Honda geboren. Dem Äußeren nach ein Astronaut, kann die Maschine „P2" Treppen steigen, einen kleinen Wagen durch das Wohnzimmer schieben und bei Rempeleien das Gleichgewicht behalten. Kaffee zu servieren kann der Blechdiener selbständig *organisieren*, ohne daß jeder Schritt programmiert sein muß. Gleichwohl bleibt „P2" eine dumme Maschine.

Mit der Chaostheorie, die einen Beitrag zur Erforschung nichtlinearer Systeme leistet, könnten die kognitiven Mauern zwischen Mensch und Maschinen einstürzen, denn aus dieser Forschung werden die entscheidenden Impulse für die Schaffung künstlicher Intelligenz erwartet. Zusammen mit neuartigen Rechnern, den Neurocomputern (lernfähigen Mikroprozessoren), die seit etwa fünf Jahren die Computerwelt beschäftigen, soll der entscheidende Durchbruch gelingen. Nichtlineare Verhältnisse spielen übrigens bei der Mehrzahl irdischer Prozesse eine herausragende Rolle. Wetter und Vulkanismus, sogar Epidemien und soziale, politische oder wirtschaftliche Entwicklungen verhalten sich entsprechend mit

Einleitung

einer – für den Menschen – fatalen Konsequenz: Selbst wenn alle Bedingungen des Geschehens bekannt sind, alle Fakten, Zahlen und Parameter, führt die mathematische Verknüpfung zu keiner eindeutigen Lösung. So kann zum Beispiel das Wetter von nächster Woche prinzipiell nicht mit letzter Sicherheit vorhergesagt werden, obwohl alle relevanten Daten verfügbar sind. Auch die 180 Billionen grauen Zellen des menschlichen Gehirns bilden in ihrer Gesamtheit ein nichtlineares System. Letzte Konsequenz in diesem Zusammenhang: Niemand kann vorausberechnen oder vorhersagen, wie und was ein Mensch als nächstes denken wird. Jedes Individuum bildet mit seinem unergründlichen Gehirn ein eigenes unverwechselbares Universum. Die Grundlage dieser Individualität, sie könnte durch die Chaosforschung beleuchtet werden.

Würde es gelingen, lernfähige, nichtlinear funktionierende Computer zu entwickeln, die ihre eigene Dynamik entfalten – jenseits starr arbeitender Programme –, wäre dies ein entscheidender Schritt hin zu einer künstlichen Intelligenz, die diesen Namen auch verdient. Wir dürfen aber nicht vergessen, daß auch ein Fliegenhirn mit einigen hunderttausend Nervenzellen ein neuronales System darstellt, aber nicht allein deswegen schon intelligent genannt werden darf. Daß auf der ganzen Erde intensiv an der Entwicklung neuronaler Rechenverfahren gearbeitet wird, liegt auf der Hand: Börsenkurse ließen sich mit größerer Sicherheit vorhersagen, um nur eines der sehr lukrativen Beispiele zu nennen.

Seit Jahrzehnten werden Nervenzellen mit Mikroskopen, Mikroelektroden und Sonden untersucht. Mittlerweile weiß man zum Beispiel sehr genau, daß Nervenzellen mit elektrischen Impulsen kommunizieren, daß diese Impulse auf molekularer Ebene transportiert werden und daß sie, beispielsweise bei den motorischen Muskelzellen, Bewegungen auslösen. Wie sich jedoch ein spezieller Gedanke im Impulsgeschehen der Nerven niederschlägt, entzieht sich noch immer dem Zugriff der Wissenschaft. Neueste Forschungen scheinen zu belegen, daß beim Denken und Lernen bestimmte Eiweißstoffe von den Genen der Nervenzelle synthetisiert werden, durch sogenannte Mikrotubuli – molekulare Schläuche – zu den Zellwänden gelangen und dort die elektrische Reizbarkeit der Zelloberfläche verändern. Da beim Lernen Millionen von Nervenzellen gleichzeitig elektrisch gereizt und daher auch chemisch verändert werden, entsteht die Vorstellung von einer ungeheuren Dynamik des Gehirns – ohne jedoch einer Lösung der Fragestellung näher gekommen zu sein.

Die Neurobionik muß eine Klärung all dieser Fragen keineswegs abwarten, um erste Prothesen konstruieren zu können, denn schon heute zeichnen sich viele kleine Etappen konkreter Anwendungen ab. Bei neuronalen Armen zum Beispiel liegen die Probleme eher an der Schnittstelle zwischen Prothese und Nervenzelle. Wie lassen sich Nervenzellen und Elektroden dauerhaft verbinden? Wie weit muß die Miniaturisierung vorangetrieben werden, daß die technischen Komponenten kompatibel sind? Die Aussicht auf immer bessere Prothesen ist gleichsam der Schlüssel, der die Wissenschaft weiter und weiter zum Zentrum des menschlichen Gehirns führt. Heute bereits gibt es Hörprothesen, die sogar direkt mit dem Gehirn des Menschen in Verbindung stehen.

Mit dieser in der Öffentlichkeit noch weitgehend unbekannten Entwicklung erhält auch die Nervenheilkunde erstmals in ihrer mehr als einhundertjährigen Geschichte der Hilflosigkeit eine gewaltige Option. Bislang hatten Psychiater nur wenige Möglichkeiten, Erkrankungen des Gehirns zu behandeln. Betroffene wurden in Nervenheilanstalten gesteckt und mit mittelalterlich anmutenden Methoden therapiert. Wie viele Menschen zum Beispiel durch Elektroschocks nachhaltig geschädigt oder mit Psychopharmaka in ihrer Persönlichkeit deformiert wurden, läßt sich kaum beziffern. Selbstverständlich soll nicht verschwiegen werden, daß die Neurochirurgie gewaltige Fortschritte gemacht hat: Neurochirurgische Eingriffe, die noch vor wenigen Jahren mit hohem Risiko für den Patienten durchgeführt wurden, zählen heute zur Standardtherapie inklusive hoher Überlebensrate. Neurobionik wird dazu führen, daß weitere Bereiche heute noch unheilbarer Nervendefekte mit Erfolg behandelt werden können.

Ob die Mikrochips im Zentralnervengewebe wissenschaftlich moderat „Neocortex-Prozessor" oder eher volkstümlich „Gehirnprothese" getauft werden, ändert nichts an der Tatsache, daß die Neurobionik gewaltige medizinische Möglichkeiten eröffnet. Sie abzulehnen hieße, Menschen den medizinischen Fortschritt zu entziehen. Bei manchen Patienten zum Beispiel ist der Gesichtsnerv zerstört. Viele Mitmenschen deuten das zur Fratze entstellte Gesicht als geistige Behinderung und äußern sich dazu auch noch abwertend. Nicht wissend, daß die Betroffenen im Vollbesitz ihrer geistigen Fähigkeiten sind und diese alltäglich erfahrene Demütigung reflektieren können. Neurobionik kann helfen, die Betroffenen aus dem Bannkreis von Hohn und Spott herauszuholen, seelische und soziale Integrität zu ermöglichen.

In den USA wurde bereits Anfang der neunziger Jahre das *Neuronal Prothetic Program* mit konkreten Forschungen an verschiedenen wissenschaftlichen Einrichtungen begonnen. Die Aussicht, mit diesen High-Tech-Prothesen eine innovative Vorreiterrolle in der Welt einzunehmen und die lukrative Position als

Einleitung

Exportnation langfristig zu stabilisieren, hat auch die Bundesrepublik bewogen, ein nationales Forschungsprogramm aus der Taufe zu heben. Unter dem Projektnamen *Neurotechnologie* schiebt das Bundesforschungsministerium auf breiter Front die Entwicklungen seit etwa drei Jahren an. So untersuchen deutsche Wissenschaftler neurotechnologische Systeme, die es erlauben, Nerven mit einem Mikrochip unter physiologischen Bedingungen dauerhaft zu verbinden. Neuronale Hör- und Sehprothesen stehen auf dem Programm und begleitend dazu, fundierte Grundlagenforschung über Elektroden, Nervenkontakte, Biokompatibilität, Langzeitverhalten und vieles mehr. Kein anderes Land stellt die Neuroprothetik auf ein ähnlich breites Fundament, wie das derzeit durch die Bundesrepublik geschieht.

Wollte man nur eine Hand oder einen Finger als neuronale Prothese „zum Leben" erwecken, müßten viele Probleme quasi gleichzeitig und auf verschiedensten Gebieten gelöst werden. Biophysiker, Neuroinformatiker, Neurochirurgen, nicht zuletzt auch Computerexperten und Chaosforscher sind in dieser Sphäre interdisziplinärer Forschung gefragt. Neurobionik fordert Interdisziplinarität auf höchstem Niveau. Optimistische Einschätzungen der mit der Neurobionik beschäftigten Wissenschaftler geben den neuronalen Prothesen schon in den nächsten Jahren gewaltige Entwicklungschancen. Doch wie überall in Forschung und Technik hängt die wirkliche Geschwindigkeit auch entscheidend davon ab, wieviel Finanzmittel diesen Forschungsvorhaben zur Verfügung gestellt werden. Erstmals gezeigt werden die Forschungen einer globalen Öffentlichkeit auf der Weltausstellung EXPO 2000, die im sogenannten Themenpart einen kritischen Dialog zwischen Mensch, Natur und Technik führen will.

Neurobionik vereint wie keine andere Disziplin Mensch, Natur und Technik unter einem Dach. Sie dürfte schlechthin die Herausforderung der Menschheit an der Schwelle zum nächsten Jahrtausend sein mit ihren faszinierenden, aber auch beängstigenden Fähigkeiten. Gefahren der Gentechnik oder der Umweltzerstörung verblassen vor der schwarzen Wand, die mit der Neurobionik aufzieht. Wenn die Evolution tatsächlich den Menschen befähigt, selbst Hand anzulegen an dem, was ihn zum Menschen macht – den Geist –, können Visionen über Mißbrauchsmöglichkeiten gar nicht schrecklich genug skizziert werden. Menschen werden denkbar, die nur das tun können, was andere ihnen auftragen. Die daraus resultierenden Gefahren sind politischer, wirtschaftlicher, sozialer und kultureller Natur. Aus dem neurobionischen Instrumentarium, das Heilung von Hirnkrankheiten und Querschnittslähmungen verspricht, werden dann Werkzeuge purer Macht. Gehirnprothesen als Garanten einer gnadenlosen Diktatur, Orwells „Big Brother" hätte zweifellos ein leichtes Spiel mit einem ohnmächtigen Heer geistiger Sklaven, denen die Prothesen die Wahrheit vorenthalten. Nicht zuletzt deswegen könnte die neurobionische Welt auf dem Kopf stehen: Maschinen führen intelligente Vernichtungsfeldzüge – auch gegen Menschen –, während die Unsterblichen, die es geschafft haben, ihren Geist auf Mikrochips auszulagern, via Internet nach einer neuen Heimstätte suchen. Neurobionik enthält den Sprengstoff, der die Grundfesten des Menschengeschlechts zerstören kann. Eine intensive Diskussion ist daher dringend geboten, auch wenn die Gefahren noch weit entfernt zu liegen scheinen. Gefordert sind alle gesellschaftlichen Gruppen, damit auch die Politiker merken, daß neurobionischer Fortschritt in gesetzliche Bahnen gelenkt werden muß. So wie das Embryonenschutzgesetz zum Beispiel Genexperimente beim Menschen verbietet, sollten gesetzliche Regelungen frühzeitig diskutiert werden mit dem Ziel, die geistigen Freiheitsgrade des Menschen, seine soziale Integrität und Identität nicht anzutasten. Wir müssen uns diese Zeit nehmen – der Zukunft zuliebe.

1

Welche Symptome sind typisch für die Parkinson-Erkrankung? Welche Behandlungsmöglichkeiten gibt es? Was ist über die Ursachen bekannt, welche Aufgabe hat die erkrankte Gehirnregion? Ist es gerechtfertigt, Morbus Parkinson so zu behandeln, wie es seit kurzer Zeit getan wird? Ethische Rahmenbedingungen tun not: Wie könnten sie aussehen und wie in der Wissenschaft und Medizin umgesetzt werden?

Was heute möglich ist: Behandlung der Parkinson-Krankheit

Fallbeispiel
Herr Erich K. sitzt im Behandlungszimmer. Er ist 62 Jahre alt. Seit fünf Jahren leidet er an zunehmender Bewegungsunfähigkeit bei voller Einsicht in sein Krankheitsbild. Er ist geistig und intellektuell vollständig intakt. Er sitzt auf dem Stuhl und ist nicht fähig, sich von diesem zu erheben. Er möchte aufstehen, aber er kann seiner Muskulatur nicht befehlen, dies zu tun. Dabei ist er nicht gelähmt. Nur der Wille seines Geistes dringt nicht mehr zu der Befehlszentrale an seine Beine durch. Die Muskulatur in seinen Armen und Beinen hat einen erhöhten Tonus, der nicht spastisch ist wie bei Querschnittsgelähmten oder Hirnschlagpatienten, sondern eigenartig wächsern oder bei Bewegung wie ein schlecht abgestimmtes Getriebe wirkt. Dabei hatte seine Krankheit, der Morbus Parkinson, vor fünf Jahren zunächst nur auf der rechten Seite mit einem Zittern der Hand begonnen. Dieses grobschlägige Zittern hatte ihn in peinliche Situationen gebracht, wenn ihm beim Essen in der Kantine das Essen von der Gabel fiel und Kollegen ihm belustigte Blicke zuwarfen. Mit der Zeit froren dann nach und nach seine Mimik und die flüssigen Bewegungen des gesamten Körpers ein, bis er unfähig war, auch nur einfache gewollte Bewegungen durchzuführen. So passierte es ihm öfter, daß er plötzlich vor einer Treppe stehenblieb und für Minuten unfähig war, den Treppenabstieg zu beginnen. Seine Muskulatur verhärtete immer mehr. *Akinese* (Bewegungshemmung), *Rigor* (erhöhte Muskelspannung) und *Tremor* (Zittern), die typischen Symptome der Parkinsonschen Erkrankung, erlebte er bei voll erhaltenem Bewußtsein und intellektueller Leistungsfähigkeit. Er bekam dann Medikamente, sogenanntes *Levodopa*, das ihm anfänglich auch gut half, seine Bewegungsunfähigkeit zu durchbrechen. Mit der Zeit aber stellten sich unwillkürliche Armbewegungen ein, die durch das Medikament ausgelöst wurden. Diese Bewegungen waren schlangenförmig und sehr auffällig. Willentlich

1. Was heute möglich ist

konnte er sie nicht in den Griff bekommen. Die Bewegungsunfähigkeit war jetzt durch das Medikament in überschießende groteske Bewegungen umgewandelt.

Herr K. sitzt im Behandlungszimmer, nachdem die Medikamente seit einer Woche abgesetzt sind. Er ist in eine absolute Bewegungsstarre gefallen. Er ist unfähig, sich vom Stuhl zu erheben. Wenn ihn zwei Hilfspersonen vom Stuhl hochziehen und hinstellen, kann er keinen Schritt tun. Wenn man ihn anschiebt, um ihn zum Gehen zu bringen, fällt er nach vorn um, weil er seine Füße nicht voreinander setzen kann. Herr K. wird also wieder auf den Stuhl gesetzt.

> Die Parkinsonsche Erkrankung kann mit mikroelektronischen Implantaten behandelt werden.

Vor drei Tagen wurde Herr K. operiert. Ihm wurden beidseitig Elektroden in tief im Inneren des Gehirns liegende Strukturen implantiert. Von diesen Elektroden führen Kabel aus dem Gehirn heraus, die an zwei Stimulatoren enden. Die Stimulatoren wurden unterhalb des rechten und des linken Schlüsselbeins unter der Haut deponiert. Mit einem Magneten, der über die Stimulatoren auf die Hautoberfläche gelegt wird, schalten wir zuerst den rechten und dann den linken Stimulator ein. Beide senden über die unter der Haut liegenden Kabel Impulse an die Elektroden im Hirninneren. Nach etwa 30 Sekunden bemerken wir, daß das grobe Zittern der Hände, der Tremor, weniger wird. Nach einer Minute ist es vollständig verschwunden. Nach drei Minuten läßt die Muskelstarre nach. Herr K. beginnt, die Hände locker auf seine Knie zu legen. Sein Oberkörper, der bisher nach vorne übergebeugt war, richtet sich auf. Nach kurzer Zeit steht Herr K. auf und beginnt – zunächst noch vorsichtig – umherzugehen. Sein Gang wird schon bald immer flüssiger. Nach fünf Minuten kann er auf Aufforderung Tanzschritte vorführen und tanzt aus dem Zimmer hinaus.

Dies ist keine erfundene Krankengeschichte, sondern ein seit etwa drei Jahren eingeführtes therapeutisches Verfahren bei Parkinson-Kranken, das an bisher etwa 150 Patienten durchgeführt wurde. Die Behandlung des alleinigen Symptoms Tremor wurde an noch mehr Patienten und bereits seit sechs Jahren angewandt. Nicht Wunderheilung, aber heutige Therapiemöglichkeit mit mikroelektronischen Implantaten ist diese Behandlung. Es sind auch keine Implantate, die einen biotechnischen Kontakt irgendwo an der Peripherie des Zentralnervensystems herstellen: Die Elektroden sitzen im innersten Kern des menschlichen Gehirns, im Bereich der sogenannten *Stammganglien*, genauer im *Nucleus subthalamicus*.

Mit einer Eröffnung des Schädels dürften neurobionische Anwendungen aus ethischen Gründen niemals verbunden sein, behaupten namhafte, im Forschungsgebiet der Neurobionik oder auch in ihren Teilgebieten wie beispielsweise der Neurotechnologie tätige Wissenschaftler. Dies sei die Grenze für die Anwendung mikroelekronischer Implantate. Ist es so einfach? Ist die Linderung des Leidens von allein in der Bundesrepublik etwa 200 000 Parkinson-Kranken nicht Rechtfertigung genug, im innersten Kern des menschlichen Gehirns elektronisch zu therapieren?

Ursachen

Der Funktionskreis, innerhalb dessen sich die Parkinsonsche Erkrankung manifestiert, besteht aus der Hirnoberfläche (Cortex), den sogenannten Stammganglien und dem Thalamus. Der Cortex ist so etwas wie Monitor und Festplatte des Gehirns in einem. Im *Cortex* werden Handlungspläne abgerufen oder neu zusammengestellt. Diese Handlungspläne werden als Kopie an die *Stammganglien* weitergegeben, innerhalb deren sie zuerst das sogenannte *Striatum* erreichen. Der Gesamtkomplex der Stammganglien zeigt sich als ein auf den Kopf gestellter Kegel. Die Basis dieses Kegels ist das Striatum, welches unterhalb des Cortex liegt und von dort die besagten Handlungskopien aufnimmt. Diese werden im Durchlaufen des informationsverarbeitenden Prozesses innerhalb der Stammganglien

Neben der Gehirnoberfläche sind bestimmte Funktionen des Zwischen- und des Endhirns von der Parkinson-Krankheit geschädigt.

immer weiter abstrahiert und zusammengefaßt, bis sie schließlich in der Spitze des Kegels – anatomisch gesehen im sogenannten *Globus pallidus internus (GPi)* – eine Region erreichen, in der vermutlich der aktuelle Wille eines Menschen festgelegt wird. Hier könnte die anatomische Region des philosophischen Begriffs Selbstbewußtsein liegen. Auf ihrem Weg durch die Stammganglien werden die Handlungspläne nicht nur abstrahiert, konzentriert und zusammengefaßt, sondern durch Informationszuflüsse aus vielen verschiedenen Teilen des Gehirns auch mit Emotionen eingefärbt, Aufmerksamkeitsreaktionen bewerten die Handlungskopien, und angeborene Instinkthandlungen verändern sie.

Globus pallidus internus und *Thalamus* befähigen uns, aus einer ständigen Flut von Informationen die aktuell notwendigen herauszufiltern.

Der GPi regelt den Öffnungszustand eines weiteren Nervenzellkerngebiets in der Tiefe des menschlichen Gehirns, des *Thalamus*, welcher als „Tor zum Bewußtsein" bezeichnet wird. Wäre nicht der Thalamus, würden uns die Informationen aus unseren Sinnesorganen so überschwemmen, daß wir in ihnen buchstäblich „ersaufen" würden. Unsere Augen, unsere Ohren, Nase, Zunge, Haut, Gelenkkapseln, Muskelspindelorgane, das Gleichgewichtsorgan – jedes dieser Sinnesorgane liefert in jeder Sekunde Milliarden von Informationseinheiten an unser Gehirn. Wir sind nur handlungs- und damit überlebensfähig, wenn wir aus dieser ungeheuer großen Informationsmenge diejenigen Informationen herausfiltern können, die in der gerade aktuellen Situation notwendig sind. Diese Aufgabe wird vom Funktionsverband GPi und Thalamus geleistet. Der GPi hat zwei „Zügel", mit denen er den Thalamus für die Informationen, die für den aktuellen Handlungsplan notwendig sind, öffnen oder schließen kann. Der den Thalamus für Informationen öffnende Zügel ist der sogenannte *direct loop*, der den Thalamus schließende Zügel der *indirect loop*. Bei gesunden Menschen steuert der GPi mit diesen beiden Zügeln den Thalamus so, daß er gerade nur die Informationen zum Cortex passieren läßt, die für den aktuellen Handlungsplan notwendig sind. Im Cortex wird dann der Handlungsplan modifiziert durch die aktuellen Informationen aus der Umwelt. Der modifizierte Handlungsplan wird wieder als Kopie an die Stammganglien (Striatum) weitergegeben. Das System ist zu einem *closed loop*-System geschlossen, in dem die Informationsverarbeitung, in unserem Fall die aktuellen Handlungspläne eines Menschen, ständig an die sich verändernde Umwelt angepaßt werden kann.

Beim Parkinson-Kranken ist in diesem Information verarbeitenden Funktionskreis die Arbeit des Striatums gestört. Das Striatum benötigt eine Substanz aus einer Region im Hirnstamm, die mit *Substantia nigra pars compacta (SNc)* bezeichnet wird. Die Nervenzellen dieser SNc liefern die Substanz *Dopamin* an das Striatum, das ohne Dopamin nicht funktioniert: Dopamin ist der „Treibstoff" für das Striatum. Bei Parkinson-Kranken gehen die Nervenzellen der SNc aus bis heute noch nicht bekannten Gründen zugrunde. Die Folge ist eine Fehlfunktion der Basalganglien, denen die Substanz Dopamin fehlt. Diese Fehlfunktion äußert sich in dem Phänomen, daß der GPi den Thalamus für von außen eintreffende Informationen nicht mehr öffnen kann. Der Funktionskreis Cortex – Striatum – Globus pallidus internus – Thalamus – Cortex ist unterbrochen. Beide Zügel des GPi (*direct* und *indirect loop*) sind maximal angezogen und halten den Thalamus fest geschlossen. Der an Parkinson Erkrankte ist nicht mehr in der Lage, gewollte Bewegungen einzuleiten und durchzuführen: Akinese. Sein Muskeltonus ist erhöht: Rigor. Er entwickelt ein grobschlägiges Ruhe- oder auch Haltungszittern: Tremor.

> In der erkrankten Hirnregion wird unser *Bewußtsein* vermutet.

Behandlungsmöglichkeiten
In den sechziger Jahren wurde das Medikament *Levodopa* als Dopaminersatz entwickelt. Für Parkinson-Kranke war die Pharmakotherapie mit Levodopa eine große Hilfe.

1. Was heute möglich ist

Allerdings sind die Nebenwirkungen dieser Therapie erheblich. Sie nehmen bei langfristiger Einnahme zu. In erster Linie sind die oben erwähnten unwillkürlichen überschießenden Schraubenbewegungen (Dyskinesien) zu nennen, die in bis zu 80 Prozent der behandelten Fälle auftreten. Auch andere unerwünschte Wirkungen begleiten die Levodopatherapie: Herzrasen, Haarausfall, Bluthochdruck, Atemstörungen, Geschmacksverlust und andere Symptome.

Seit Ende der achtziger Jahre stehen einfache mikroelektronische Systeme zur Verfügung, die zur „Tiefenhirnstimulation" verwendet werden können. Um das Symptom Tremor bei der Parkinsonschen Erkrankung zu behandeln, wurden seit 1993 mehrere internationale (nordamerikanische und europäische) Studien durchgeführt. Die Stimulation eines einzelnen Thalamuskernes, des *Nucleus ventrointermedius (VIM)*, führt bei 80 Prozent aller Parkinson-Kranken zu einer Verringerung des Zitterns. Mit der Stimulation des VIM ist allerdings nicht das die Patienten am schwersten belastende Symptom, die Bewegungsunfähigkeit (Akinese), zu behandeln. Dies wird wie im oben dargestellten Fall durch einen Eingriff im Bereich des *indirect loop*, im Gebiet des *Nucleus subthalamicus (STN)*, seit etwa zwei Jahren mit gutem Erfolg bei Patienten mit schwerer Akinese vorgenommen. Gleichzeitig lassen sich mit der Stimulation des *Nucleus subthalamicus* die anderen Symptomenkomplexe des Morbus Parkinson, Rigor und Tremor, behandeln.

> Während die Einnahme eines Dopaminersatzes oft von belastenden Nebenwirkungen begleitet ist, zeigt die Stimulation des betroffenen Gehirnabschnitts guten Erfolg ohne massive Nebenwirkungen.

Folgenabschätzung
Wir wollen eine öffentliche Diskussion anregen, um rechtzeitig einen ethischen und dann dementsprechend einen gesetzlichen Rahmen zu haben, innerhalb dessen neurobionische Forschung und Therapie tätig sein dürfen. Ist dies angesichts heute am Patienten durchgeführter Therapieverfahren schon zu spät? Laufen wir einer medizi-

nisch-technischen Entwicklung in bezug auf deren Folgen bereits wieder hinterher? Wie sind banal simplifizierende Statements zur Ethik in der Neurobionik zu bewerten wie die Aussage „namhafter" deutscher Wissenschaftler, solange man den Schädelknochen nicht öffne, um Mikroelektronik zu implantieren, bewege man sich in einem gesicherten Rahmen neurobionischer Tätigkeit? Sind nicht Pauschalurteile ohne spezifisches Wissen verantwortungslose Urteile gegenüber denjenigen, die noch weniger wissen?

Wie das Beispiel der erfolgreichen mikroelektronischen Behandlung des Morbus Parkinson zeigt, greifen wir schon heute mit gutem therapeutischem Erfolg in den innersten Kern des menschlichen Informationsverarbeitungssystems ein – und ohne sichtbare gravierende Nebenwirkungen wie bei der medikamentösen Therapie. Der Schädel wird hierbei natürlich geöffnet – so wie es in der Neurochirurgie viele tausendmal täglich in aller Welt geschieht. Was aber wird geschehen, wenn wir die einfache Makroelektrode, die wir heute benutzen, verfeinern und plötzlich multiple Kontakte im submikroskopischen Bereich der Basalganglien herstellen können und wenn wir nicht mehr nur stimulieren, sondern auch die Signale aus dem biologischen System registrieren können? Wenn wir dann mit „feinabgestimmten" mikroelektronischen *closed loop*-Systemen Nuancen der Informationsverarbeitung des biologischen Systems Gehirn erkennen und ebenso subtil verändern können?

> Angewandte neurobionische Therapien schaffen Fakten. Eine ethische Begrenzung erfährt die Neurobionik nur durch das verantwortungsbewußte Handeln der Forschenden selbst.

Es wird deutlich, daß es sinnlos ist, den ethischen Rahmen durch Begrenzung chirurgischer Vorgehensweisen oder Normen erlaubter technischer Raffinesse mikroelektronischer Implantate festzulegen. Ethik hat etwas mit einer einzigartigen Eigenschaft des Menschen zu tun: Wir sind in der Lage, uns aus freiem Willen für oder gegen eine Handlungsweise zu entscheiden, unabhängig von Rahmenbedingungen, die uns in der Außenwelt vorgegeben werden. Dementsprechend wird in den folgenden Kapiteln dargestellt, was heute bereits an neurobionischer Therapie zur Verfügung steht und was in den nächsten Jahren auf uns zukommen wird. Die ethische Entscheidung, was wir tun *sollen*, wird dabei nicht so sehr von dem beeinflußt, was wir jetzt oder in Zukunft tun können (hierdurch wird die Dringlichkeit größer, uns in kurzer Zeit zu entscheiden), sondern wie immer einzig und allein durch das bestimmt, was wir tun *wollen*.

2

Wir können mit unserem Erkenntnisvermögen nur einen Ausschnitt der Welt erkennen. Dieses reduktionistische Denken stößt in zahlreichen Bereichen der empirischen Wissenschaft wie Meteorologie, Zellbiologie oder Ökonomie an die Grenzen der Vorhersagbarkeit. Auch das neuronale Netz unseres Gehirns verarbeitet Informationen nichtlinear. Nichtlineare chaotische Prozesse sind in gewissen Grenzen mittels der Theorie dynamischer Systeme voraussagbar und anhand fraktaler Geometrie zu veranschaulichen. Heutige Mikroprozessoren arbeiten jedoch alle sequentiell, also reduktionistisch. Ist es trotzdem möglich, die komplexe, integrative und nichtlineare Informationsverarbeitung unseres zentralen Nervensystems technisch nachzubauen?

Erkenntnistheoretische Grundlagen und Konzeption

Sobald der Mensch beginnt, über sich und die Welt zu reflektieren, nimmt er einen Beobachterposten ein. Er zieht eine Trennlinie zwischen erkennendem Subjekt und zu erforschendem Objekt. Diese Unterscheidung führt zu der Trennung von Geist und Materie. Seit Platon wird dem Geist und allen von ihm ableitbaren Größen Vorrang gegenüber materiellen Dingen eingeräumt.

Das berühmte Höhlengleichnis Platons mag als anschauliches Beispiel dienen: Die Menschen sitzen gefesselt in einer Höhle mit dem Rücken zum Höhleneingang. Das wirklich Seiende geschieht im Licht der Sonne vor der Höhle. Die Menschen sehen nur Schattenspiele dessen, was vor der Höhle abläuft, auf der Höhlenwand. Nur in einem mühevollen schrittweisen Erkenntnisprozeß ist es ihnen möglich, zu erkennen, daß das, was sie bisher für real gehalten haben, nur ein Abbild der Dinge draußen vor der Höhle ist.

Als einem Teil dieser Welt ist es dem Menschen dabei unmöglich, seine Erkenntnisse *objektiv*, das heißt unbeeinflußt von seinem eigenen Sein, zu sammeln. Jegliche Erfahrung, die ein Mensch machen kann (und die in unsere Gedankenwelt nur über die Sinnesorgane aufgenommen wird), hat demnach von vornherein festgelegte Eigenschaften. *Räumliche Anschauung* ist etwas, das wir nicht im Laufe unseres Lebens durch Erfahrung lernen können, sondern es ist uns von Geburt an mitgegeben, es ist ein Aspekt unseres Erkenntnisvermögens, über den wir nicht hinauskommen können. In gleicher Weise verhält es sich mit dem Begriff der Zeit.

Des weiteren sind der Struktur unseres Geistes logische Regeln zu eigen. Der Satz, wenn A gleich B und B gleich C, dann ist auch A gleich C, stellt ein Prinzip dar, das wir nicht aus der Erfahrung durch unsere Sinne ableiten können.

Der menschliche Geist kann also die Dinge der Welt, die wir über unsere Sinne erfahren, nur mit den ihm vorgegebenen Strukturen seines Erkenntnisvermögens erarbei-

> Die Begriffe Raum und Zeit sind Produkte menschlichen Denkens, die unsere Wahrnehmung von der Welt prägen.
> Sie erlauben dem Menschen, sich in seiner Umwelt zu behaupten, auch wenn diese sich in ihrer Ganzheit im Rahmen dieser Begriffe nicht begreifen läßt.

2. Erkenntnistheoretische Grundlagen und Konzeption

ten. Dies bedeutet, daß die Objektivität menschlicher Erkenntnis eingeschränkt ist. Wir müssen davon ausgehen, daß wir mit unserem Erkenntnisvermögen nur einen Ausschnitt der Welt erkennen können.

Reduktionistisches Denken, oder auch *sequentielles Denken*, bedeutet, daß menschliches Erkenntnisvermögen nur einen sehr schmalen Blickwinkel auf die Welt außerhalb der geistigen Sphäre zuläßt. Allerdings *funktioniert* auf diese Weise bis zum heutigen Tag der überwiegende Teil der Naturwissenschaften.

Der Geist des Menschen besteht natürlich aus wesentlich mehr Teilen als nur aus seinem reduktionistischen Erkenntnisvermögen, mit dessen Hilfe Naturwissenschaften möglich sind. Genauso wie die Welt sich aus viel mehr zusammensetzt als den Dingen, die mit dem menschlichen Erkenntniswerkzeug erfaßt werden können. Die Richtung der Beeinflussung von Geist und Materie wird jedoch durch diesen philosophischen Ansatz ein für allemal festgelegt. Es ist der Geist, dem sich die Welt anpaßt (immer bezogen auf die Art, wie Naturwissenschaften betrieben werden), und nicht umgekehrt. Dies bedeutet, daß auf die Welt Strukturen des menschlichen Erkenntnisvermögens übertragen werden. In den Naturwissenschaften werden nur die Dinge behandelt, die in dieses reduktionistische Denken hineinpassen, das heißt, Prozesse, die erforscht werden, sind auf der Basis der Kantschen Erkenntnistheorie und der klassischen Physik mit oben erwähnten Regeln berechenbar, vorhersagbar, deterministisch, und sie sind linear, will sagen, jedes Problem ist in endlich vielen Teilschritten lösbar.

Grenzen des deterministischen Denkens

Reduktionistisches Denken stieß erstmals Anfang des 20. Jahrhunderts mit der Entwicklung der *Quantenmechanik* an die Grenzen der Vorhersagbarkeit. Die bis dahin als feststehend geltende Bedeutung der Anschauungsformen von *Raum* und *Zeit* als Mittel der empirischen Forschung geriet ins Wanken, und bestimmte Phänomene waren nur noch über stochastische, also über nicht mehr eindeutig voraussagbare, Aussagen zu erfassen.

So hat Heisenberg in seiner Theorie von der *Unschärferelation* festgestellt, daß im subatomaren Bereich die Anschauungsformen Raum und Zeit nicht geeignet sind, die Zustände von Elektronen exakt zu beschreiben. Um räumlich den Ort eines Elektrons festzustellen, muß ein Experimentator so massiv in das zu untersuchende System eingreifen, daß die Bewegungsenergie des Elektrons, in der als physikalische Größe die Zeit enthalten ist, nicht gleichzeitig feststellbar ist. Heisenberg führte dieses Problem, auf das inhaltlich in diesem Rahmen nicht eingegangen werden kann, mit Hilfe mathematischer Ansätze einer Lösung zu, die nicht mehr *deterministisch*, sondern *stochastisch*, das heißt *unbestimmt*, war.

Die Unzulänglichkeit des menschlichen Erkenntnisvermögens hat sich in zahlreichen Bereichen der empirischen Wissenschaft gezeigt – so in der Meteorologie, der Zellbiologie, der Ökonomie, der Linguistik oder auch der Astronomie. Diese Bereiche weisen einen nichtvorhersagbaren, mit den Anschauungsformen Raum und Zeit und den klassischen logischen Regeln nicht erfaßbaren Charakter auf. Das Phänomen, große Bereiche unserer Welt mit den zur Verfügung stehenden kognitiven Mitteln nicht mehr erforschen zu können, stellt sich am Ausgang des 20. Jahrhunderts in seiner Unlösbarkeit so deutlich dar wie noch niemals zuvor in der Geschichte der Menschheit, auch wenn die Philosophen aller Zeiten ebendieser Frage des Verhältnisses Mensch-Welt schon immer nachgingen.

> Bestimmte Phänomene unserer Welt weisen einen mit den klassischen Mitteln des Erkenntnisvermögens nicht erfaßbaren Charakter auf.

2. Erkenntnistheoretische Grundlagen und Konzeption

Neuronales und reduktionistisches Denken

Die Begriffe *neuronales* und *reduktionistisches* Denken, symbolisiert in dem vollständigen Gegenstand *Tasse*, wie er ganzheitlich und intuitiv erfaßt wird, und seine sequentielle, reduktionistische, niemals vollständige Zerlegung in Einzelbegriffe.
Links sehen wir eine gefüllte Kaffeetasse. Rechts sind Einzelassoziationen zur Kaffeetasse dargestellt, die jedem von uns beim Anblick der Kaffeetasse in den Sinn kommen können. In unserem Geist entsteht ein durch die Sinnesorgane vermitteltes, intuitives Bild, das alle Aspekte sowie mögliche Eigenschaften eines Gegenstandes einfängt: das Material und den Inhalt, die Funktion und die Farbe und vieles andere mehr. Wollen wir uns aber über diese Kaffeetasse wissenschaftlich unterhalten, so können wir nicht anders, als das intuitiv erfaßte Bild in einzelne Aspekte zu zerlegen. Wir müssen dabei den Begriff der Tasse, ihre Materialeigenschaften, ihre Farbe und weiteres definieren und sie logisch mit anderen vorbestehenden Erfahrungen verknüpfen. Diese Zurückführung eines komplex erfaßten Tatbestands in seine Bestandteile nennt man Reduktionismus. Dabei geht der intuitiv erfaßte Gesamtüberblick verloren. Wir werden mit Hilfe des reduktionistischen Denkens, selbst in einem so einfachen Beispiel wie dem der Kaffeetasse, niemals alle Aspekte, die das intuitive, durch unsere Sinnesorgane vermittelte Bild liefert, wissenschaftlich erfassen.

Reduktionismus und Nichtlinearität

Unser Erkenntnisvermögen scheint im letzten Jahrzehnt des 20. Jahrhunderts durch neue Ergebnisse einiger Grundlagenwissenschaften vor einer revolutionären Umwälzung zu stehen. Bevor diese Ergebnisse der Mathematik und des neuen informationstheoretischen Fachgebiets *Konnektionismus*, das sich mit der Systematisierung neuronaler Netze beschäftigt, dargestellt werden, soll der spezifische Charakter unseres Erkenntnisvermögens noch einmal anhand einer Abbildung zusammenfassend dargestellt werden.

Das in der Abbildung *Neuronales und reduktionistisches Denken* gezeigte Beispiel mag einen kleinen Eindruck davon vermitteln, wie weit unser Erkenntnisvermögen hinter dem Assoziationsvermögen unseres reiz- und informationsverarbeitenden Apparates zurückbleibt. Darin liegt auch die Tatsache begründet, daß wir immer häufiger an Grenzen stoßen, jenseits deren wir die Außenwelt nicht mehr adäquat beschreiben, das heißt sie vorhersagbar machen können. Die Abläufe und Vorgänge unserer Welt, die mit den klassischen naturwissenschaftlichen Methoden nicht erfaßt werden können, werden *nichtlinear* oder *indeterministisch* genannt und stehen somit im Gegensatz zu der lange Zeit gültigen Theorie von der Linearität und dem Determinismus der Dinge.

Theorie nichtlinearer, dynamischer Systeme

1980 wurde von Benoît Mandelbrot, einem Mathematiker des IBM-Forschungsinstituts in Yorktown/USA, eine Entdeckung gemacht, deren Folgen zu einer Umkehrung unseres Weltbildes führen könnten. Diese mathematische Entdeckung könnte in ihren Anwendungen – so auch in der Neurobionik – zur Folge haben, daß die kopernikanische

Die fraktale Geometrie liefert das Handwerkszeug, nichtlineare Prozesse anschaulich zu machen.

2. Erkenntnistheoretische Grundlagen und Konzeption

Wende rückgängig gemacht und der Mensch mit seinem Geist wieder in den Mittelpunkt dieser Welt gerückt werden würde.

Das von Mandelbrot entdeckte Apfelmännchen ist keine Comicfigur, sondern mittlerweile das Synonym für die erst seit zehn Jahren existierende mathematische Disziplin der *fraktalen Geometrie*, ein geometrisches Teilgebiet der *Theorie nichtlinearer, dynamischer Systeme*. Diese Theorie liefert das Werkzeug, nichtlineare Prozesse in gewissen Grenzen voraussagbar zu machen.

Mit der fraktalen Geometrie wird natürlich nicht die *Toolbox*, die Werkzeugkiste, unseres Erkenntnisvermögens erweitert. Bei der Entwicklung dieser Theorie standen den Mathematikern auch keine anderen Mittel zur Verfügung als diejenigen des reduktionistischen Denkens. Sie sind aber nun mittels der Theorie dynamischer Systeme in der Lage, lineare Einzelteile zusammenzusetzen, die, sobald sie als Gesamtsystem funktionieren, nur noch in gewissen Grenzen voraussagbar sind. In der Anwendung dieser Theorie auf in der Natur vorkommende nichtlineare Prozesse lassen sich solche in gewissen Grenzen voraussagbar machen und stehen damit dem menschlichen Geist und der Beeinflussung durch ihn zur Disposition. Es kommt nun darauf an, die Theorie dynamischer Systeme so auszubauen und der Natur anzupassen, daß sie auf immer weitere Bereiche derselben anwendbar wird.

Innerhalb der nichtlinearen Prozesse interessiert uns in bezug auf die Neurobionik vor allem ein Bereich: die Art und Weise, wie das menschliche Gehirn Informationen verarbeitet. Die biologische Informationsverarbeitung im menschlichen Gehirn funktioniert nämlich gerade nicht so, wie das menschliche Erkenntnisvermögen. Dabei ist die Arbeit der biologischen Informationsverarbeitung, die wir als *neuronales Erkenntnisvermögen* bezeichnen, weitaus komplexer und wirkungsvoller, als die des wissenschaftlichen Erkenntnisvermögens.

Erst durch die Entwicklung der Theorie dynamischer Systeme kann man der Funktionsweise der komplexen, integrativen, nichtlinearen Informationsverarbeitung des menschlichen Gehirns tatsächlich ein wenig näherkommen.

Neue Fachrichtungen wie *Computational Neuroscience*, *Neuroinformatik* oder auch der *Konnektionismus*, auf die wir später noch eingehen werden, haben sich innerhalb kürzester Zeit zu bedeutenden Wissenschaftsdisziplinen entwickelt.

Computational Neuroscience ist dabei ein Zweig der Biologie, Neuroinformatik ist aus der Informatik entstanden, während der Konnektionismus der Mathematik am nächsten steht. Diese neuen Wissenschaftsdisziplinen sind zwar auf unterschiedliche Fachrichtungen zurückzuführen, haben jedoch das gemeinsame Ziel, das neuronale Netz des menschlichen Gehirns erforschen zu wollen.

Es stellt sich nun die Frage, ob denn dies alles wirklich so neu ist, nachdem die Computerwissenschaft seit 50 Jahren eine rasante Entwicklung mit großartigen Erfolgen zu verzeichnen hat. Mit dem Vergleich der klassischen Informatik und der Neuroinformatik wollen wir an einem konkreten Beispiel den Unterschied zwischen klassischem reduktionistischem und neuronalem Erkenntnisvermögen aufzeigen.

Der biologischen Art und Weise der Informationsverarbeitung im menschlichen Gehirn kann man mit der Theorie dynamischer Systeme näherkommen.

Sequentiell-lineare und neuronal-nichtlineare Informationsverarbeitung

Der Berliner Ingenieur Konrad Zuse ist der Erfinder des ersten ernst zu nehmenden künstlichen Informationsverarbeitungssystems. Der Rechner *Zuse 3* erreichte 1940 eine Verarbeitungsgeschwindigkeit von 40 (etwa 10^1) Bit pro Sekunde bei einem internen Speicher von 20 (etwa 10^1) Bit. Zehn Jahre später verarbeitete der Elektronik-

2. Erkenntnistheoretische Grundlagen und Konzeption

rechner *IBM 650* schon 1 000 (10^3) Bit pro Sekunde bei einem Speicher von ebenfalls 1 000 (10^3) Bit. 1960 rechnete die *PDP 1* mit 200 000 (10^5) Bit pro Sekunde und einem Speicher von 10 000 (10^4) Bit. Vor zehn Jahren leistete der *Apple Macintosh* im Tischformat 8 000 000 (10^6) Bit pro Sekunde und hatte einen internen Speicher von 1 000 000 (10^6) Bit. Heutzutage erreicht die *Gray 3*, einer der leistungsstärksten Computer der Welt, eine Geschwindigkeit von 10 000 000 000 (10^{10}) Bit pro Sekunde bei einem Speicher von 600 000 000 (etwa 10^9) Bit. In etwa 30 bis 50 Jahren wird die Leistungsfähigkeit der künstlichen Träger für Informationsverarbeitung diejenige des biologischen Trägers für Informationsverarbeitung, des Gehirns, erreicht haben. Der biologische Träger hat sich über mehrere Millionen Jahre zu seiner heutigen Struktur und Leistungsfähigkeit entwickelt und funktioniert bekannterweise nicht nach den Prinzipien eines Computers.

Klassische Informationsverarbeitungssysteme waren bislang nur in der Lage – ähnlich der Erkenntnisgewinnung des Menschen –, einen Schritt pro Zeiteinheit zu verarbeiten.

Alle heute zur Verfügung stehenden Mikroprozessoren arbeiten als sogenannte *sequentielle* (Einzelschritte abarbeitende) Mikroprozessoren. Sie sind das Gehirn des Computers und können ähnlich dem reduktionistischen Erkenntnisvermögen des Menschen immer nur einen logischen Verarbeitungsschritt pro Zeiteinheit durchführen. Die Inhalte, die in diesen logischen Operationen bewegt werden, müssen vorher in Variablen, ähnlich wie in dem Begriffsbildungsapparat des menschlichen Erkenntnisvermögens, festgelegt und vordefiniert sein. Die Verarbeitung dieser Einzeloperationen läuft zwar schon im Nanosekundenbereich (10^{-9} Sekunden!) ab, jedoch kann ein sequentiell arbeitender Mikroprozessor nicht mehr Erkenntnisse ausgeben, als ihm eingegeben wurden. An dieser Tatsache scheiterte auch bislang der Versuch, mit Hilfe dieser Mikroprozessoren so etwas wie Künstliche Intelligenz (KI) zu entwickeln.

Neben dieser klassischen Methode etabliert sich nun auf dem Versuchsfeld der KI die neuronale Methode. Die

Unterschiedlichkeit dieser Methoden entspricht der zuvor geschilderten Gegensätzlichkeit von Reduktionismus und Nichtlinearität. So hat sich mit den neuen Fachdisziplinen der Neuroinformatik und des Konnektionismus zugleich auch eine neue Forschungsrichtung zur Herstellung künstlicher Intelligenz konstituiert. (Bei diesen Entwicklungen muß man sich immer der Tatsache bewußt bleiben, daß sie nicht älter als zehn Jahre und keinesfalls abgeschlossen sind.)

Die neuronale Informationsverarbeitung ist ein dynamisches, nur teilweise vorhersagbares System.

Das menschliche Zentralnervensystem als neuronales Netz

Beschreibt man das diskursive Denken am besten mit der Eigenschaft *analytisch*, könnte man neuronales Denken *synthetisch* nennen (siehe auch Abbildung *Neuronales und reduktionistisches Denken*, S. 36), denn es ist nicht auf eine Zerlegung dessen, was durchdacht oder erkannt werden soll, angewiesen.

Im neuronalen Denken wird die Unterscheidung von Subjekt und Objekt fließend. Neuronales Denken steht inmitten seiner Umwelt und bildet letztere innerhalb eines sogenannten *neuronalen Netzes* ab. Es simuliert mit diesem Netz seine Umwelt und läßt das Ergebnis dieser Simulation in unmittelbarer Weise auf die Umwelt zurückwirken. Während der Simulation eines aktuellen Umwelteindrucks wird dieser mit den Vorerfahrungen, mit angeborenen Verhaltensmustern und naheliegenden oder auch ungewöhnlichen Assoziationen verknüpft. Im Grunde genommen ist ein biologisches neuronales Netz kein Subjekt, das die Umwelt als Objekt behandelt, sondern es ist selbst Teil dieser Umwelt, in die es sich mit Aktion und Reaktion bis zur Ununterscheidbarkeit integriert.

Innerhalb der neuronalen Informationsverarbeitung wird die Umwelt abgebildet und simuliert. Das neuronale Netz agiert und reagiert auf die Umwelt, ist selbstorganisierend und lernfähig.

Das menschliche zentrale Nervensystem ist in sehr viele unterschiedliche funktionelle Ebenen gegliedert.

2. Erkenntnistheoretische Grundlagen und Konzeption

Einfache Reflexbogen kommen dabei auf der untersten Ebene des Rückenmarks vor bis hin zu hochkomplizierten, angeborenen Instinkthandlungen, die im Bereich der Zwischenhirnganglien des Großhirns codiert sind. Das blitzartige Wegziehen der Hand, die unabsichtlich die heiße Herdplatte berührt, stellt eine der typischen Funktionen eines neuronalen Netzes dar.

Das besondere der neuronalen Informationsverarbeitung ist die Abbildung und Simulation der Umwelt innerhalb ihrer selbst, die synthetische im Gegensatz zur analytischen Verarbeitungsweise und der ständige Rollenwechsel zwischen Subjekt und Objekt.

Diese unserem analytischem Denken fremde Art der Wirklichkeitserfassung wird mit den neuen Werkzeugen, die uns die Mathematik und die Neuroinformatik geliefert haben, zugänglich. Und deshalb sieht eine Gruppe von Forschern gute Erfolgsaussichten in einem wissenschaftlichen Unternehmen, welches in der heutigen Zeit kein vergleichbares findet: Es wird mit dem Kunstwort Neurobionik bezeichnet.

Inhalt und Zielsetzung der Neurobionik

Die Idee der Neurobionik ist aus den Problemen und Bedürfnissen der medizinischen Fachgebiete, die sich mit dem zentralen Nervensystem beschäftigen, entstanden. Neurochirurgen sind in ihrer täglichen Arbeit mit einer unheilvollen Eigenschaft des menschlichen Nervensystems konfrontiert: Einmal zerstörtes Nervengewebe zeigt beim erwachsenen Menschen keinerlei Regenerationsfähigkeit. Dies trifft in erster Linie auf das zentrale Nervensystem zu, nämlich auf Gehirn und Rückenmark, weniger auf das periphere Nervensystem, das heißt die Nervenbahnen an Armen und Beinen. Letztere zeigen eine eingeschränkte Regenerationsfähigkeit.

Was bedeutet diese fehlende oder eingeschränkte Regenerationsfähigkeit für den einzelnen Menschen? Patienten, denen zum Beispiel ein Hirntumor das Sprachzentrum – das im Bereich der linken Schläfe liegt – zerstörte, sind für den Rest ihres Lebens nicht mehr in der Lage zu sprechen. Die geringe Regenerationsfähigkeit von Nervengewebe kann weiterhin bedeuten, daß die Entfernung eines Tumors im Sehnerv im Bereich der Sehnervenkreuzung die Erblindung des Patienten zur Folge hat. Auch ein Patient, der nach einem Unfall querschnittsgelähmt ist, wird mit großer Wahrscheinlichkeit nie wieder gehen können.

Diese Probleme, mit denen der Neurochirurg täglich konfrontiert ist, haben natürlich seit langem die Innovationskraft der Wissenschaft herausgefordert. Um ausgefallene Funktionen im Bereich des menschlichen Nervensystems ersetzen zu können, muß man erforschen, wie Informationsverarbeitung in einem biologischen System funktioniert. Es ist schon lange bekannt, daß biologische Nervensysteme nichtlinear und indeterministisch arbeiten. Einem echten Verständnis ihrer Arbeitsweise ist man allerdings erst näher gekommen, als die Ansätze der oben erwähnten Theorie dynamischer Systeme zur Verfügung standen. Den wissenschaftlichen Fortschritten auf dem Gebiet der biologischen Informationsverarbeitung ist es zu verdanken, daß sich mit einer gewissen Aussicht auf Erfolg eine neue Disziplin, die Disziplin der Neurobionik, konstituiert hat.

Die Zielsetzung der Neurobionik ist es, durch irreversible Schädigungen ausgefallene Funktionen des zentralen Nervensystems durch künstliche informationsverarbeitende Systeme zu ersetzen. Die wichtigsten Inhalte neurobionischer Forschung und klinischer Anwendung mikroelektronischer Implantate lassen sich in vier Problembereiche unterteilen:

- Herstellung von Verbindungen zwischen biologischem und technischem System
- Erforschung der Funktionsweise des zu ersetzenden biologischen Systems
- Herstellung des technischen Ersatzsystems

Ziel der Neurobionik ist es, ausgefallene Funktionen des zentralen Nervensystems, die Informationsverarbeitung, zu ersetzen.

2. Erkenntnistheoretische Grundlagen und Konzeption

- Klinische Indikationsstellung, Operationstechnik und Neurorehabilitation

Gehirn und Rückenmark nehmen Informationen aus allen Organen des eigenen Körpers und aus der Umwelt auf, verarbeiten sie und steuern über entsprechende Ausgänge sowohl die inneren Körperfunktionen wie auch das Verhalten in der Umwelt. Die von Gehirn und Rückenmark (*Zentralnervensystem: ZNS*) mit Nerven zur Registrierung und zur Steuerung versorgten körpereigenen Organe haben völlig unterschiedliche anatomische Strukturen und funktionelle Aufgaben. So unterscheidet sich die Harnblase in ihrem Aufbau und ihren Funktionen von der Struktur des Auges, und dieses wiederum ist ganz anders aufgebaut als zum Beispiel das Ohr. Die Verbindung vom ZNS zu den peripheren Organen des Körpers werden durch Hirnnerven, Spinalnerven und periphere Nerven aufgebaut. Der anatomische Aufbau und die physiologische Funktion dieser die unterschiedlichen Organe versorgenden Nerven ist hingegen sehr einheitlich. Der Sehnerv (Nervus opticus), der das Auge mit dem Gehirn verbindet, ist genauso ein kreisrundes Kabel, aus etwa 1 000 000 Nervenfasern aufgebaut, wie der Hörnerv (Nervus acusticus), der ungefähr 50 000 Nervenfasern enthält. Die Spinalnerven, die die Blase mit dem Rückenmark verbinden (etwa 15 000 Fasern) gleichen in Struktur und Funktion ebenfalls dem Seh- und dem Hörnerv. Diesen Nerven sieht man also, wenn man ihren Aufbau und ihre Mikrofunktion betrachtet, nicht an, ob an ihrem Ende die Harnblase, das Auge oder das Ohr Informationen für Rückenmark oder Gehirn bereitstellt.

Neurobionische Systeme nutzen diese gleichartigen Strukturen der periphere Organe und ZNS verbindenden Nerven, um biotechnische Kontakte zwischen biologischem und technischem System zu schaffen. Dies hat den Vorteil, ein einheitliches Verbindungsprinzip für vielfältige

Nerven, die periphere Organe wie Auge und Ohr mit dem Zentralnervensystem verbinden, sind gleichartig aufgebaut. Diese Übereinstimmung in Anatomie und physiologischer Funktion macht sich die Neurobionik zunutze.

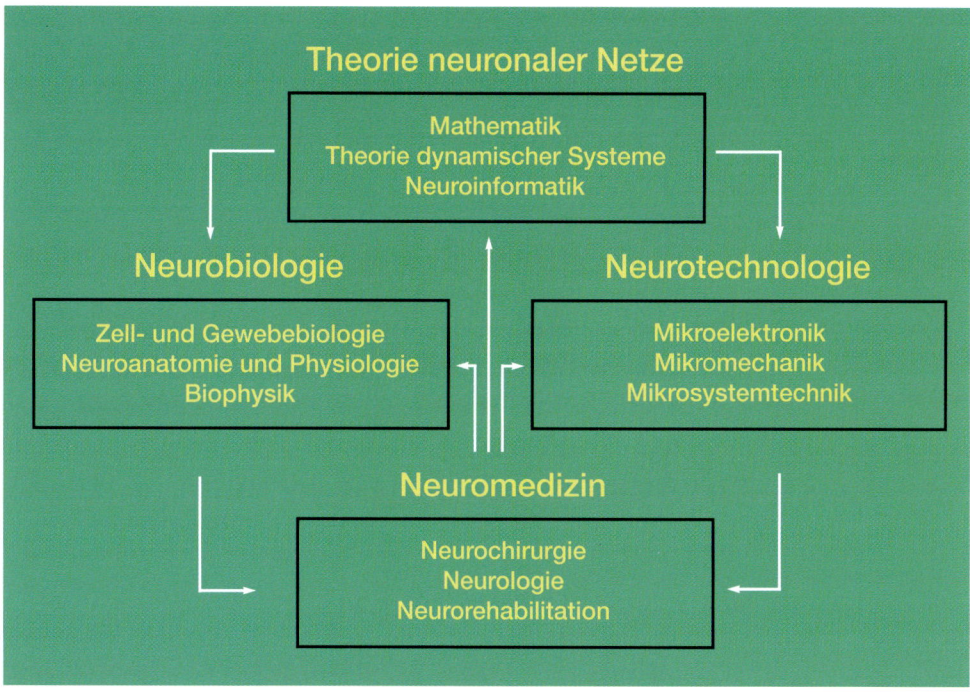

Partnerwissenschaften der Neurobionik

Die neue Wissenschaftsdisziplin Neurobionik erfordert engste Zusammenarbeit verschiedener Forschungsbereiche, die sich in vier übergeordnete Bereiche einteilen lassen: Theorie neuronaler Netze, Neurobiologie, Neurotechnologie und Neuromedizin. Die Neuromedizin gibt die Ziele der Forschungsprojekte vor und korrigiert die Zwischenergebnisse im Hinblick auf das vorgegebene Endergebnis, die theoretischen Fächer schaffen die Grundlage für die Arbeit von Neurobiologie und Technologie, die Systeme zur klinischen Anwendung entwickeln und fertigen.

elektronische Ersatzsysteme anwenden zu können. Dieses Konnektionsprinzip steht im Gegensatz vieler heutiger Ansätze, mikroelektronische Ersatzsysteme zu entwickeln: So stellt das *Cochlea-Implantat* eine Verbindung zwischen biologischem und technischem System im Bereich der Innenohrschnecke her, während ein Sehersatzprojekt die Verbindung im Bereich der Retina zu schaffen versucht. Die biotechnische Konnektion im Bereich der Retina muß sich an ihr Zielorgan anpassen und dementsprechend in

2. Erkenntnistheoretische Grundlagen und Konzeption

der technischen Realisation völlig anders ausfallen als der Kontakt im Bereich der Innenohrschnecke. Eine Kontaktierung des Sehnervs hingegen unterscheidet sich in seiner technischen Realisierung in keiner Weise von einer Kontaktierung des Hörnervs oder der Blasennerven.

Auf das biotechnische Verbindungssystem „dualselektive Scannerelektrode" zur Kontaktierung von Hirnnerven, Spinalnerven und peripheren Nerven werden wir später noch eingehen. Die Entwicklung von biotechnischen Kontakten für einzelne periphere Organe ohne übergeordnetes Leitprinzip führt sicherlich zu einer unökonomischen Nutzung von Ressourcen. Zum Teil liegt dies an mangelhafter interdisziplinärer Zusammenarbeit unterschiedlicher medizinischer und nichtmedizinischer Fachdisziplinen, die zuwenig über die Grenzen ihres eigenen Fachgebiets hinaussehen: Die Behandlung des Ohrs liegt in den Händen der Hals-Nasen-Ohren-Ärzte, das Auge aber wird von den Augenärzten therapiert. Die Entwicklung eines Sehersatzes bei funktionsunfähiger Retina könnte sicherlich davon profitieren, wenn die inzwischen seit etwa 20 Jahren vorliegenden Erfahrungen des Hörersatzes mit dem Cochlea-Implantat berücksichtigt würden.

Ein weiteres Prinzip neurobionischer Prothetik im Problembereich „biotechnischer Kontakt" liegt in der Maxime, bei der Verbindungsherstellung zwischen Biologie und Technik Nervengewebe so wenig wie möglich zu verletzen. Verletzungen auch nur geringen Ausmaßes führen in dem betroffenen Nervengewebe über kurz oder lang zu Narbenbildungen. Diese führen zu Veränderungen in den physikalischen Übertragungsparametern zwischen Gewebe und Elektrode oder im schlimmsten Fall zu einem Absterben des Nervengewebes. Dies bedeutet: Die optimale Verbindungstechnologie führt zu keinerlei Schädigung des Nervengewebes, kann aber innerhalb des Nervengewebes hochselektiv Informationen ableiten und ebenso einzelne Nervenfasern stimulieren.

Biologisches und technisches System werden durch den Hörersatz Cochlea-Implantat *erfolgreich miteinander verbunden. Bei der Entwicklung vergleichbarer Prothetik sollten diese Erfahrungen berücksichtigt werden.*

Obwohl heutzutage schon bei etwa 30 Krankheitsbildern mikroelektronische Implantate zur Behandlung eingesetzt werden, stellen alle von der Industrie gelieferten Systeme sogenannte *unidirektionale Stimulatoren* dar, was bedeutet, sie können nur stimulieren, aber nicht registrieren. Der wichtigste Schritt in die Zukunft wird die Entwicklung eines Mikroprozessors sein, der sowohl Signale aus dem biologischen System registrieren und analysieren (zum Beispiel Mustererkennung) wie auch selektiv als Antwort auf die Analyse stimulieren kann. Als Beispiel sei das adaptive Blasenimplantat bei Querschnittsgelähmten genannt: Aus den sensiblen sakralen Spinalnerven werden die Signale aus der Harnblasenwand abgeleitet, es wird im neuronalen Mikroprozessor der Füllungszustand der Blase erkannt und bei voller Blase ein entsprechendes Signal abgegeben. Daraufhin kann der Patient die Entleerung der Blase einleiten über eine selektive Stimulation der motorischen sakralen Spinalnerven, die ebenfalls über den neuronalen Mikroprozessor gesteuert werden. Ein weiteres Beispiel für eine zukünftige Anwendung eines bidirektionalen Mikroprozessors ist der Einsatz bei der Parkinsonschen Krankheit: Durch Ableitung der Signale, zum Beispiel aus den Thalamuskernen, könnte man auf eine Dauerstimulation verzichten und nur dann stimulieren, wenn die abgeleiteten Signale eine Tremoraktivität oder erhöhten Ruhetonus der Muskulatur anzeigen. Das Aussetzen der Dauerstimulation hätte den Vorteil, daß Gewöhnungs- und Reboundeffekte bei den Patienten in geringerem Ausmaß aufträten.

Eine weitere Leitlinie neurobionischer Forschung ist die Zentrierung der Aktivitäten um den Patienten und nicht um die Technik. Es geht deshalb immer um die Frage, wie kann ich mit schon vorhandener Technik ein Krankheitsbild so behandeln, daß der Patient eine Linderung oder Erleichterung erfährt. Wiederum ein Beispiel ist die Behandlung der Parkinson-Symptome: Mit einer

> Zukünftige Prothetik muß nicht nur in der Lage sein zu stimulieren, sondern muß auch registrieren und analysieren können.

2. Erkenntnistheoretische Grundlagen und Konzeption

einfachen Vierfachelektrode und einem ebensolchen Stimulator können Akinese, Rigor und Tremor effektiv behandelt werden – vorausgesetzt, die medizinische Indikationsstellung wurde richtig gewählt und die neurochirurgische Implantationstechnik hat die Elektrode exakt in dem relevanten Zielgebiet positionieren können. Gerade im Bereich der Neuromedizin ist es nicht notwendig, auf die Fertigstellung perfekter mikroelektronischer Systeme zu warten, um in der klinischen Anwendung eine Erleichterung für die Leiden von Patienten zu erreichen. Oftmals bringt schon die Nutzung von noch nicht perfekt entwickelten Zwischenstufen künstlicher informationsverarbeitender Systeme einen deutlichen Therapieerfolg.

Dogma der Neurobionik ist es weiterhin, wo immer sinnvoll, Mikroprozessoren auf der Basis neuronaler Netze zu verwenden anstelle der bisher in Rechnern üblichen sequentiellen, klassischen Informationsverarbeitung. Künstliche neuronale Netze haben die gleichen besonderen Eigenschaften wie unser biologisches neuronales Netz (Gehirn und Rückenmark): Sie sind lernfähig, selbstorganisierend und äußerst fehlertolerant (siehe 7. Kapitel). Zusätzlich sind sie besonders geeignet, Mustererkennungsaufgaben durchzuführen. Mustererkennung ist überall dort notwendig, wo elektrische Signale aus dem biologischen System abgeleitet werden und mit Hilfe dieser Signale der Zustand eines inneren Organs (zum Beispiel Harnblase) oder ein Objekt der Außenwelt (zum Beispiel Seheindruck über das optische System) analysiert werden soll. Künstliche neuronale Netze werden technisch in den nächsten Jahren sicherlich zunächst in Software simuliert und auf herkömmlicher sequentieller Hardware laufen. Zu einem späteren Zeitpunkt ist dann denkbar, daß ein künstliches neuronales Netz so verkleinert in Hardware gegossen werden kann, daß es neurochirurgisch implantierbar wird.

Mikroelektronische Systeme müssen nicht bis zur Perfektion gereift sein, um für die Patienten nutzbringend eingesetzt werden zu können.

Die Leitlinien neurobionischer Forschung und deren klinische Anwendung lassen sich also in folgenden Merkmalen zusammenfassen:

- Herstellung biotechnischer Verbindungen im Bereich des Nervensystems und nicht auf der Ebene peripherer Rezeptoren (Auge, Ohr) oder peripherer Effektoren (Harnblase, Beinmuskulatur).
- Herstellung biotechnischer Verbindungen, wenn möglich ohne Verletzung von Nervengewebe: Das heißt Kontaktierung „außerhalb" des eigentlichen Nervengewebes bei Gewährleistung einer sowohl hochselektiven Signalableitung aus dem Nervengewebe, wie auch in umgekehrter Richtung einer hochselektiven Stimulation innerhalb des Nervengewebes.
- Entwicklung *bidirektionaler* Systeme, wie sie im biologischen System selbst Anwendung finden: Signalregistrierung, Informationsverarbeitung, selektive Stimulation.
- Patientenzentrierung: Krankheiten lindern oder heilen und nicht die Entwicklung aufwendiger und komplexer Technologie ist das Ziel.
- Zur Informationsverarbeitung sollen in der Neurobionik – wann immer möglich – künstliche neuronale Netze Verwendung finden und nicht klassische sequentielle informationsverarbeitende Systeme. Dies bedeutet die Integration der Eigenschaften Lernfähigkeit, Selbstorganisation, Fehlertoleranz und besondere Kapazitäten im Bereich der Mustererkennung.

3

Unser Streben nach Erkenntnis scheint von den jüngsten kulturgeschichtlichen Veränderungen unberührt zu bleiben: Nicht mehr die Umwelt ist für den Menschen feindlich, sondern umgekehrt wir für sie. Sind wir auch von der uns umgebenden Welt in vielfacher Hinsicht abhängig; so haben wir in bestimmten Situationen die Freiheit, uns gewollt zu entscheiden. Diese Entscheidungsfreiheit bedarf der Orientierung an Normen und Zielen. Aus dem aktuellen Verhalten aller Kulturen kann jedoch keine Handlungsanweisung für die von Zivilisation und Technik geprägte Kultur abgeleitet werden. Woran aber kann sich die Wissenschaft und insbesondere die neurobionische Forschung orientieren? Was kennzeichnet verantwortungsbewußtes Handeln im Konkreten?

Überlegungen zu ethischem Handeln

Vernunftgeleitete Entscheidungsfreiheit

Seit den Anfängen der Philosophie bis in die heutige Zeit haben sich Philosophen, Theologen und Politiker mit dem Thema Ethik auseinandergesetzt. Um so erstaunlicher ist es, daß Ethik so wenig konkreten Einfluß auf unser tägliches Leben nimmt. Unserer Meinung nach ist es unverantwortlich, Forschung, die den Menschen so unmittelbar betrifft wie die Neurobionik, ohne vorherige breite Diskussion und Abwägen der Konsequenzen durchzuführen. Die Wissenschaften erlauben es, immer tiefer in die Geheimnisse unserer Welt einzudringen. Um so größer ist die Gefahr, die möglichen negativen Auswirkungen zu übersehen. Bevor wir darlegen, welche ethischen Probleme mit der Neurobionik verbunden sind, wollen wir zunächst darauf eingehen, was mit dem Begriff Ethik gemeint ist.

Vernunftgeleitete Entscheidungsfreiheit

Die Freiheit, sich für das eine oder für das andere zu entscheiden, nachdem zuvor die einzelnen Handlungsmöglichkeiten gegeneinander abgewägt wurden, liegt allein im Bereich der menschlichen Fähigkeiten. Es ist immer wieder darüber nachgedacht worden, welches die Unterschiede zwischen den geistigen Leistungen eines Menschen und denjenigen höherentwickelter Tiere sind. Eine zunächst auf heuristischen, gefühlsmäßig begründeten Empfindungen basierende Anerkennung des Unterschieds hat ihren Ursprung in dem tiefen menschlichen Empfinden, nicht in absoluter Abhängigkeit von den Dingen dieser Welt zu stehen, sondern sie kraft der Vernunft und des Verstandes abwägen zu können. Ungeachtet der angeborenen, vererbten Struktur unseres Gehirns, ungeachtet unserer Abhängigkeit von der uns umgebenden Welt sowohl auf rein physischem Gebiet (die Notwendigkeiten der Nahrungsaufnahme, der Fortpflanzung und weiteres) als auch auf psychischem Gebiet (Abhängigkeit der Erkenntnis dieser

3. Überlegungen zu ethischem Handeln

Welt von unseren so und nicht anders beschaffenen Sinnesorganen) – ungeachtet dieser engen Verknüpfung und Abhängigkeit des einzelnen menschlichen Individuums mit und von der Welt haben wir offensichtlich doch die Freiheit, unser Verhalten in bestimmten Situationen gewollt so und nicht anders zu gestalten.

Um diese Freiheit wahrnehmen zu können, müssen wir die Abhängigkeiten, in die wir gestellt sind, teilweise unter Aufbietung aller unserer verstandesmäßigen und emotionalen Kräfte überwinden. Unser Verstand und unsere Vernunft haben es dabei nicht einfach. Die auf dem langen Weg der Evolution erworbenen halbautomatisierten und optimierten Verhaltensmuster arbeiten in Konkurrenz zu unserer Vernunft und unserem Verstand. Inzwischen sind wir aber über das entwicklungsgeschichtliche Stadium hinaus, in dem wir als Menschen in einer oftmals feindlichen Umwelt ums Überleben kämpfen müssen. Das Verhältnis Mensch und Natur scheint heutzutage auf den Kopf gestellt: Nicht mehr der Mensch muß sich gegenüber seiner natürlichen Umwelt, sondern diese sich gegenüber dem Menschen behaupten. Westlich geprägte Zivilisation und Technik haben einen Stand erreicht, bei dem erstmals die Möglichkeit besteht, unseren Heimatplaneten auszulöschen. Der menschliche Erkenntnisdrang hat dabei bis zum heutigen Tag keinerlei Sensibilität gegenüber dieser neuartigen Situation entwickelt.

In der deutschen Philosophie hat sich seit Kant der Begriff der *Vernunft* als menschliche Fähigkeit, allgemeine oberste Grundlagen des theoretischen Erkennens und auch des praktischen Handelns zu entwickeln, herausgebildet. Die Vernunft ist dabei die Vorbedingung für die Freiheit, auf eine bestimmte und deshalb nicht auf eine andere Art zu handeln. Die Freiheit zur Handlungsentscheidung stellt für den Menschen in der konkreten Situation eine Herausforderung dar und bedarf der Orientierung an Normen und Zielen. Wir haben die Aufgabe,

> Der Mensch besitzt als einzige Lebensform auf der Welt Handlungsfreiheit. Er ist damit in der Lage, das Schicksal der Welt mitzubestimmen. Diese Tatsache verpflichtet ihn, für sein Handeln eine Ethik, d.h. Normen und Ziele und deren Rangordnung, zu finden.

dieser Handlungsfreiheit durch vernunftgeprägte Leitsätze zu geben, also die Aufgabe, Ethik zu betreiben.

Bewertung unseres Handelns

Die philosophische Disziplin der Ethik versucht die Frage zu beantworten, nach welchen Normen und Zielen der Mensch sein Handeln orientieren soll. Eine in einer bestimmten soziopolitischen Umgebung vorhandene Sittenlehre wird dabei mit *Ethos* bezeichnet (ein Begriff, der synonym für Moral oder sittliches Verhalten gebraucht wird). Gemessen an der gewaltigen Aufgabenstellung erscheinen ethische Prinzipien für ihre praktische Umsetzbarkeit oftmals unzureichend, wie zum Beispiel Kants kategorischer Imperativ: »Handle so, daß die Maxime deines Willens jederzeit zugleich als Prinzip einer allgemeinen Gesetzgebung gelten könnte.« Der inhaltliche Mangel bisheriger ethischer Systeme liegt dabei offensichtlich in der Schwierigkeit, aus abstrakten Ideen Handlungsanweisungen für das tägliche Leben abzuleiten. Eine *vernünftige Entscheidung* ist offensichtlich nur dann möglich, wenn die Bewertung von Zweck und Ziel der alternativen Handlungen anhand eines Entscheidungsbaums klar formuliert werden kann. Das Festlegen auf solche Bewertungen fällt offenbar um so leichter, je abstrakter das Niveau der Reflexion gehalten wird. Es ist aber äußerst schwierig, eine vernünftige Entscheidung zum Beispiel über die Frage zu treffen, ob der menschliche Geist daran arbeiten darf, einen neuen künstlichen Träger seiner selbst zu entwickeln, wenn man dieser Entscheidung als einzige Maxime zugrunde legen kann, daß das Handeln gut und nicht schlecht ist, und an dem Leitsatz, allgemeines Gesetz werden zu können, ausgerichtet ist.

Es gilt weiterhin zu bedenken, ob man aus dem Wissen, welches naturwissenschaftlich gesammelt wurde, das

3. Überlegungen zu ethischem Handeln

heißt aus dem Wissen über das *Seiende*, auf das *Sollen*, also das ethisch gerechtfertigte Verhalten, schließen kann. Es kann nicht der Weg sein, aus dem aktuellen Verhalten aller menschlichen Kulturen eine Handlungsanweisung für eine von der westlichen Zivilisation und Technik geschaffene Situation abzuleiten. Vielmehr haben diejenigen, die Neurobionik für möglich und für machbar halten, die Pflicht, alle zur Verfügung stehenden Informationen auszuwerten und sich im Hinblick auf die Zukunft für eine der beiden Handlungsmöglichkeiten zu entscheiden: Kann ein Projekt wie Neurobionik weiterbetrieben werden oder soll darauf verzichtet werden, unter Inkaufnahme des Verlustes eines neuen Heilmittels für die Medizin?

Eine solche Bewertung kann an dieser Stelle nicht geleistet werden. Größeres Wissen und größeres Können verlangen auch mehr Verantwortung in dem Sinne, daß die beschriebene Thematik nicht mehr in den Kompetenzbereich eines Individuums fallen kann, sondern von entsprechend größeren, Sachkompetenz vereinigenden Institutionen abgearbeitet werden muß. Diese Institutionen sind nicht nur als aufgabenorientierte Neugründungen zu verstehen. Institution soll als Synonym für sozialpolitische Aktivität stehen; das bedeutet, die Bewertung unserer uns jetzt bekannten Welt kann nur eine Bewertung durch breiten gesellschaftlichen Konsens sein. An dieser Bewertung sollten Vertreter aus Wissenschaft, Wirtschaft und Politik beteiligt sein.

> Ein ethisch sinnvoller Gebrauch der menschlichen Handlungsfreiheit ist nur im Rahmen einer hierarchisch geordneten Bewertung der Handlungsziele möglich, die zu praktischen Handlungsanweisungen führt.

Verhältnis von Individuum und Gesellschaft

Ein ungelöstes Problem – das sich auch bei der Forderung einer Ethik der Neurobionik stellt – ist das Verhältnis von Institution und Individuum, wenn es um das Übernehmen von Verantwortung und um ethisches Handeln nach allgemein akzeptierten Bewertungsgrundlagen geht. Das Betrei-

Verhältnis von Individuum und Gesellschaft

ben von Ethik, das Aufstellen von Bewertungsmaßstäben und Zielen ohne den Versuch, das Ergebnis dieser Ethik auch umzusetzen, muß als amoralisch bezeichnet werden. Ethik, die sich nicht in geltendem Recht manifestiert, hat keine Daseinsberechtigung. Die Notwendigkeit, gesetzliche Rahmenbedingungen zur Festschreibung einer Ethik der Neurobionik zu schaffen, ist um so dringlicher, als die Schaffung von Tatsachen durch die beteiligten Wissenschaftsdisziplinen bereits geschehen ist oder kurz vor der Vollendung steht.

Die Freiheit, über mögliche alternative Handlungen nach sozial und politisch akzeptierten Bewertungskriterien zu entscheiden, ist untrennbar verbunden mit Verantwortung, die in die Zukunft gerichtet ist. Dabei ist die Quelle jeder Reflexion über die Art und Weise, wie diese Zukunft aussehen könnte, immer das Individuum mit seinen jeweiligen Vorerfahrungen. In ganz bewußter, von Individuen gelenkter Art und Weise hat die Gesellschaft (oder stellvertretende Institutionen) die Möglichkeit, ein rechtspolitisches Gefüge zu schaffen, in dem das von Individuen zuvor als sinnvoll Angesprochene und von der Gesellschaft mit Hilfe der Medien Diskutierte und Akzeptierte das Handeln bestimmen kann, auch unter Anwendung bestimmter, sanktionierender Maßnahmen.

Diese enge Verflechtung von Individuum und Gesellschaft und der Vorschlag, die Beziehung zwischen beiden noch weiter zu institutionalisieren im Hinblick auf die großen normativen Anforderungen, die aufgrund heutiger technischer Möglichkeiten und in diesem Fall insbesondere derjenigen der Neurobionik auf uns alle zukommen, entstammt im Grunde genommen sehr alten nordwesteuropäischen Prinzipien: dem Wissen darum, daß unsere Gesellschaft durch die beiden Leitmotive der *Ehre* und des *Rechts* zusammengehalten wird; wobei die Ehre den Blickwinkel des Individuums darstellt, dem seine individuelle Unversehrtheit und seine Freiheit in einem Rahmen

> Der Entwicklung von ethischen Bewertungsmaßstäben muß der Versuch folgen, diese Überlegungen in geltendes Recht umzusetzen.

3. Überlegungen zu ethischem Handeln

gewährt sein soll, der nicht die Nachbarindividuen verletzt. Der Begriff des Rechts beinhaltet, daß das Individuum Teile seiner eigenen Freiheit zum Wohle eines größeren Ganzen abzugeben hat. Was dieses Wohl des Größeren und Ganzen ist, ist innerhalb heute vorliegender ethischer Systeme entweder gar nicht oder in völlig unzulänglicher Weise erarbeitet worden. Es kann nicht genug betont werden, daß in der heutigen Zeit eine unabdingbare Notwendigkeit besteht, Bewertungssysteme für alle Bereiche der wissenschaftlich-technischen Welt aufzustellen. Insbesondere natürlich für die Bereiche, die die Richtung der Beeinflussung von Welt und Mensch in den letzten 50 Jahren umgekehrt haben.

Welche gesamtgesellschaftlich akzeptierten Regeln hatte Otto Hahn, der vor der Entscheidung stand, sich mit dem physikalischen Problem der Kernspaltung zu beschäftigen, dessen Lösung die Entwicklung der Atombombe zur Folge hatte? Sollte er seine physikalischen Untersuchungen im Hinblick auf die Folgen einstellen oder sie fortsetzen? Die Forderung nach intellektueller Redlichkeit und nach der Mitteilungspflicht an die Öffentlichkeit genügt als Grundlage für eine solche Art von Entscheidung sicherlich nicht. Zur Urteilsfindung in Fragen solcher Tragweite bedarf es eines konkreten, inhaltlich von der Gesamtgesellschaft erarbeiteten Konzepts.

Dem Menschen als sozialem Wesen entsteht ein Handlungskonflikt, wenn er zwischen seiner individuellen Freiheit und dem Wohl des Ganzen entscheiden muß.

Die Macht des Menschen über die Natur, über den Menschen selbst und über die gesamte Welt ist so groß geworden, daß die Entscheidung eines einzelnen, dieses oder jenes zu tun, zur Vernichtung der Menschheit führen kann. Deshalb müssen in die Freiheit des einzelnen eingreifende Schritte getan und konkrete Inhalte für bestimmte Fragestellungen gesamtgesellschaftlich erarbeitet werden. Dies bedeutet nicht, im Bereich des technisch-wissenschaftlichen Lebens einen totalitären Überwachungsstaat aufbauen zu müssen, auch bedeutet es nicht, der Kreativität und dem Forscherdrang des einzelnen strikte Einschränkungen aufzuerlegen; aber es kann durchaus bedeuten, daß bestimmte Großforschungsprojekte nach gründlicher gesamtgesellschaftlicher Überlegung von dieser nicht mehr getragen werden und die Kreativität des einzelnen Individuums sich entsprechend andere Betätigungsfelder suchen muß. Dem Argument, daß die Aktivität des einzelnen Wissenschaftlers sich sicherlich nicht von außen einschränken läßt, kann damit begegnet werden, daß in der heutigen Zeit Großforschungsprojekte nur mit massiven Zuwendungen der öffentlichen Hand überhaupt durchführbar sind, vor allen Dingen auf dem Gebiet der Umsetzung der wissenschaftlichen Grundlagenforschung in technisch verwertbare Produkte. Dies hat zur Folge, daß bei Ausbleiben dieser Mittel das technische Endprodukt und das Großforschungsprojekt nicht mehr zur Durchführung kommen können.

Recht auf Nichtwissen?

Die wachsende Dominanz von Wissenschaft und Technik und die allumfassende Beeinflussung unseres Lebens durch diese bis hin zum möglich gewordenen Genozid läßt das oftmals vertretene ethische Prinzip des Rechts auf Nichtwissen als nicht mehr akzeptabel erscheinen. Die Philosophie definiert zwei Arten von Nichtwissen: sogenanntes prinzipielles Nichtwissen und empirisches Nichtwissen. Prinzipielles Nichtwissen bedeutet die aktive, durch persönliche Entscheidung getragene Verweigerung, sich zu bestimmten Themenbereichen vorliegendes Wissen anzueignen, um nicht in Bewertungsnöte und damit Entscheidungsschwierigkeiten zu kommen. Dieses prinzipielle Recht auf Nichtwissen, welches in speziellen Bereichen der Medizin propagiert wurde, so zum Beispiel während der 1992 viel diskutierten Erlanger Totenschwangerschaft, ist natürlich im Bereich von Wissens-

> Unsere Lebensbereiche sind von den Entwicklungen in Technik und Wissenschaft mehr und mehr bedroht. Ein Recht auf Nichtwissen scheint unter diesen Bedingungen nicht mehr eingeräumt werden zu können.

weiterentwicklung in der Größenordnung der hier angesprochenen Thematik nicht mehr zu tolerieren. Selbst empirisches Nichtwissen, das heißt Nichtwissen, das durch wissenschaftliche Betätigung zum Wissen werden kann, ist in solch ein umfassendes, individual-soziopolitisches Bewertungssystem, sozusagen *ex ante* mit dem Hilfsmittel von Wahrscheinlichkeitsaussagen einzubeziehen.

Wir haben bisher versucht darzustellen, daß der Wirkungsbereich von Ethik nicht mehr so sehr wie in der Vergangenheit das Individuum, sondern in Zukunft eher die gesamte Gesellschaft sein wird. Dies liegt in der Tatsache begründet, daß die Probleme von Wissenschaft und Technik nicht mehr ihre fachspezifischen Aspekte betreffen und damit von Individuen getragen werden können, sondern daß die Folgeerscheinungen von Wissenschaft und Technik heute die Tendenz in sich tragen, die gesamte Welt zu verändern.

Gesinnungsethik kontra Verantwortungsethik

Bei der zu entwickelnden Ethik, die auf die wissenschaftlichen und technischen Gegebenheiten des ausgehenden 20. Jahrhunderts anwendbar ist, sollte die bislang propagierte Gesinnungsethik von einer institutionalisierten Verantwortungsethik abgelöst werden. Dabei muß die heute übliche Trennung zwischen Wissenschaft und Politik aufgehoben werden: Die Einteilung in *Homo investigans* und *Homo politicus* kann nicht länger Bestand haben. Vom einzelnen Mitglied der Gesellschaft wird in diesem Zusammenhang gefordert, sich sowohl auf dem Gebiet der Wissenschaft wie auch dem der Politik Kenntnisse zu erwerben. Auch Politiker sollten sich überwinden, Wissen vor der von ihnen notwendigerweise durchzuführenden Bewertung zunächst einmal interessenfrei zu erwerben. –

Dies sind Forderungen, ohne die ein groß angelegtes, sozialethisches Bewertungssystem nicht funktionieren kann.

Das Festlegen von Handlungsrichtlinien darf auch kein einmaliger Prozeß sein, sondern muß dem ständigen gesellschaftlichen Wandel folgen können. Ethik-Institutionen werden sich ebenfalls nicht damit begnügen können, ein äußeres ethisches Regelwerk zu schaffen, sondern in erster Linie wird es darauf ankommen, sich auf Inhalte festzulegen.

Bevor wir in Ansätzen ein eigenes Bewertungssystem aufzeigen, soll auf eine bereits institutionalisierte Ethik eingegangen werden, nämlich die Ethik der christlichen Theologie und der Kirche. Die Moraltheologie hat sich immer als praktische Ethik verstanden, während sie philosophische Ethik in den Elfenbeinturm der Theorie verbannt sah. Doch auch die kirchliche Ethik scheint ihren Einfluß, vor allem in der westlichen Welt, im alltäglichen Leben immer mehr einzubüßen. Eine der möglichen Erklärungen für die zunehmende Wirkungslosigkeit der Moraltheologie mag in der Tatsache begründet liegen, daß es sich hierbei ebenfalls um eine Wissenschaft handelt, die sich gegenüber anderen Bereichen menschlicher geistiger Tätigkeit streng abgegrenzt und separiert hat. Die Kirche hat sich, was Bewertungsmaßstäbe gegenüber technologischen Herausforderungen anbelangt, immer weit hinter dem Stand der Zeit und dem Lebensgefühl der jeweiligen Gesellschaft bewegt. Die Kirche hat zivilisatorische und technologische Herausforderungen zu keiner Zeit angenommen und sich nicht ernsthaft mit ihnen auseinandergesetzt, sondern nur den Versuch unternommen, die Welt an ihr bestehendes normatives Gerüst anzupassen. Die Bewertungen, die von der Moraltheologie propagiert werden, sind in der heutigen Zeit nicht mehr akzeptabel: Die Würde des Menschen muß vor Gott nicht verkleinert werden, um Gott die Ehre zu erweisen, genauso wie die Rationalität aus gleichen Gründen nicht verleugnet werden darf.

> Damit eine Ethik im praktischen Gebrauch ihre Anwendung finden kann, muß die strenge Trennung zwischen der forschenden Wissenschaft und der Entscheidungen fällenden Politik aufgehoben werden und eine interdisziplinäre Kommunikation stattfinden.

3. Überlegungen zu ethischem Handeln

Die Kirche versuchte über Jahrtausende, die Realität an ihre Wertvorstellungen anzupassen und verlor dabei zusehends an gesellschaftlicher Relevanz.

Moraltheologische Prinzipien, die die Grundlage des Christentums bilden, so die Nächstenliebe, sind durch die teilweise ausschließlich machtpolitischen Aktivitäten der Kirche unglaubwürdig geworden. Es kann dagegen in einem sozialen und politischen Ethikkonzept nicht genug Betonung auf eine äußerst flache hierarchische Struktur der mit der Erarbeitung und Durchsetzung beauftragten öffentlichen Institutionen gelegt werden, in der alle relevanten gesellschaftlichen Schichten vertreten sein sollten.

Bewahrung und Fortentwicklung

Wichtige Handlungsqualitäten in dem hier dargestellten gesamtgesellschaftlichen Rahmen sind mit den Begriffen *Bewahren* und *Fortentwickeln* zu bezeichnen. Heißt dementsprechend Verantwortung übernehmen nach der obigen Einteilung der Welt, einen bestimmten Bereich vorzugsweise vor einem anderen zum Nachteil des letzteren bewahren zu müssen, oder heißt es, ihn fortentwickeln zu müssen, und wenn ja, in welche Richtung? Eine erste Antwort auf diese Fragen scheint auf der Hand zu liegen: Eine Entscheidung für die Fortentwicklung des menschlichen Geistes kann nur dann verantwortet werden, wenn wir eine an Sicherheit grenzende Wahrscheinlichkeitsaussage machen können, das Ziel der Fortentwicklung erreichen zu können. Auf der Basis unsicherer Zukunftsprognosen kann die Entscheidung zur Fortentwicklung nur mit dem Spiel eines Hasardeurs verglichen werden. Auch hier wird ein weiteres Mal deutlich, daß solch eine Aufgabe nur durch Institutionalisierung unter Einbeziehung aller gesellschaftlichen Kräfte möglich ist.

Die Ethik hat bisher im technisch-wissenschaftlichen Sektor kaum Anwendung gefunden. Dies liegt unter anderem daran, daß in der Philosophie Prinzipienethik betrieben wird, von der aus ein Brückenschlag zu konkreten Situationen des täglichen Lebens kaum möglich ist. Die angewandte Ethik wiederum ist vor allem im Bereich der Moraltheologie zu Hause, in der sie sich in Einzelsituationen verliert, ohne ein übergeordnetes Gesamtsystem bereitzustellen und ohne den Bezug zur heutigen technisch-wissenschaftlichen Welt herzustellen. Für Entwicklungen in der heutigen Welt, insbesondere auch für das Forschungsobjekt der Neurobionik, ist es notwendig, mit Hilfe eines breit angelegten Bewertungsgebäudes eine Brücke zu schlagen von der Prinzipienethik zur angewandten Ethik.

Wir müssen uns darüber im klaren sein, daß dieser Brückenschlag nur gelingen wird, wenn wir bereit sind, nach Einteilung der Welt diese zu bewerten, das bedeutet in eine Rangfolge über- und untergeordneter Ziele zu setzen, und uns anschließend auf diese Ziele festzulegen, wobei diese Festlegung gesetzmäßig mit allen damit zusammenhängenden Folgen fixiert werden muß. Die Aufgabe der Einteilung, Bewertung und Festlegung und natürlich dann Verantwortungsübernahme kann in der heutigen komplexen Welt nicht mehr vom Individuum gelöst werden, sondern sie muß von neu zu gründenden gesellschaftlichen Institutionen getragen werden. Damit soll nicht bestritten werden, daß im Einzelfall das Individuum der Träger ethischer Verantwortung und der Motor der Umsetzung ethischer Leitsätze bleiben wird. Die Ziele, die innerhalb dieses Bewertungsrahmens angestrebt werden, sind unter ethischen Gesichtspunkten diejenigen des Bewahrens und der Weiterentwicklung. Diese Funktionen sind aber nur dann verantwortlich anzuwenden, wenn sie nicht allein auf Prinzipien zurückgeführt werden, sondern unter Berücksichtigung aller uns zur Verfügung stehenden Erfahrungen so auf den Bewertungsrahmen angewandt werden, daß bei unsicheren Zukunftsprognosen die Funktion des Bewahrens zur Anwendung kommt, während die

> Für die Ethik müssen im konkreten, alltäglichen Handeln Umsetzungsmöglichkeiten geschaffen werden. Das Bewertungssystem sollte von einer gesellschaftlichen Institution entwickelt und verantwortet werden.

im Rahmen des Möglichen gesicherte Zukunftsprognose die Weiterentwicklung auf festgelegte Ziele hin ermöglicht.

Ethische Fragen der Neurobionik

Ethisches Handeln in konkreten Situationen ist nur möglich, wenn zuvor in gesellschaftspolitischem Rahmen beurteilt, bewertet und hieraus folgende Festlegungen entschieden wurden.

Die Neurobionik bewegt sich, was ihr Forschungsobjekt betrifft, zwischen dem menschlichen Nervensystem (Gehirn, Rückenmark und periphere Nerven) und dem menschlichen Geist (Erkenntnisvermögen, Seele, Emotion). Denkt man das Forschungskonzept der Neurobionik zu Ende, so könnte ein neuer Träger für den menschlichen Geist entstehen: ein konstruiertes neuronales Netz, das die gleichen Fähigkeiten wie der menschliche Geist besitzt. Wenn diese Vision auch noch in weiter Ferne liegt, so müssen wir uns über den ethischen Rahmen, in dem solch eine Forschung stattfinden soll, klarwerden und uns fragen, ob solch ein Vorhaben überhaupt vertretbar ist. Dazu müssen wir in freier Entscheidung nicht individuell, sondern in gesellschaftspolitischem Rahmen uns selbst und die Welt bewerten; dies bedeutet, daß wir uns festzulegen haben (natürlich nach gründlicher Beurteilung und Einbeziehung aller zur Verfügung stehenden Informationen). Nach dieser Festlegung haben wir uns für eine konkrete Situation der absoluten Entscheidungsfreiheit, die zunächst zu dieser Festlegung geführt hat, beraubt.

Auf welche Art und Weise können wir also uns und die Welt einteilen, diese Einteilung in eine Rangfolge bringen und uns auf Handlungsentscheidungen in dieser konkreten Situation festlegen?

Der zur Zeit bekannteste Philosoph, der sich mit dem Verhältnis von Wissenschaft und Ethik auseinandersetzt, Hans Jonas, hat gefordert, das oberste Ziel von ethischem Handeln in der heutigen Zeit müßte der Erhalt der Menschheit sein. Hier muß sich sofort die Frage anschlie-

Ethische Fragen der Neurobionik

ßen, was bedeutet Menschheit? Das Überleben aller Menschen mit der Betonung auf biologischem Überleben? Das spezifische Charakteristikum des Menschen ist doch wohl der menschliche Geist und nur eingeschränkt sein biologischer Körper. Sollte hierüber keine Einigung bestehen, so müßte dies institutionell beurteilt und dann entschieden werden. Es sei nochmals betont: Die Festlegung nach einer Beurteilungsphase – und nur diese Festlegung – ermöglicht in konkreten Situationen ethisches Handeln. Wenn wir uns darauf festlegen, daß an oberster Stelle ethischen Handelns die Erhaltung des menschlichen Geistes stehen soll, so ergibt sich sogleich die nächste Frage: Soll der Geist so erhalten werden, wie er zur Zeit ist, oder enthält er auch Teile, auf die in Zukunft durchaus verzichtet werden könnte? Die nächste Frage betrifft das individuelle Selbstbewußtsein. Dies war in der bisherigen Geistesgeschichte des Menschen eine Conditio sine qua non, eine absolute Voraussetzung. Die wissenschaftliche Fortentwicklung der Neurobionik wird sicherlich die Frage aufwerfen, ob dieses individuelle Selbstbewußtsein erhaltenswert ist. An dieser Stelle wird die gesellschaftspolitische Dimension deutlich. Wir müssen uns fragen, ob wir in unserer Bewertungsskala menschlichen, individuellen Geist als oberstes Ziel aller unserer Aktivitäten betrachten wollen oder die Erhaltung des gesellschaftspolitischen Zusammenlebens der Menschen. Beides gleichwertig nebeneinanderstellen können wir nicht, da wir uns dann der Handlungsanweisungen in konkreten Situationen berauben.

Als Ausgangsbasis für die weitere Erörterung schlagen wir zunächst vor, daß die Erhaltung und Fortentwicklung des menschlichen Geistes Priorität haben soll gegenüber der Fortentwicklung und Erhaltung des menschlichen Gesellschaftssystems. Diese Handlungsziele sind natürlich sehr anthropozentrisch. Die Welt besteht aus mehr als nur menschlichen Individuen und ihren

Wie gelangt man zu gesamtgesellschaftlich verbindlichen Festlegungen? Was bedeutet Menschheit, was der menschliche Geist? Ist das individuelle Selbstbewußtsein erhaltenswert?

3. Überlegungen zu ethischem Handeln

Gesellschaftssystemen. Sie besteht aus den biologischen Teilen des menschlichen Lebens, dem nichtmenschlichen Leben und der anorganischen Natur. Wir müssen auch diese Bereiche in unser Wertungssystem einfügen.

Ein Modell könnte sein, die Welt einzuteilen in den menschlichen Geist mit seinen verschiedenen Teilen, an zweiter Stelle in die gesellschaftlichen Strukturen im Zusammenleben menschlicher Individuen, an dritter Stelle in die biologischen Voraussetzungen des Menschen, an vierter Stelle in nichtmenschliche Lebensformen und an fünfter Stelle in die anorganische, nicht lebende Welt. Es werden immer komplexere Situationen durch die schon sehr bald erreichbaren technisch-wissenschaftlichen Entwicklungen entstehen, in denen wir uns für den einen oder anderen Weg, für das eine oder andere Ziel entscheiden müssen. Sich nicht entscheiden zu können wird in diesen Situationen bedeuten, daß die Menschheit sich der Gefahr aussetzt, sich ihrer Handlungsmöglichkeiten zu berauben und der Selbstvernichtung anheimzufallen. Wir werden also in ganz konkreten Situationen Entscheidungen treffen müssen, ob wir für den Bestand des menschlichen Geistes oder für den Bestand der menschlichen Gesellschaft etwas tun wollen, und wir werden Situationen erleben, in denen wir uns für das eine zu ungunsten des anderen entscheiden müssen. Zu diesen an Erfahrungen ausgerichteten Einteilungen, Bewertungen und dann auch Festlegungen der Welt, wie wir sie kennen, müssen die Prinzipien der vor aller Erfahrung abgeleiteten ethischen Leitsätze kommen.

Für das Fachgebiet der Neurobionik bedeutet dies, daß zum jetzigen Zeitpunkt ein verantwortungsvolles ethisches Handeln von folgenden Tatsachen ausgehen muß: Bei vorhandenem grundlagenwissenschaftlichem und technischem Know-how zeichnet sich die Möglichkeit ab, den menschlichen Geist von seinem biologischen auf einen technischen Träger zu transferieren. Dies ist mit ungeheuren Unwägbarkeiten und Risiken behaftet. Welche Ziele tatsächlich verfolgt und verwirklicht werden sollten, kann zum jetzigen Zeitpunkt sicherlich nicht entschieden werden. Zunächst muß gefordert werden, daß es den menschlichen Geist, der Priorität vor allen anderen Bereichen unserer Welt hat, in seinem jetzigen Zustand zu bewahren gilt. Dies könnte bedeuten, daß der medizinische Fortschritt, der durch Ergebnisse der Neurobionik zum Wohle vieler Patienten erreicht werden kann, zum jetzigen Zeitpunkt als nicht erstrebenswert eingestuft werden muß, da die Nebeneffekte der technisch-wissenschaftlichen Entwicklung die Gefahr heraufbeschwören, daß der menschliche Geist und damit der Kern menschlichen Wesens der Selbstzerstörung anheimfällt.

Hans Jonas hat in seinem Hauptwerk *Das Prinzip Verantwortung* den neuen Imperativ beschrieben: »Es ist die Vorschrift, daß der Unheilsprophezeiung mehr Gehör zu geben ist als der Heilsprophezeiung. Die Gründe hierfür seien in Kürze angezeigt. ... Das einmal Begonnene nimmt uns das Gesetz des Handelns aus der Hand, und die vollendeten Tatsachen, die das Beginnen schuf, werden kumulativ zum Gesetz seiner Fortsetzung. Mag es denn sein, daß wir unsere eigene Evolution in die Hand nehmen, so wird sie dieser Hand doch eben dadurch entgleiten, daß sie ihren Anstoß in sich aufgenommen hat, und mehr als irgendwo sonst gilt hier, daß, während der erste Schritt uns freisteht, wir beim zweiten und allen nachfolgenden Knechte sind. So kommt zu der Feststellung, daß die Beschleunigung technologisch gespeister Entwicklung sich zu Selbstkorrekturen nicht mehr die Zeit läßt, die weitere hinzu, daß in der dennoch gelassenen Zeit die Korrekturen immer schwieriger, die Freiheit dazu immer geringer werden. Das verstärkt die Pflicht zu jener Wachsamkeit über die Anfänge, die den ernsthaft genug begründeten (von bloßen Furchtphantasien verschiedenen) Unheilsmöglichkeiten einen Vorrang über die – sei es selbst nicht schlechter begründeten – Hoffnungen einräumt.«

Ein Vorschlag für ein oberstes ethisches Prinzip für die Neurobionik: Die Weiterentwicklung des individuellen menschlichen Geistes soll Vorrang vor der Bewahrung der menschlichen Gesellschaft haben.

Was macht die Bionik so interessant für die Ingenieurswissenschaften? Warum geht die Bionik schonender mit der Ressource Natur um, und was ist die Besonderheit bei der Neurobionik? Wenn die Neurobionik tatsächlich in der Lage ist, den Geist des Menschen auf technische Systeme zu übertragen, was bedeutet das für unsere Zukunft?

4

Geschichte der Bionik

Inspiration Natur

Als Jack Steele im Jahre 1958 die Bezeichnung „bionics" in die wissenschaftliche Welt einführte, wurden zwei für wesensfremd gehaltene Bereiche in eine symbiotische Beziehung gestellt. Bionik als Wortneuschöpfung vereinte als Kürzel die Biologie und die Technik, wobei das Wissen um biologische Prinzipien technischen Erfindergeist beflügeln sollte. Bionik war für Steele die bewußte und systematische Suche nach biologischen Vorbildern, hält doch die Welt der Pflanzen und Tiere mit ihrer enormen Formen- und Funktionenvielfalt ein ungeheures Reservoir der unterschiedlichsten Erfindungen bereit, und der Mensch wäre sicher töricht, wollte er diesen Pool natürlicher Patente nicht nutzen. Die luftige Fahrt eines geflügelten Ahornsamens auf dem Weg zu Mutter Erde oder die lamellenartige Architektur eines Blattes konnten auch die Welt der Flugzeugbauer beflügeln. Ganz wichtig dabei: Eine auf Bionik basierende Technik sollte im ökologischen Sinne sanft, das heißt nicht gegen die Natur gerichtet, sein.

Letztendlich gab Jack Steele einer uralten Denkweise nur ein neues Wort. Denn schon immer erkannten die Menschen in der Natur einen großen Lehrmeister. Viele nützliche Erfindungen, die das Leben erleichtern konnten, waren im Grunde längst gemacht, bevor sich der Mensch den Kopf darüber zerbrach. Man mußte nur genau hinschauen, um Anregungen zu finden: Treibende Bäume im Fluß zum Beispiel gaben den Anstoß zum Floßbau. Von der Fahrt auf großer See waren die ersten Matrosen der Geschichte nur noch ein paar Ruderschläge entfernt. Baumstämme, die einen Berg hinunterrollten, sollen der Legende nach zur Erfindung des Rads inspiriert haben.

In der Bionik werden Kenntnisse aus der Biologie zur Lösung technischer Probleme verwendet.

Mit Federn und Wachs in die Lüfte

Und mit befiederten Flügeln, die sie den Vögeln abgeschaut hatten, wollten die Menschen der Antike die Lüfte

4. Geschichte der Bionik

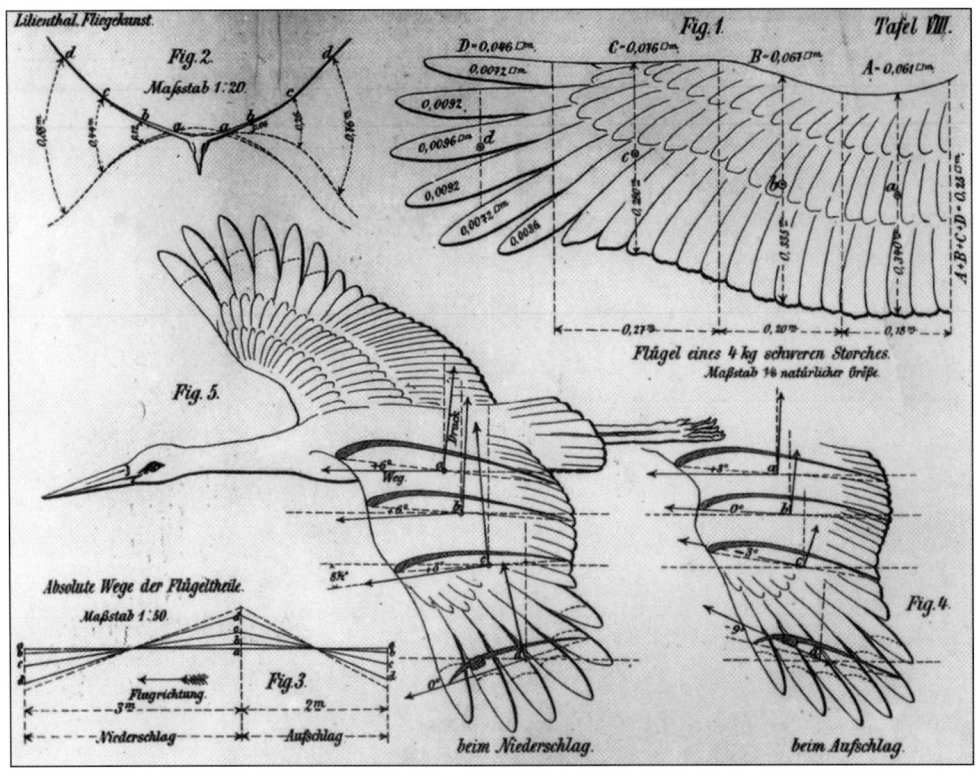

»Unsere Lehrmeister im Schwebefluge«

Die Skizze aus dem Buch über den Vogelflug macht Lilienthals Arbeitsweise als Bioniker deutlich.

erobern. Bionisch sind auch die Konstruktionen von Leonardo da Vinci, der im 15. Jahrhundert seine berühmten Skizzen für den Schwingenflieger anfertigte. Die Flügel dieses technischen Vogels sollte ein Mensch mit Seilen und Umlenkrollen in Bewegung versetzen. Ein Meisterwerk der Ingenieurkunst für die damalige Zeit, allerdings ungeeignet, der Anziehungskraft der Erde ein Schnippchen zu schlagen.

Mit der technischen Revolution Anfang des 19. Jahrhunderts wollten die Ingenieure von all diesen natürlichen Vorbildern nicht mehr viel wissen. Inspirationen hatten vom Reißbrett zu kommen, ohne sich groß um die Natur kümmern zu müssen. Nur leider vergaßen die Protagonisten der industriellen Revolution, daß Technik nicht gegen, sondern nur mit der Natur eine Zukunft hat. Je mehr sich die Technik von der Natur entfernte, desto deutlicher wurden auch die Folgen dieser brachialen Denkweise. Rücksichtsloser Raubbau und Umweltverschmutzung machten unübersehbare Entwicklungen deutlich, und ein Wendepunkt ist auch heute noch nicht in Sicht. Steele hingegen wollte die technische Entwicklung mit biologischen Konzepten befruchten. Die Neurobionik ist ein Paradebeispiel dafür, daß biologische und technische Systeme einander ergänzen können.

In der Vergangenheit dachten vor allem die Pioniere der Flugkunst bionisch, wie das Beispiel Leonardo da Vincis schon gezeigt hat. Der Konstrukteur Clement Ader nahm im 19. Jahrhundert die Schwingen der Fledermaus zum Vorbild für seine Flugzeugkonstruktionen, die allerdings nie abheben wollten. Der wohl berühmteste Flugpionier, Otto Lilienthal, hätte sich ohne das bewußt gesuchte Vorbild in der Natur wohl nie in die Lüfte erhoben. Im Jahre 1891 gelang ihm ein Luftsprung von 25 Metern, mit einem Flugzeug, das der Bionik alle Ehre machte. Das erste lufttaugliche Flugzeug der Geschichte – die „Möwe" – wirkte wie ein überdimensionales Vogelskelett. Nur die Federn fehlten.

Neben dieser spektakulären „Erfindung" gibt es eine ganze Reihe weiterer Entwicklungen, bei denen die Natur Pate stand. So geht der Pappkarton auf den Webermeister Friedrich Gottlob Keller zurück, der das spezielle Herstellungsverfahren von den Wespen abschaute. Als in den vierziger Jahren des vergangenen Jahrhunderts nicht mehr genügend Rohstoffe für die Papierindustrie zur Verfügung standen, beobachtete Keller die Wabenkonstruktion der Wespennester.

Insekten — Meister der Ingenieurkunst

Die fleißigen Insekten fabrizierten aus Speichel und Holzmehl winzige Klümpchen, im nächsten Arbeitsgang formten sie mit ihren Mundwerkzeugen wabenförmige Struktu-

In der Natur vorkommende Prinzipien, wie die Flugfähigkeit der Vögel oder die Wabenkonstruktion von Wespennestern dienen dem Menschen zum Vorbild bei der Entwicklung technischer Verfahren.

4. Geschichte der Bionik

ren. Keller übertrug die chemisch-technischen Arbeiten der Insekten auf einen industriellen Maßstab. Nach dem Kellerschen Holzschliff wird noch heute Holz zerkleinert, mit Wasser und Klebemitteln aufgeschwemmt und zu tragfähigen Pappen ausgegossen.

In der ersten Hälfte dieses Jahrhunderts wandelte sich die gestörte Beziehung des Menschen zur Natur. Immerhin erlebten die Biowissenschaften eine rasante Entwicklung: Mikroskope eröffneten phänomenale Einsichten in die Welt der Biosphäre. Bestrebungen, Natur und Technik miteinander zu versöhnen, erhielten neuen Auftrieb. Erwähnt seien Veröffentlichungen wie *Die technischen Leistungen von Pflanzen* (1919) oder *Die Pflanze als Erfinder* (1920), beide von R. H. Francé verfaßt. Der Wissenschaftler setzte sich lange vor Jack Steele für bionisches Denken ein und kreierte den Begriff „Biotechnik", der heute allerdings in einem anderen Zusammenhang sehr populär ist. Mit der Biotechnik werden technische Anwendungen biologischer Prozesse bezeichnet. Auf diese Weise werden Medikamente von Bakterien hergestellt. Bestandteil biotechnischer Verfahren ist auch die Gentechnik, die mit genetisch veränderten Organismen arbeitet.

Der Begriff „Biotechnologie" erhielt also eine andere Bedeutung als von seinem Erfinder R. H. Francé gewollt: »Der Mensch kann sich der Naturkräfte noch in ganz anderem Maße bemächtigen, wie er es bisher getan hat.« Mit großer Weitsicht formulierte er weiter: »Wenn (der Mensch) nur alle Prinzipien anwendet, die der Organismus in seinem Betriebe zur Anwendung gebracht hat, hat er allein auf Jahrhunderte hinaus Beschäftigung für alle seine Kräfte und Talente.« Francé war seiner Zeit leider zu weit voraus, der Begriff „Biotechnik" verschwand vorerst in der Schublade, doch die von ihm beschworenen »Kräfte und Talente« sollten in der Neurobionik neue Schubkraft erfahren.

Inspiration Natur

Durch das Wasser jagender Delpin

Delphine – schneller, als die Natur erlaubt
Zu den Protagonisten einer systematischen Nutzung biologischen Wissens für die Technik gehörte vor allem Max O. Kramer, der sich um begriffliche Definitionen allerdings wenig scherte. Während einer Atlantiküberquerung im

4. Geschichte der Bionik

Jahre 1946 beobachtete Kramer vom Schiff aus die vorbeiziehenden Delphine. Die hohen Geschwindigkeiten der Tiere von 80 Stundenkilometern konnte er sich nicht allein durch die Muskelkraft und die schnittige Form der Delphine erklären. Kramer lenkte sein Augenmerk daher vor allem auf die Haut der Tiere und erkannte dabei, daß Delphine als oberste Schicht eine nur 0,5 Millimeter dicke Membran besitzen, darunter eine Millimeter messende lamellenartige Dämpfungsschicht, die von dünnen Kanälen bis dicht unter die Membran durchzogen ist. Offenbar waren Delphine in der Lage, die sandwichartig zusammengesetzte Hautoberfläche mit Wellen zu überziehen. Die Haut arbeitete wie eine hydraulische Anlage: Kanäle, die unter Druck stehen, beulen die Haut an den gewünschten Stellen aus. Durch die wellenartige Verformung der Haut können Delphine einen großen Teil der Turbulenzen an der Grenzschicht zwischen Wasser und Haut abfangen. Dadurch werden die Reibungskräfte minimiert, oder anders ausgedrückt: die Delphine schwimmen bei gleicher Muskelkraft.

Die komplizierte biomechanische Steuerung der Delphinhaut ließ sich ohne Mikrosystemtechnik und Nanotechnologie nur schwerlich kopieren. Dennoch unternahm Kramer den Versuch, die wesentlichen Merkmale in die Technik zu übersetzen. Kramer konstruierte eine Schiffsumhüllung zur Stabilisierung der Grenzschicht. Das Ziel auch hier: Bei gegebener Motorleistung des Schiffes die Geschwindigkeit noch weiter zu erhöhen. Auf die äußere Stahlwand des Schiffes legte der Ingenieur eine Dämpfungsschicht aus Gummi, die, ebenso wie die Delphinhaut, flüssigkeitsgefüllte Kanäle besaß. Als äußerste Schicht benutzte er analog zum biologischen Vorbild eine druckempfindliche Membran. Tatsächlich wurde die Schnelligkeit von Schiffen mit Hilfe dieser aufwendigen Technik verbessert. Der Reibungswiderstand des Wassers ließ sich um 50 Prozent senken. Kramers Vorgehensweise zeigt, daß die biologischen Strukturen nicht unbedingt im Verhältnis eins zu eins in die Technik übernommen werden müssen. Er brauchte die biologischen Strukturen nicht bis ins letzte, mikroskopisch kleine Detail nachbilden, um Erfolg zu haben. Auch beim Einsatz von Materialien mit entsprechenden anderen Eigenschaften entfernte er sich von seinem biologischen Modell erheblich. Die bionische Idee indes ist nicht zu verkennen.

Werner Nachtigall, der erste Vorsitzende der *Gesellschaft für Technische Biologie und Bionik* mit Sitz in Saarbrücken, sagte über das bionische Prinzip: »Die bloße Kopie, die Meinung, die Natur würde Blaupausen für die Technik herstellen wollen, führt in die Sackgasse. Was man übernehmen kann, ist eine Fülle von Anregungen, die auf ihre Übertragungsmöglichkeiten untersucht werden müssen. Sie können entscheidende Impulse für technisches Gestalten geben, doch das letztere muß lege artis nach den Gesichtspunkten der Ingenieurwissenschaften erfolgen.«

> Bionik kopiert die Natur nicht in allen Einzelheiten, sondern übernimmt von ihr Anregungen und überprüft diese auf ihre technische Verwendbarkeit.

Bionik auf breiter Front

Die bionische Vorgehensweise hat sich in der Wissenschaft mittlerweile vielfältig durchgesetzt, ohne allerdings im Zentrum der öffentlichen Aufmerksamkeit zu stehen. An der Universität Glasgow arbeiteten Schiffbauingenieure an einem Flossenantrieb, der die üblichen Schiffsschrauben ersetzen soll. Erste Versuche mit diesen kurios anmutenden Antrieben zeigten einen hohen Wirkungsgrad: Die Kraftübertragung des Schiffsmotors auf das Wasser war beim Flossenantrieb wesentlich größer als bei herkömmlichen Schrauben, die viele Wasserwirbel mit entsprechend großen Reibungsverlusten erzeugen. Die ökologische Bedeutung dieser Konstruktion ist immens, denn der Kraftstoffverbrauch von Schiffen ließe sich mit Flossenantrieb erheblich senken.

4. Geschichte der Bionik

Japanische Wissenschaftler nahmen Insektenflügel als Vorbild für Sonnenkollektoren. Wespen zum Beispiel können ihre Flügel nach der Landung auf einer Blume zu sehr schmalen Bändern zusammenfalten, was die Beweglichkeit der Tiere beim Herumlaufen deutlich erhöht. Für die Weltraumfahrt ist das Know-how dieser Technik besonders interessant, denn hiermit können großflächige Konstruktionen auf engstem Raum verstaut werden. Im Ergebnis ließen sich Sonnenkollektoren extrem platzsparend zusammenfalten, um dann – im Orbit einer Weltraumstation – wie von Geisterhand gesteuert auf eine riesige Fläche auszuwachsen. Erkenntnisse aus der Statik von Seeigelschalen, die von Stuttgarter Forschern mit Hilfe eines speziellen Computerprogramms unter die Lupe genommen wurden, gaben wertvolle Einsichten für die Statik künftiger Bauwerke.

Das bionische Prinzip liefert Impulse für alle Wissenschaftsgebiete, wobei der Neurobionik eine Sonderstellung zukommt.

Mittlerweile treffen sich bionisch engagierte Forschende regelmäßig auf Kongressen und Workshops und diskutieren neue Ergebnisse. In Deutschland fand der 1. Bionik-Kongreß 1992 in Wiesbaden statt. Zwei Jahre zuvor entstand die *Gesellschaft für Technische Biologie und Bionik*. Im selben Jahr gründete die Universität des Saarlands einen achtsemestrigen Studiengang für Bionik. Die angehenden Bioniker lernen angewandte Physiologie, ökologische Meßtechnik, Grundlagen der Statik und Umweltrecht.

Anhänger der Bionik erwarten von dieser Forschungsdisziplin zahlreiche Impulse auf unterschiedlichsten Gebieten. In der Strukturbionik etwa könnten bionische Strategien das Bauwesen, die Architektur, den Fahrzeug- und Maschinenbau beleben. Auch für die Textilindustrie und beim Leichtbau werden Innovationen erwartet. Molekularbionische Forschungen zeigen überraschende Wege im Chemieanlagenbau, in der Medizintechnik, in der pharmazeutischen Industrie. Von der Energiebionik kommen Lösungen für die Energiewirtschaft. Ein vierter Bereich, die

Neurobionik, treibt den Fortschritt auf den Gebieten der Biomathematik, der Neurophysiologie, Neuroanatomie und Biokybernetik voran. Der Neurobionik fällt in dieser Systematik allerdings eine Sonderstellung zu, die über die Möglichkeiten der Bionik weit hinausreicht.

Biologische Informationsverarbeitung, getragen von neuronalen Netzen, konnte bislang nur ungenügend simuliert werden. Die mathematische Theorie nichtlinearer, dynamischer Systeme verschafft uns erstmals die Möglichkeit, einige von ihnen zu erkennen und zu verstehen. So ist es gelungen, „Inseln der Ordnung" in der chaotischen Vielfalt elektrischer Gehirnströme ausfindig zu machen. Welche Bedeutung kommt in diesem Zusammenhang der fraktalen Geometrie zu?

Mathematische Grundlagen

Klassische KI-Forschung in der Sackgasse

Im zweiten Kapitel wurde bereits erwähnt, daß sich die Art biologischer Informationsverarbeitung grundlegend von derjenigen heute verfügbarer Computer unterscheidet.

In diesem Kapitel soll nun detaillierter auf eine wissenschaftliche Revolution, die in den letzten 15 Jahren stattgefunden hat, eingegangen werden: die Theorie nichtlinearer, dynamischer Systeme (besser bekannt unter dem Namen Chaostheorie) – mit ihrer geometrischen Teildisziplin, der fraktalen Geometrie –, welche zusammen die mathematische Grundlage für die Neurobionik lieferte.

Klassische KI-Forschung in der Sackgasse

Wie ungenügend mit den bisher angewandten Methoden die Vielfältigkeit biologischer Informationsverarbeitung zu simulieren ist, zeigt der Stillstand auf dem Forschungsgebiet der künstlichen Intelligenz, das sich seit dreißig Jahren bemüht, mit den klassischen Erkenntniswerkzeugen Intelligenz nachzuahmen. Heute scheint man an einem Punkt angekommen, an dem deutlich wird, daß auf diese Art und Weise das gesetzte Ziel nicht zu erreichen ist. Die höchste Stufe, die dieses Forschungsgebiet erreicht hat, ist die Realisierung sogenannter Expertensysteme. Dies sind Systeme, die auf der Grundlage von eingegebenem Wissen komplexere Aufgaben lösen können. So gibt es zum Beispiel medizinische Expertensysteme, die auf der Basis eingegebener klinischer Symptome in der Lage sind, eine Diagnose zu stellen und entsprechende Therapierichtlinien auszugeben. In Teilbereichen imitieren sie damit die kognitive Leistung eines Arztes. Trotzdem wird ein solches Expertensystem niemals in der Lage sein, neues Wissen aus dem eingegebenen Wissen schaffen zu können. Die Zusammenhänge, die ein derartiges Expertensystem herstellen kann, sind und bleiben in dessen Programmstruktur und

> Expertensysteme können komplexe Aufgaben lösen, aber sie verfügen über keine eigene Kreativität.

5. Mathematische Grundlagen

den ihm zur Verfügung stehenden Daten vorgegeben. Das Expertensystem kann niemals über die geistigen Leistungen desjenigen, der es konstruiert hat, hinausgehen. Der gesamte kreative Aspekt biologischer Informationsverarbeitung, die Fähigkeit, aus Vorhandenem Neues und Unvorhersagbares zu schaffen, ist mit bisher vorliegenden technischen Systemen nicht möglich.

Verhulstsche Wachstumsgleichung

Der Begriff der Unvorhersagbarkeit, des Indeterminismus, ist einer der Kernbegriffe, mit denen sich die Theorie nichtlinearer, dynamischer Systeme auseinandersetzt. Diese mathematische Theorie erlaubt zum ersten Mal, einige unserem Verstand bisher nicht zugängliche Prozesse dieser Welt der menschlichen Erkenntnis zu eröffnen.

Womit beschäftigt sich die Theorie nichtlinearer, dynamischer Systeme? Bei der Darstellung dieser mathematischen Theorie wird immer wieder auf Beispiele aus der fraktalen Geometrie zurückgegriffen, weil diese unser Bedürfnis nach realer Anschauung eher erfüllen als rein theoretische, formalisierte Abhandlungen. Anhand der sogenannte Verhulstschen Wachstumsgleichung läßt sich beispielsweise anschaulich verdeutlichen, um welche Prozesse es sich bei nichtlinearen Systemen handelt.

Stellen wir uns vor, daß wir eine Bevölkerung und ihr Wachstum über einen Zeitraum von vielen Jahren beobachten. Die Bevölkerung lebt in einer abgeschlossenen ökologischen Nische, das heißt, sie kann sich nicht bis in alle Unendlichkeit ausdehnen und sie hat auch nur begrenzte Nahrungsreserven zur Verfügung. Nun nehmen wir an, daß diese Bevölkerung sich zunächst jedes Jahr verdoppelt. Unser Beobachtungszeitraum ist dementsprechend in Abschnitte von je einem Jahr unterteilt. Im ersten Jahr haben wir eine Bevölkerungszahl mit dem Wert (x). Nach

Verhulstsche Wachstumsgleichung

einem Jahr hat die Bevölkerung sich verdoppelt. Wir beobachten jetzt eine Bevölkerung von 2·(x). Ein Jahr später hat sie sich wiederum verdoppelt. Unsere Formel lautet im zweiten Beobachtungsjahr 2·2·(x), d.h. 4·(x). Die Reihe ließe sich bis ins Unendliche fortsetzen.

Wir können natürlich auch annehmen, daß die Bevölkerung sich nicht verdoppelt, sondern verdreifacht von Beobachtungszeitraum zu Beobachtungszeitraum. Nach einem Jahr haben wir dann folglich einen Bevölkerungsumfang von 3·(x) und nach zwei Jahren einen Bevölkerungsumfang von 3·3·(x), d.h. 9·(x).

Nun kann ein solches Bevölkerungswachstum in der Realität nicht beobachtet werden, da Nahrungsreserven und sonstige Umweltressourcen nicht in unendlicher Menge zur Verfügung stehen. Die Bevölkerung wird sehr schnell die Grenzen ihres Wachstums erreichen.

Wie können wir diese einschränkenden Komponenten in die mathematische Formel einfließen lassen? Verhulst hat dies durch einen genialen und zugleich einfachen mathematischen Ausdruck, den er in die mathematische Symbolsprache der Wachstumsgleichung einführte, gelöst: Zusätzlich zu der Bevölkerungszahl (x) und dem Wachstumsfaktor (w) – in unserem Fall Verdoppelung (Faktor 2) oder Verdreifachung (Faktor 3) – hat Verhulst den Ausdruck (1–x) eingeführt.

Wir haben zur Errechnung des Bevölkerungswachstums jetzt einen mathematischen Ausdruck, der aus drei Teilen besteht: dem Wachstumsfaktor (w), der Bevölkerungszahl (x), die die Ausgangsbevölkerung repräsentiert, und dem Ausdruck (1–x), der die Bevölkerung in ihrem Wachstum begrenzt: w·x·(1–x).

Verhulst nimmt dabei an, daß, je größer die Bevölkerung in einem System geworden ist, sie um so weniger bis zum nächsten Beobachtungszeitraum wachsen oder sogar abnehmen wird. Dies ist gut nachvollziehbar, wenn wir unser System vereinfachen. Dazu wird festgelegt, daß die

Es wird angenommen, daß ein nichtlineares System wie das Wachstum einer Bevölkerung mit der Verhulstschen Wachstumsgleichung zu berechnen ist.

5. Mathematische Grundlagen

maximal mögliche Bevölkerungszahl, die unser System toleriert, durch die Zahl 1 repräsentiert wird. Die Bevölkerungsuntergrenze, also der Fall, wenn unser System entvölkert ist, erhält die Bevölkerungsumfangszahl 0. Der von uns zu errechnende Wert der Bevölkerungszahl (x) kann zwischen 0 und 1, zwischen keiner vorhandenen Bevölkerung und einer maximalen Bevölkerungsanzahl, schwanken. Haben wir nun eine Bevölkerungsanzahl, die nahe beim Maximalwert von 1 liegt, so wird der zweite Faktor sehr klein. Liegt die Bevölkerungszahl zum Beispiel bei 0,9, so wird der zweite Faktor 1–0,9 = 0,1. Die Bevölkerungsanzahl 0,9 muß in diesem Fall mit dem Faktor 0,1 multipliziert werden und zusätzlich natürlich mit dem Wachstumsfaktor. Nehmen wir wieder an, wir haben einen Wachstumsfaktor von 2, so wird bei einer Bevölkerung von 0,9 zum nächsten Beobachtungszeitpunkt die Bevölkerungsanzahl 0,9 · 0,1 · 2 sein, das bedeutet einen Wert von 0,18 annehmen. Verfolgen wir jetzt das Wachstum von dem Beobachtungszeitpunkt, zu dem die Bevölkerungsanzahl 0,18 war, bis zum nächsten Beobachtungszeitpunkt, so ergibt sich folgendes: 1 – 0,18 = 0,82, 0,18 · 0,82 multiplizieren sich zu 0,15, multipliziert mit dem Wachstumsfaktor von 2, ergibt 0,30. Demnach hat die Bevölkerung nach einem weiteren Jahr eine Umfangszahl von 0,3 erreicht.

Wenn wir diese Berechnungen fortsetzen, so stellen wir fest, daß, wenn der Wachstumsfaktor 2 ist, unabhängig von der Bevölkerungsausgangszahl, sich die Bevölkerungszahl nach einigen Jahren auf einen Wert von 0,66 einpendeln wird. Die Schwankungen sind in den ersten Jahren um diesen Wert von 0,66 eher größer und nehmen in den folgenden Jahren immer weiter ab, bis sie nach einigen Jahren sehr nahe um den Wert von 0,66 schwanken. Ein Zustand, auf den sich ein System zubewegt, an dem es festhält oder auf den es sich einpendelt, nennt man in der Sprache der Mathematik einen Attraktor, einen Anziehungspunkt.

Eigenschaften nichtlinearer, dynamischer Systeme

Es gibt in dem oben beschriebenen System einige Besonderheiten, die Kernbegriffe in der Theorie nichtlinearer, dynamischer Systeme erläutern. Die Beschreibung des dargestellten Systems ist allerdings noch nicht so weit fortgeschritten, so daß wir erkennen können, daß es sich tatsächlich um ein nichtlineares, dynamisches System handelt, sondern bisher sieht es eher wie ein sehr lineares, statisches System aus. Trotzdem sollen an dieser Stelle einige Merkmale dynamischer, nichtlinearer Systeme, die gleichzeitig auch Merkmale der fraktalen Geometrie sind, genannt werden: Rückkopplung, Iteration und Selbstähnlichkeit. Diese drei Begriffe, so hat man mittlerweile erkannt, sind die drei Grundbausteine, mit der die Natur ihre ungeheure Komplexität und Vielfalt aufgebaut hat. Bei diesen Begriffen handelt es sich natürlich um Konstruktionen des menschlichen Geistes, um die Komplexität der Natur, die für unser wissenschaftliches Erkenntnisvermögen in erster Linie Nichtvorhersagbarkeit bedeutet, zu entschlüsseln.

> Die elementaren Merkmale nichtlinearer Systeme lassen sich mit Hilfe der Begriffe Rückkopplung, Iteration und Selbstähnlichkeit zusammenfassen.

Rückkopplung

Wir haben an unserem Bevölkerungsmodell gesehen, daß sich die Bevölkerungsanzahl am Ende eines Beobachtungszeitraums auf den Eingang der Bevölkerungsanzahl und ihres Wachstumsprozesses im nächsten Beobachtungszeitraum auswirkt. Wenn ein System wie im hier geschilderten Fall seine Ausgangsleistung an seinen Eingang zurückgibt, spricht man von Rückkopplung. Auf solche Prozesse treffen wir im alltäglichen Leben in vielfältiger Weise. So gibt ein Heizungsregler die gemessene Raumtemperatur an den Ein/Aus-Schalter der Heizung zurück, die diese mit dem eingegebenen Sollwert vergleicht und gegebenenfalls korrigiert. Rückkopplung ist auch ein entscheidender Mechanismus in unserem biologischen Infor-

5. Mathematische Grundlagen

mationsverarbeitungssystem. Hier werden Ausgangsleistungen ständig zum Eingang zurückgekoppelt, um die Ausgangsleistungen auf Sollwerte, die biologisch vorgegeben oder auch kognitiv gesetzt sein können, zu bringen.

Iteration
Im Grunde genommen enthält der Begriff der Rückkopplung schon den Begriff der Iteration, das heißt der *Wiederholung*. Ohne daß die Ausgangsleistungen ständig auf die Eingänge zurückgegeben werden – und dies ist mit Iteration gemeint –, ist eine Rückkopplung im Grunde genommen nicht denkbar. Der Begriff der Iteration stellt gewissermaßen eine Untermenge oder eine Conditio sine qua non zur Rückkopplung dar. Die Besonderheit des Iterationsbegriffes liegt darin, daß die Wiederholungsschleife bis in alle Unendlichkeit fortgesetzt wird. In dem Moment, in dem die Wiederholung oder Iteration ausbleibt, kommt das System zum Erliegen. Die Dynamik der ewigen Wiederkehr ist eine Voraussetzung, ohne die ein nichtlineares System nicht funktionieren würde. Die Beobachtung unseres Bevölkerungswachstumssystems ist nur so lange sinnvoll, wie sich in jedem Beobachtungszyklus der algorithmisierte Wachstumszyklus wiederholt.

Selbstähnlichkeit
Der Begriff der Selbstähnlichkeit ist an unserem Beispiel sicherlich am schwierigsten zu illustrieren. Selbstähnlichkeit bedeutet, daß die Ausgangsleistung eines Systems, die wieder in seinen Eingang zurückgegeben wird, in irgend einer Weise Ähnlichkeit mit dem Eingangsmuster hat, das vor dem letzten Durchlaufprozeß bestand. Eine Selbstähnlichkeit in der Natur besteht zum Beispiel zwischen dem Bohrschen Atommodell und unserem Sonnen-Planetensystem. Selbstähnlichkeit findet sich auch zwischen der geometrischen Form eines großen gleichwinkligen Dreiecks und der eines kleinen gleichwinkligen Dreiecks oder

Wiederholung, Rückkopplung und Selbstähnlichkeit sind nicht nur Merkmale nichtlinearer Systeme, sondern kennzeichnen auch die fraktale Geometrie und stellen die grundlegenden Prinzipien für natürliche Vielfalt und Komplexität dar.

besteht in der algebraischen Form unserer Wachstumsgleichung, die in jedem Wachstumszyklus die Berechnung der Eingangs- und Ausgangsdaten in den gleichen Algorithmus zwingt.

Übergang von Linearität zu Chaos

Zurück zum Verhulstschen Wachstumssystem: Wir haben festgestellt, daß bei einem Wachstumsfaktor von 2, also einer Verdoppelung der Bevölkerungszahl, nach mehreren rückgekoppelten Iterationen, sich die Werte im Laufe der Zeit auf den Attraktor von 0,66 einpendeln.

Nun verdreifachen wir die Wachstumszahl innerhalb eines Beobachtungszeitraums. Wir haben jetzt den Algorithmus 3 · x · (1–x) zu berechnen; und hierbei machen wir eine erste beunruhigende Entdeckung: Nach mehreren rückgekoppelten und selbstähnlichen Iterationen stellen wir fest, daß die Bevölkerungszahl auf Dauer zwischen zwei verschiedenen Werten hin- und herspringt, wobei der eine über unserer ursprünglichen Zahl von 0,66 liegt und der andere unterhalb dieser Zahl von 0,66. In Abhängigkeit von der Wachstumsrate 3 haben wir jetzt in dem System zwei Attraktoren, auf die sich das System einpendelt. Wir können nicht mehr mit hundertprozentiger Sicherheit voraussagen, in welchem Zustand sich das System auf Dauer und zu einem bestimmten Zeitpunkt befinden wird. Wir wissen nur noch, daß es auf jeden Fall einer von diesen beiden Zuständen sein muß, zwischen denen das System hin- und herpendelt.

Dieser Zustand bleibt bis zum Wert 3,45 konstant. Koppeln wir eine Wachstumsrate von 3,45 in vielen Iterationsprozessen in dem System zurück, stellen wir fest, daß jetzt auf Dauer vier verschiedene Attraktoren als Ruhezustände für das System in Frage kommen. Das System wird allmählich komplexer. Es entfaltet in Abhängigkeit von

Die unendlich vielen Zustandsmöglichkeiten des Verhulstschen Wachstumssystems überfordern zwar unser Vorstellungsvermögen, doch ist der Weg zu dieser Unendlichkeit bis zu einem gewissen Grad beschreibbar.

5. Mathematische Grundlagen

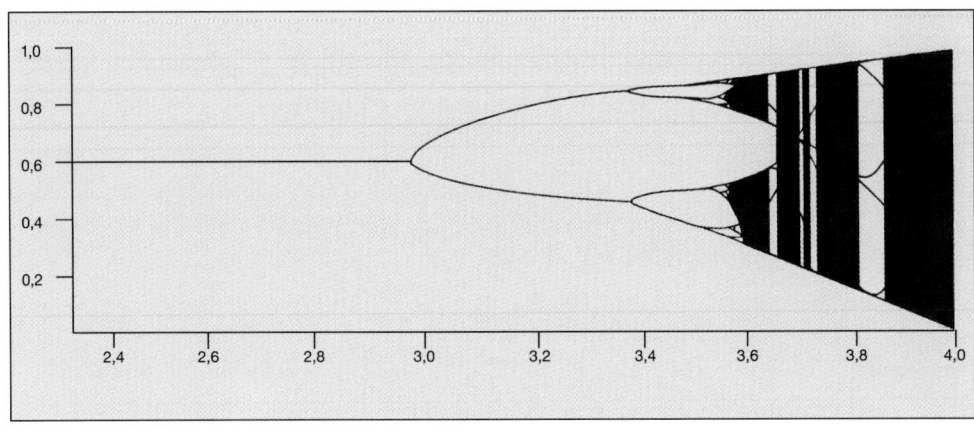

Verhulstsche Wachstumsgleichung

x-Achse: Periodenverdoppelungszahl; y-Achse: Systemzustand von 0 bis 1. Die Darstellung ist ein Beispiel für den Übergang von der Ordnung zum Chaos.

einer größer werdenden Wachstumsrate Zustände, die mit immer geringerer Sicherheit vorhersagbar sind. Die Aufspaltung in weitere mögliche Zustände bei größer werdender Wachstumsrate folgt jetzt immer schneller aufeinander. Die nächste Verzweigung tritt schon bei einem Wert von 3,56 auf, ein weiterer Wert bei 3,569. Wenn die Wachstumsrate einen Wert von 3,56999 erreicht hat, ist die Anzahl der möglichen Zustände, in denen dieses System nach rückgekoppelten, selbstähnlichen Iterationen auffindbar ist, unendlich groß geworden. Das System ist nicht mehr vorhersagbar. Es läßt sich mit menschlichem Erkenntnisvermögen nicht mehr hinreichend begreifen. Trotzdem haben wir aber gesehen, daß das Auftreten von unendlicher Komplexität in Schritten abläuft, die mit Hilfe des menschlichen Erkenntnisapparats bis zu einem gewissen Punkt nachvollziehbar sind.

Ordnung im Chaos der Gehirnaktivität

Die Abbildung, die die nichtlineare *Verhulstsche Wachstumsgleichung* graphisch darstellt, zeigt ein weiteres interessantes Phänomen. Steigert man die Wachstumsrate, so treten zwischen der unendlichen Vielfalt der Systemzustände immer wieder weiße Streifen, sogenannte *Intermittenzen*, auf. Hierbei handelt es sich um Bereiche der Wachstumskurve, in denen innerhalb der unendlichen Vielfalt, innerhalb des chaotischen Zustands des Systems eine Ordnung auftritt. Es sind Regionen, in denen die unendliche Zustandsvielfalt des Systems sich auf wenige berechenbare Zustände reduziert. Wir finden innerhalb der chaotischen Zustände des Systems immer wieder Inseln der Ordnung. Diese Inseln sind mit Hilfe der oben dargestellten nicht linearen Wachstumsgleichung berechenbar, das bedeutet voraussagbar. Die Theorie dynamischer, nichtlinearer Systeme liefert so die Möglichkeit, mit den klassischen menschlichen Erkenntniswerkzeugen in die unendliche Komplexität unserer Welt einzudringen und darin Inseln der Ordnung ausfindig zu machen und vorauszuberechnen. Mit Hilfe dieser Theorie ist es gelungen, aus der unendlichen Vielfalt der elektrischen Gehirnströme voraussagbare und berechenbare Muster herauszufiltern (Abbildung *Fraktale Attraktoren*).

Hierzu ein Beispiel aus der Praxis: Walter Freeman von der Universität San Francisco hat Kaninchen mit verschiedenen Geruchsstoffen konfrontiert. Dabei wurde die elektrische Hirnaktivität aus dem Riechsystem dieser Tiere mittels eines sogenannten *Elektroenzephalogramms* abgeleitet. Die elektrischen Ströme aus den meisten Bereichen der Großhirnrinde zeigen zunächst ein völlig ungeordnetes, ein chaotisches Verhalten, ohne daß Rückschlüsse auf die Funktionen des Gehirns gezogen werden können. Mit Hilfe der Theorie nichtlinearer Systeme ist es der Arbeitsgruppe um Walter Freeman nun gelungen, Intermittenzen in der chaotischen Vielfalt der ursprünglichen elektrischen Aktivität zu orten. Diese Inseln der Ordnung entsprachen den verschiedenen Geruchsstoffen, die den Kaninchen angeboten wurden.

> Zwischen Bereichen unendlicher Vielfalt der Systemzustände tauchen immer wieder weiße Streifen, sogenannte Intermittenzen, auf. Dies sind Bezirke, in denen innerhalb des chaotischen Zustands im System eine Ordnung auftritt: sogenannte Inseln der Ordnung im Chaos, die mittels der Theorie nichtlinearer Systeme berechenbar werden.

5. Mathematische Grundlagen

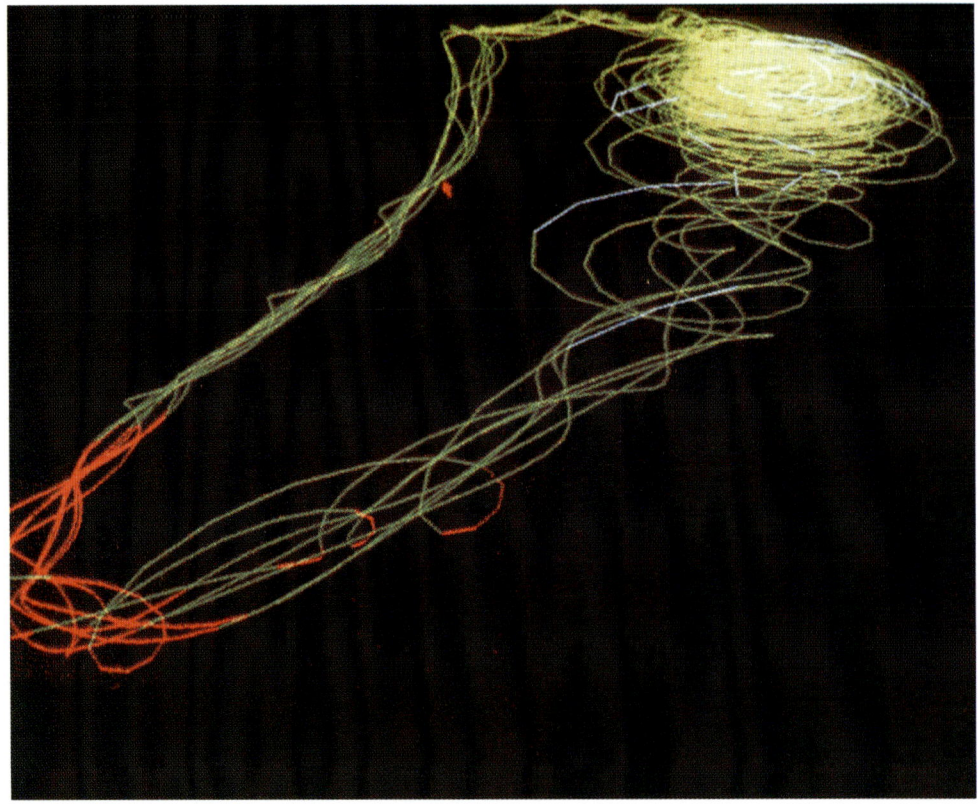

Fraktale Attraktoren

Fraktale Attraktoren als Ergebnis der Auswertung von Gehirnströmen bei Kaninchen. Den Tieren wurden unterschiedliche Geruchsstoffe angeboten.

Fraktale Geometrie

Vor der Darstellung der neuronalen Netze sei noch auf den Zusammenhang des soeben beschriebenen Verhulstschen Populationsalgorithmus mit der sogenannten fraktalen Geometrie eingegangen. Zu Beginn wurde erwähnt, daß die fraktale Geometrie eine Untermenge der Theorie nichtlinearer, dynamischer Systeme darstellt – und zwar die geometrische Untermenge. Was bedeutet nun der Begriff fraktal? Er wurde von dem schon erwähnten Benoît Mandelbrot geprägt, als er sich mit der Berechnung von Küstenlängen beschäftigte. Es war ihm zunächst aufgefallen, daß in verschiedenen Jahrbüchern eines Landes für einzelne Strecken der vermessenen Küstenlängen immer

Fraktale Geometrie

unterschiedliche Längen angegeben wurden. Wie kann es bei der Vermessung einer Länge zu solchen Ungenauigkeiten kommen?

Die unterschiedlichen Werte kamen durch das Anlegen unterschiedlicher Maßstäbe bei der Berechnung der Küstenlänge zustande. Nehmen wir an, der Maßstab zur Messung der englischen Küste sei ein Kilometer. In diesem Fall werden alle Einbuchtungen der Küste, die unterhalb der Größenordnung von einem Kilometer liegen, bei der Vermessung nicht berücksichtigt. Wird der Maßstab nun verkleinert, zum Beispiel auf 500 Meter, so werden mehr Buchten und mehr Landzungen der Küste mit erfaßt. Die Küstenlänge wird insgesamt größer. Wir können den Maßstab auch auf einen Meter reduzieren, um noch mehr Buchten und Landzungen zu erfassen und um die Küstenlänge weiter zu vergrößern. Wird der Maßstab immer weiter verkleinert, bis schließlich einzelne Steine der Küste und endlich vielleicht einzelne Atome, aus denen sich diese Steine zusammensetzen, erfaßt werden, wird die Küstenlänge bis ins Unendliche anwachsen.

Eine Küste unendlicher Länge ist in unserem täglichen Leben aber nutzlos. Wir müssen uns bei der Beschreibung eines Phänomens in unserer Umwelt einer sinnvollen Betrachtungsweise bedienen, wobei das Beobachtungsergebnis, wie wir anhand des Beispiels von der Küstenlängenvermessung gesehen haben, von unserer Einstellung und dem Blickwinkel des Beobachters abhängt. Mandelbrot ist bei der Berechnung der Küstenlänge auf eine mathematische Beschreibung gestoßen, mit der die Position des Beobachters sinnvoll erfaßt werden kann. Er bemerkte, daß bei unendlicher Verkleinerung der Maßeinheit zur Vermessung der Küstenlinie, diese im Grunde genommen immer weniger die Eigenschaft einer Linie zeigt, nämlich immer weniger eindimensional ist (Dimension 1) und immer mehr zur zweidimensionalen (Dimension 2) Fläche wird.

Die geometrische Form vieler Phänomene ist im wesentlichen vom Beobachtungsstandort und vom jeweiligen wissenschaftlichen Interesse abhängig.

5. Mathematische Grundlagen

Der italienische Mathematiker Peano hatte sich bereits hundert Jahre vor Mandelbrot die Frage gestellt: Wie könnte eine Fläche mit einer Linie ohne Rest ausgefüllt werden? Er hat einen Algorithmus für die sogenannte Peanolinie entwickelt. Die Beschreibung der Peanolinie liegt unter dem Aspekt der Dimension näher auf der Seite der Fläche als auf der Seite der Linie, also näher an Dimension 2 als an Dimension 1, ist also eine gebrochene Zahl zwischen 1 und 2.

Dem Leser sei an dieser Stelle Trost zugesprochen, wenn er sich unter einer *gebrochenen Dimension* nichts vorstellen kann. Viele komplexe Phänomene der Natur lassen sich nur in mathematischen Algorithmen erfassen, ohne daß eine entsprechende räumliche Vorstellung hierfür zur Verfügung stünde.

Für die Vermessung einer Küstenlinie hat Mandelbrot dementsprechend eine sogenannte gebrochene Dimension als sinnvolle Beschreibung angesehen, wobei diese Dimension mit Hilfe einer Zahl ausgedrückt wird, die zwischen 1 und 2 liegt. Diese gebrochene Dimension, ein sogenanntes Fraktal, ist in vielen Bereichen zur wissenschaftlichen Beschreibung komplexer Phänomene sinnvoll. Gebrochene Dimensionen müssen auch nicht immer zwischen 1 und 2 liegen, sondern sie können auch zwischen der Fläche und dem Raum (Dimension 3) liegen, zwischen 2 und 3. Es kommen auch gebrochene, noch höherwertige Dimensionen vor; so sind die fraktalen Attraktoren der Freemanschen EEG-Veränderungen nach Geruchsstoffangebot im Riechkolben des Kaninchens gebrochene sechs- oder siebenzahlige Dimensionen.

Ein anderes Beispiel, um die Bedeutung des Betrachterstandortes im Rahmen eines Erkenntnisprozesses darzustellen, sei noch angeführt: Man stelle sich vor, man bewege sich auf ein Wollknäuel zu. Dieses stellt sich zunächst als dreidimensionale Kugel dar. Kommt man diesem Wollknäuel nahe, so löst sich die dreidimensionale Struktur in

Fraktale Geometrie

Mandelbrot-Menge

Die Mandelbrot-Menge ist die schwarze Fläche in der Abbildung. Sie wird ihrer Form nach auch als „Apfelmännchen" bezeichnet. Die fraktale Geometrie als anschauliche Darstellung der Theorie dynamischer Systeme verdeutlicht mit der Mandelbrot-Menge „Inseln der Ordnung in einer Welt voller Chaos". Wobei die Farbenpracht des Chaos interessanterweise wesentlich ansprechender auf uns wirkt als die Inseln der Ordnung. Die Mandelbrot-Menge entspricht den Intermittenzen der Verhulstschen Wachstumsgleichung.

einzelne Fäden von eindimensionaler Qualität auf. Sehen wir uns das Wollknäuel noch näher an, so werden die zunächst eindimensionalen Fäden zu dreidimensionalen Röhren. Dieser Prozeß läßt sich bis in die Tiefe der Atomstruktur und weiter fortsetzen. Viele Phänomene um uns herum haben – wie wir anhand dieser Beispiele verdeutlichen wollten – keine endgültige geometrische Form, sondern sind immer nur unter Einbeziehung des Beobachtungsstandorts und der Interessen seiner ihm gerade

5. Mathematische Grundlagen

vorschwebenden und intendierten wissenschaftlichen Erkenntnis sinnvoll.

Diese sehr kurze Einführung in die Bedeutung des Begriffes *fraktal* verdeutlicht, was die bekannten und ästhetisch ansprechenden Bilder der fraktalen Geometrie mit der immer wieder auftauchenden Mandelbrot-Menge bedeuten (siehe Abbildung *Mandelbrot-Menge*).

Die Mandelbrot-Menge ist nichts anderes als eine Insel der Ordnung im Chaos, vergleichbar mit den Intermittenzen in der Verhulstschen Populationsalgorithmik. Die Verhulstsche Wachstumsgleichung stellt im Prinzip einen Ausschnitt der Mandelbrot-Menge dar. Die Mandelbrot-Menge kommt in der Ebene eines fraktalen Gebildes nicht nur einmal vor, sondern sie taucht zwischen den Gebieten unendlicher Komplexität in unregelmäßigen Abständen immer wieder auf. Alle Mandelbrot-Mengen sind auch untereinander verbunden. Wir können einen winzigen Punkt im Randgebiet der ursprünglichen Mandelbrot-Menge vergrößern und finden wiederum in der Tiefe dieses Raumes – innerhalb erneut auftauchender unendlicher Komplexität – Inseln der Ordnung als Mandelbrotmenge Diese Inseln der Ordnung können wir als Ruhepunkte interpretieren, an denen sich unser begrenztes menschliches Erkenntnisvermögen sammeln kann und von denen aus es sich langsam vortastend, die Grenzen zum Chaos, zur unvorstellbaren Komplexität, Stück für Stück ergründet.

Auf Grundlage dieser Ergebnisse können wir uns im siebten Kapitel der Funktion von neuronalen Netzen zuwenden, den Trägern der biologischen Informationsverarbeitung.

Warum war es für die Menschen in allen Epochen ihrer Geschichte interessant, an ein künstliches Ebenbild zu denken? Welche Aufgaben haben Androiden und Golems, Menschen aus Ton, Lehm oder Metall? Ist die Neurobionik eine Fortsetzung dieser Phantasie, nur mit den Mitteln moderner Technik? Welche Forschungsinitiativen arbeiten konkret am „Ebenbild" des Menschen?

6

Bionischer Forschungsgegenstand Mensch

Menschen vom Reißbrett

Die christliche Legende berichtet, daß Gott den Menschen (gemeint ist der Mann) aus Staub erschuf. Später erst sollte die Frau aus Adams Rippe entstanden sein. Doch nicht nur das Christentum beschäftigte sich intensiv mit der Herkunft des Menschen. Lange vor unserer Zeitrechnung hatten Sagen Hochkonjunktur, die den Menschen als Ergebnis gottgewollter Modellierung darstellten. In der griechischen Mythologie zum Beispiel wurde Hephaistos von Zeus beauftragt, eine künstliche Frau zu schmieden. So entstand die zwar schöne, wenngleich gefürchtete Pandora, die in ihrer Büchse alles Übel der Welt mitbrachte. Andere Mythen beschreiben den Menschen als Ausgeburt eines Totemtiers oder als Ausscheidung von Dämonen. Ton, Lehm, Holz oder Metall, kein Material schien der menschlichen Phantasie für die Schaffung von Menschen ungeeignet zu sein. Selbst Leichenteile gehörten zum Fundus der Menschenmacher: Homunkuli und Alraunen zum Beispiel waren organischen Ursprungs. Androiden, die heute immer noch in der Science-fiction-Literatur die Szene beherrschen, waren in den ursprünglichen Sagen aus Metall oder Marmor geformt.

Wahrheit ist Leben — Lüge der Tod

Der sogenannte Golem, der Homunkulus der jüdischen Geheimlehre, ist sicher eine der ältesten Vorstellungen eines künstlichen Menschen. Er trug das Wort „emeth", die Wahrheit, auf der Stirn. Verlor der Golem den ersten Buchstaben „e", resultierte das Wort „meth". Meth bedeutet Lüge, und der Golem mußte augenblicklich zu Staub zerfallen. Das Wesen des Golem hing somit in entscheidender Weise von der Buchstabenkombination auf seiner Stirn ab, auf die allerdings nur Gott Einfluß nehmen konnte.

Im *appendix* A kreierte der österreichische Schriftsteller Oswald Wiener das andere Extrem eines künstlichen

6. Bionischer Forschungsgegenstand Mensch

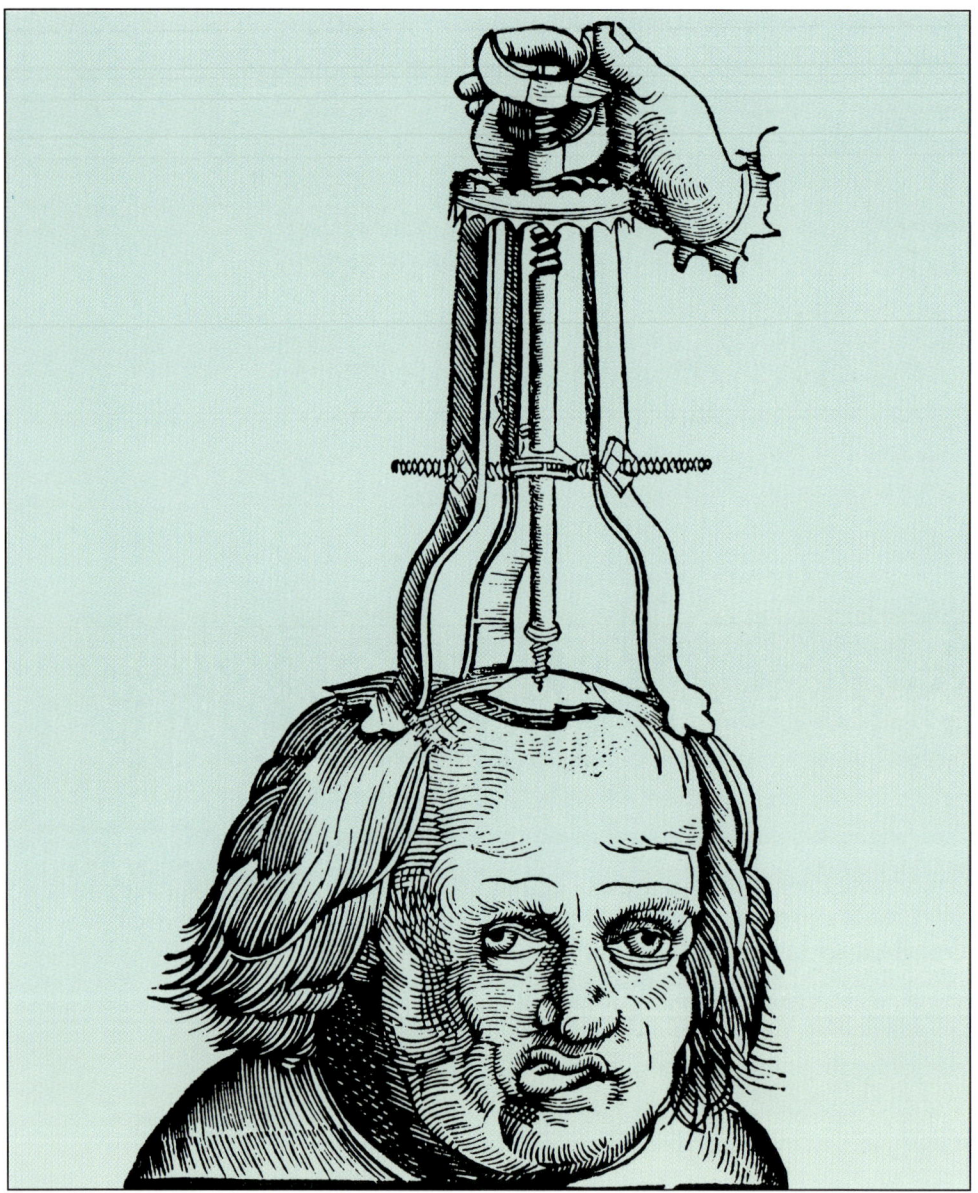

Eröffnung des Schädels

Die Anwendung eines solchen Bohrers wird in dem Buch „Wundartzney" aus dem 16. Jahrhundert gezeigt. Als Grund derartiger Operationen ist die Entfernung von Bruchfragmenten aus dem Schädelinneren angegeben.

Menschen vom Reißbrett

Menschen: einen Geist ohne Körper, der nur in der Vorstellung von sich selbst existierte. In seiner 1969 geschriebenen *Verbesserung von Mitteleuropa* stellte er einen Bio-Adapter vor, der mit vielen Vorteilen gegenüber den menschlichen Kreaturen aufwarten konnte. Sein Bio-Adapter war ausgestattet mit den Fähigkeiten zur »befreiung von philosophie durch technik«. Und weiter heißt es: »sein zweck ist nämlich, die welt zu ersetzen, d. h. die bislang völlig ungenügende funktion der vorgefundenen umwelt als sender und empfänger lebenswichtiger nachrichten in eigener regie zu übernehmen«. Aus ehemals willfährigen, lehmgeformten Menschen der antiken Mythologie sind nun materielose Wesen entstanden, ohne Arme, Beine und Körper.

Trotzdem „erlebt" Wieners Bio-Adapter ein Bewußtsein, das sich auf materielle Existenz stützt: Entsprechende Impulsgeber versorgen das elektronisch realisierte Gehirn mit den gleichen Wahrnehmungen, wie es real existierende Arme, Beine, Muskeln getan hätten. Sogenannte Sensoren vermitteln Empfindungen wie Wärme, Kälte oder Schmerz. Wiener erschafft einen Menschen, der in der letzten Stufe nur noch als Spiel elektronisch gespeicherter Erinnerungen existiert. Seine finsteren Visionen von einer technischen Intelligenz, die den Menschen letztlich überflüssig macht, rücken mit den revolutionären Möglichkeiten der Neurobionik nunmehr tatsächlich in Reichweite: Intelligenz auf den Leiterbahnen von Mikrochips als Simulation des Menschen. Ob die Befreiung „von Philosophie durch Technik", wie erhofft, lebensnotwendige Nachrichten in eigener Regie besser koordinieren kann, bleibt allerdings dahingestellt.

Neben Phantasten wie Wiener haben sich auch Wissenschaftler mit der „Maschine Mensch" beschäftigt. René Descartes, bekanntlich der Begründer der modernen Wissenschaft, sah im 17. Jahrhundert den Menschen als eine außerordentlich komplexe Apparatur, die es systema-

> Schon immer beschäftigen sich Menschen mit der Erschaffung eines Ebenbildes. Erst nahmen sie Lehm, dann Marmor – in der modernen Mythologie sind es Mikrochips, als Träger des menschlichen Geistes.

6. Bionischer Forschungsgegenstand Mensch

tisch zu erforschen galt. Zu dieser Zeit begannen Ärzte mit der anfangs noch heimlichen Obduktion des Menschen und staunten angesichts der vielen Organe, Blutgefäße, Sehnen und Knochen, die sie im geöffneten Leichnam fanden. Als mechanisches Wunderwerk indes wollte Descartes den Menschen nicht sehen, denn der entscheidende „Hauch des Lebens" konnte seiner Meinung nach nicht aus dem Zusammenspiel mechanisch funktionierender Einzelteile erklärt werden. Leben konnte der Vordenker seiner Zeit nur im Zusammenspiel mit einer göttlichen Kraft erklären.

Auf Descartes folgten Generationen von Chemikern, Biologen, Physiologen und Medizinern, die mit immer subtileren Methoden und Instrumenten das menschliche Räderwerk studierten. Trotz aller chemischen, physiologischen und medizinischen Erkenntnisse in den Jahrhunderten nach Descartes überwog lange Zeit die Ansicht – auch in Kreisen der Wissenschaft –, daß der Mensch in seinem Wesen von einer überirdischen Kraft gespeist werde. Fehlte jene bedeutende Urkraft, die nur von Gott kommen konnte, wäre der Mensch eine seelenlose Maschine. Ein Abbild dieser vorherrschenden Vorstellung vermitteln Dichter der Romantik, die in ihren Werken menschliche Automaten als Schreckbilder inszenierten.

> Die Frage nach dem Urgrund menschlichen Lebens hat unzählige Antworten in Form von Mythen und Utopien erfahren. Dabei wurden die künstlichen Menschen in der Phantasie erschaffen. Gleichzeitig gingen die Naturwissenschaften daran, den Menschen in seine Bestandteile zu zerlegen.

Neues Lebenselixier: Elektrizität

Forschungen, die der Funktion des Lebens auf die Schliche kommen sollten, gingen gleichwohl mit unverminderter Aufmerksamkeit weiter. So entdeckte der italienische Arzt Luigi Galvani im späten 18. Jahrhundert die Elektrizität als mobile Kraft der Nerven. Galvanis berühmter Versuch, mit Hilfe von elektrischem Strom einen abgetrennten Froschschenkel zum Zucken zu bringen, wird heute noch den Studenten der Biologie experimentell vermittelt. Galvani

Neues Lebenselixier: Elektrizität

erkannte, daß die mysteriösen Bewegungen der scheinbar „toten Froschbeine" von elektrischen Impulsen ausgelöst wurden. Nerven sorgten demnach für den Transport der Elektrizität. Seit nunmehr 200 Jahren beschäftigen sich Wissenschaftler mit der Neurophysiologie der Nerven. So weiß man heute bereits ziemlich genau, welcher Art die Elektrizität sein muß, um einen Muskel koordiniert in Bewegung zu versetzen. Die Nerven verarbeiten elektrische Signale nicht als kontinuierlichen Strom, sondern nur als diskrete Impulse mit einer zeitlichen Begrenzung, wobei die sogenannte Impulsfrequenz die Intensität der Muskelkontraktion widerspiegelt.

Kenntnisse, die das Zusammenwirken von Nerven und Zielorganen wie zum Beispiel Muskeln erklären, haben ein neues Kapitel der Neurowissenschaften aufgeschlagen: die Informationsbionik. Forschungen dieser Art regen mittlerweile auch international agierende Konzerne an, neuronale Lösungen, wie sie in der Natur vorkommen, mit den Mitteln der Technik nachzukonstruieren. Besonders einträglich dabei sind künstliche Augen. Sie sollen Autos und Flugzeuge auf den richtigen Weg bringen oder anstelle eines Pförtners nur die autorisierten Personen in ein Gebäude hineinlassen. Roboter, die „sehen" können, haben heute schon verschiedenste Aufgaben. Einfachste Sehmaschinen, die zum Beispiel nur eine bestimmte Farbe wahrnehmen können, kontrollieren an den Fließbändern Lötstellen, sie sortieren minderwertiges Holz aus oder begutachten den Reifegrad von Bier. Mit Hilfe von lichtempfindlichen Photochips können die neuesten Roboter ihre Umgebung sogar „erkennen" und kompliziertere Aufgaben wahrnehmen.

Photochips lösen ein zusammenhängendes Bild – Punkt für Punkt – in sogenannte *Pixel* auf. Ein herkömmlicher Sehchip, wie er bereits in digitalen Kameras verwendet wird, besteht aus 640 mal 480 Pixel. Jede waagerechte Bildzeile besteht demnach aus 640 Bildpunkten, wobei das

Die Informationsbionik versucht, neuronale Lösungen, wie sie in der Natur vorkommen, mit Mitteln der Technik zu imitieren und in verschiedenen industriellen Anwendungsbereichen einzusetzen.

6. Bionischer Forschungsgegenstand Mensch

gesamte Bild aus 480 (Pixel) Zeilen besteht. Jeder dieser rund 300 000 auf dem Bild verteilten Pixel enthält zwei wesentliche Informationen: einmal den Ort des eintreffenden Lichtsignals, aus dem sich die Richtung des abgebildeten Objekts ableiten läßt, und zweitens die Helligkeit beziehungsweise die Farbe des registrierten Lichtstrahls. Das Problem der Ingenieure besteht nun vor allem darin, die elektrischen Signale jedes einzelnen Pixels mittels eines angeschlossenen Computers richtig zu interpretieren. So verteilt sich das Abbild zum Beispiel von einer Tasse auf sehr viele Pixel, die zusammenhängend die charakteristische Form der Tasse widerspiegeln. Für den Rechner kommt es darauf an, aus der Anordnung der farblich wie räumlich zusammenhängenden Lichtsignale überhaupt eine Tasse zu erkennen, noch dazu unter jeder Perspektive, auch wenn etwa der Tassenhenkel durch einen ungünstigen Blickwinkel gerade verdeckt ist. Daß es tatsächlich funktioniert, beweist der neueste Service-Roboter „P2" aus dem Hause Honda, der sogar mit dem Staubsauger umgehen kann. Nicht das technische *Auge* ist hier die Meisterleistung, sondern mit dem installierten Rechenschema des Computers die Sehsignale aus dem lichtempfindlichen Chip richtig zu interpretieren.

Fortschritte in den biologischen Neurowissenschaften führten zur Entwicklung der Informationsbionik, die die Informationsverarbeitung natürlicher Lebewesen auf technische Systeme zu übertragen versucht.

Auch beim menschlichen Auge spielt die nachfolgende *Datenverarbeitung* eine entscheidende Rolle, denn die Anatomie der Netzhaut läßt zunächst einmal vermuten, daß unser Auge alles andere ist als eine Superkamera. Größtes Manko dabei: Die lichtempfindlichen Zellen – Stäbchen wie Zäpfchen – liegen unter einer dicken Schicht von Nervenzellen, so, als würde man einen Film verkehrt herum in die Kamera einlegen. Wenn es mit physikalisch rechten Dingen zuginge, dürften wir nur ein sehr unscharfes, milchig-verschwommenes Bild wahrnehmen. Daß dem nicht so ist, liegt an unserem Gehirn, wo die zentrale Bildverarbeitung stattfindet. Die Analogie zu den technischen Erkennungssystemen ist durchaus erkennbar, wenngleich das biologische Auge einige Besonderheiten aufweist, die es von technischen Systemen wesentlich unterscheidet.

Wahrnehmen bedeutet Daten verarbeiten

Sehzellen und Nervenzellen bilden nämlich bereits in der lichtempfindlichen Retina eine rechnerische Einheit. Hier werden die Lichteindrücke einzelner „Pixel" – der Sehzellen – zu kleinen Einheiten zusammengefaßt, Lichtsignale neuronal verstärkt, Störfaktoren *herausgerechnet*. Für die hervorragende „Endqualität" des Bildes ist allerdings das Sehzentrum im Gehirn von allergrößter Bedeutung. Bekanntestes Beispiel für die Leistung der Hirnzellen: Im Auge steht das Bild auf dem Kopf, weil es die Linse verkehrt herum projiziert, unser Gehirn stellt es „rein rechnerisch" wieder auf die Beine. Des weiteren ist das Nervensystem in der Lage, schnell bewegte Bildelemente – beim Sport oder Autofahren – in einem sogenannten Vektorfeld einzuordnen. Dadurch werden räumliche Informationen wie Drehraten und Geschwindigkeiten entsprechend prognostiziert, was zu scharfen Konturen bei der Wahrnehmung bewegter Objekte führt. Wenn es mit physikalisch rechten Dingen zuginge, dürften wir nur „verwackelte Bilder" sehen, wenn das Tempo zunimmt. Künstliche, bionische Augen zu konstruieren ist ein Teil gegenwärtiger Forschung, die vor allem auf die Therapie blinder Menschen abzielt. Ein Auge, das aber nicht nur *sehen* kann wie eine Kamera, sondern auch *wahrnehmen* wie ein Lebewesen, hätte auch anderswo lukrative Einsatzmöglichkeiten: als eine Art elektronischer „Big Brother" in einem totalitären Überwachungsstaat, den George Orwell mit dem Roman „1984" skizzierte.

Derzeit schlagen sich die Forscher noch mit vielen Problemen herum – vor allem aber mit der ungeheuren

> Künstliche, bionische Augen sind eine medizinische Hilfe für blinde Menschen, gleichzeitig eröffnet diese Technik eine perfekte Überwachung des öffentlichen und privaten Lebens.

6. Bionischer Forschungsgegenstand Mensch

Leibniz'sche Rechenmaschine

Im Jahre 1693 konstruierte Gottfried Wilhelm Leibniz die legendäre „Vier-Spezies-Rechenmaschine". Mit einem komplizierten Gefüge aus Staffelwalzen und Zugspindeln zur Verschiebung mechanischer Schlitten konnten mehrstellige Zahlen in den vier Grundrechenarten miteinander verknüpft werden. Leibniz gilt durch die Erfindung des dualen Zahlensystems (null und eins) auch als geistiger Vater der Computer. Das Universalgenie entwarf bereits 1679 eine „duale Kugelrechenmaschine", die allerdings nicht verwirklicht wurde. Hier sollten Kugeln, die durch die Maschine „rollten", die Ziffern null und eins repräsentieren. Doch mußten mehr als 250 Jahre verstreichen, bis die mathematische Idee technisch umgesetzt werden konnte. So rechnete der erste funktionsfähige Computer in der Geschichte (1941) mit dualer Elektrizität: Strom an bedeutete „eins" – Strom aus eine „null". Nach diesem fundamentalen Prinzip sind auch die modernen Mikrochips getaktet.

Datenmenge, die ein Bild liefert. Deswegen spielen Prognosen bei der elektronischen Bildverarbeitung (Programme) eine zentrale Rolle, denn nur in rechnerisch *vorausschauender* Weise können zum Beispiel Roboter mit ihren Greifarmen nach bewegten Gegenständen fassen. Auch

Wahrnehmen bedeutet Daten verarbeiten

das Bildtelefon kommt ohne Prognosen nicht aus. Um die ungeheure Datenmenge eines bewegten Bildes beispielsweise durch ein Telefonkabel zwängen zu können, muß die Bildinformation, die Menge der Bits, erheblich reduziert werden. Die Lösung des Problems besteht darin, nur jene Bildinhalte zu übertragen, die sich verändern, und das sind im wesentlichen Bewegungen, zum Beispiel der Lippen oder der Augenlider. Der *starre* Rest – etwa die Tapete im Hintergrund – muß als stationäres Bildelement nicht ständig neu übertragen werden, denn diese Information steht ja im Grunde fest. Es gibt eine sehr simple Lösung für das Problem: Der Telefoncomputer auf der „Senderseite" erstellt eine Prognose für die Richtung der Kopfbewegung *seines* Telefonteilnehmers. Diese Prognose wird übermittelt und dient dem Rechner auf der Empfängerseite dazu, ganz bestimmte Teile der Tapete im Hintergrund freizugeben, oder er deckt diese Bildelemente ab. In jedem Fall bleibt die übertragene Datenrate beim Bildtelefon extrem klein – eine wesentliche Voraussetzung für diese Technik ist der Computer.

Seit Charles Babbage (1792–1871), dem Erfinder des Computers, arbeiten alle herkömmlichen Rechner nach dem gleichen Prinzip: Sämtliche Operationen sind programmierbar. Babbages mechanischer Computer, der erst vor wenigen Jahren tatsächlich zum Laufen gebracht wurde, bestand aus einer „mechanischen Mühle" mit Tausenden von Zahnrädern. Bei jeder Rechenoperation werden zahllose Gestänge, Stößel und Rädchen bewegt, die Maschine rattert und keucht, was aber nichts an der Tatsache ändert, daß die „analytische Maschine", wie Babbage sie nannte, die Entwicklung der Computertechnologie maßgeblich bestimmte. Der Computer ist nur die Hardware, und ohne Programm läuft nichts. Der deutsche Erfinder Konrad Zuse, der vor dem deutschen Patentgericht vergeblich um das Patent für den Computer kämpfte, führte Ende der dreißiger Jahre das „Plankalkül" ein – letztlich die

Ob mit Rädchen, Röhren oder Mikrochips: Alle bisherigen Computer benötigen Programme für deren Arbeit. Neurocomputer lösen den Unterschied zwischen Hard- und Software auf – die Tür zur künstlichen Intelligenz ist geöffnet.

binäre Sprache, mit der heute alle Rechner der Welt arbeiten. Anfangs sorgten Telefonrelais für die digitalen Impulse, dann folgten Röhren, Transistoren, schließlich die Mikrochips, denen der Computer den Siegeszug zu verdanken hat.

Mit der sogenannten *von-Neumann-Architektur* des amerikanischen Mathematikers John von Neumann wurde der direkte oder wahlfreie Zugriff des Rechners auf eine bestimmte Speicherstelle möglich. ENIAC, der erste elektronische Koloß, hatte nicht weniger als 18 000 Röhren in seinem stählernen Bauch, eine Breite von 30 Metern und wog ebenso viele Tonnen. Ein Ungetüm aus heutiger Sicht. In einer Sekunde schaffte dieser Rechner 38 neunstellige Divisionen, und die amerikanische Presse meinte 1946 von einem „Superhirn" schwärmen zu müssen. Computer und Gehirn – diese Assoziation begleitet die Rechnerentwicklung von Anfang an. Gleichwohl sind erhebliche Unterschiede nicht zu übersehen.

Schneller Computer – langsames Gehirn

Mit Hilfe von speziellen Mikroprozessoren versucht die Neurobionik Träger für künstliche Intelligenz zu schaffen.

Heutige Computer sind, was die Schnelligkeit anbelangt, den Leistungen des menschlichen Gehirns deutlich überlegen. Der schnellste Computer der Welt ist sogar einmillionmal schneller als das menschliche Gehirn, und trotzdem würde niemand auf die Idee kommen, die Leistungen des Gehirns in Frage zu stellen. Die extreme Geschwindigkeit ist eine Folge linearer Rechenoperationen, die Schritt für Schritt mit der Lichtgeschwindigkeit elektrischer Stromstöße ausgeführt werden können. Unser Gehirn hingegen funktioniert ganz anders, und in dieser Andersartigkeit liegt zugleich auch der Schlüssel für die großartigen Leistungen. Jede einzelne Nervenzelle bildet dabei in gewisser Weise einen kompletten Rechner, und jeder dieser Rechner ist mit rund einer Million anderer Nervenzellen verbunden. Wenn wir denken, kommunizieren die Nervenzellen nicht Schritt für Schritt, sondern praktisch gleichzeitig mit vielen Millionen anderer Nervenzellen, was in der Fachsprache als „Parallelrechner" bezeichnet wird. Computer erreichen heute eine Verknüpfungsdichte von 1:2,5, womit die Grenze auch vorerst erreicht zu sein scheint, da die hohe Abwärme, die bei noch höherer Vernetzung freigesetzt würde, die Mikrochips zum Schmelzen bringen würde. Gleichwohl arbeiten Wissenschaftler im Umfeld der *Computational Neuroscience* daran, die Leistungen des Gehirns auf technische Systeme zu übertragen. Nicht Schnelligkeit ist das Ziel, sondern eine hohe Dichte zeitgleich zu verarbeitender Informationen. Mit dieser Entwicklung steht die Bionik vor ihrer größten Herausforderung: die phantastischen Fähigkeiten des menschlichen Gehirns auf technische Systeme zu übertragen.

Auf der Suche nach einer bionischen Kopie des Gehirns sind die neuronalen Netze entstanden: Computer, die auch schaltungstechnisch dem Gehirn nachempfunden werden. Sie besitzen „Nervenzellen" (technische Neuronen), die miteinander verknüpft werden und ihre „Verbindungsstärken" (Leitungsbahnen) unterschiedlich gewichten können. Lerninhalte werden nicht auf einem Datenspeicher deponiert, wie bei herkömmlichen Rechnern, sondern sie sind durch die Gewichtung der technischen Neuronen im neuronalen Netz repräsentiert – auch hier ist die Analogie zum Gehirn unverkennbar. Neurocomputer können lernen, Erfahrungen sammeln und dadurch zu überraschenden Antworten finden. Ein Beispiel für erste Anwendungen sind optische Systeme, die individuelle Merkmale wie Fingerabdrücke oder Pupillen augenblicklich erkennen. Heute schon sind neuronale Computer in Erprobung, die aufgrund dieser „Lektionen" die Mitarbeiter einer Firma beim Betreten des Gebäudes erkennen. Die Tage der menschlichen Pförtner dürften gezählt sein, doch nicht nur deswegen machen solche Systeme auch angst: Die persönliche Datenspur, die solche Rechner praktisch überall verfolgen könnten, ist grausiger Vorgeschmack einer total überwachten Gesellschaft.

Neurocomputer lernen wie Kinder

Neurocomputer können lernen, das ist die zentrale Erfahrung der vergangenen zwanzig Jahre. Herausgekommen ist aber auch die Einsicht, daß die Neurocomputer hinsichtlich ihrer Architektur und Komplexität den neuronalen Strukturen des Gehirns *gewachsen* sein müssen, sollen sie die Leistungen des Gehirns erzielen. Heutige Neurocomputer bestehen aus wenigen hundert bis 1 000 Neuronen, und auch der Vernetzungsgrad ist im Vergleich zum Gehirn äußerst gering ist. Ein Blick in das Gehirn verdeutlicht den Computeringenieuren das gewaltige Problem, vor dem sie stehen. Jede einzelne der 100 Milliarden Nervenzellen ist jeweils mit etwa einer Million benachbarter Zellen vernetzt. Ein „Schaltplan" ist anfangs noch nicht vorhanden. Auch dieser Umstand unterscheidet das Gehirn vom Neurocomputer, bei dem die Neuronen bereits miteinander verschaltet sind. Beim Neugeborenen hingegen liegen die einzelnen Nervenzellen wie isolierte „Kügelchen" im Gehirn – und nur ganz wenige (lebenswichtige) Verbindungen existieren – etwa zur Steuerung des Saugreflexes. In den ersten beiden Lebensjahren werden die „Verdrahtungen" der Nervenzellen organisiert – abhängig von den Erfahrungen und Eindrücken, die das Kind in dieser Zeit macht. Wenn die neuronalen Verbindungen *stehen*, wie beim Erwachsenen, ist das System der miteinander vernetzten Neuronen aber immer noch extrem dynamisch – wie sonst könnten erwachsene Menschen immer noch weiter lernen?

Das ganze System aus Nervenzellen ist in ständigem Wandel begriffen. Jeder Datentransfer – jede Erregung eines Neurons – verändert die chemische Ausstattung einzelner Komponenten im Netzwerk der Verbindungen. Die nicht berechenbare Dynamik des Gehirns ist der eigentliche Rahmen für endlose, assoziative Vielfalt. Was jemand denkt, wie jemand denkt oder denken wird, läßt sich dabei prinzipiell nicht erschließen. Das deterministische Chaos, letztlich die Unvorhersagbarkeit eines bestimmten Ergebnisses, ist nämlich die Basis der neuronalen Prozesse im Gehirn. Der bionische Nachbau eines solchen Systems scheint grundsätzlich möglich. Was dieses technische Gehirn dann *denkt* und wie es *fühlt*, wäre abhängig von den Erfahrungen, die dieses „System" mit seiner Umwelt macht. Mit den ersten neuronalen Netzen sind die ersten Schritte in diese Richtung bereits gemacht.

Noch vor einigen Jahren glaubte man, daß die spezifischen Leistungen des Gehirns, die Speicherung von Daten (Gedächtnis) und das Rechenschema (Algorithmus), in erster Linie durch die Architektur von Neuronen und Synapsen bestimmt seien. Heute zeigt sich, daß es nicht so sehr darauf ankommt, wie die Neuronen miteinander *verlötet* werden, vielmehr sind es die molekularen Vorgänge, die im Inneren der Nervenzellen ablaufenden biochemischen Mechanismen, deren Wechselwirkungen Hard- und Software des Gehirns untrennbar miteinander vereinen. Ein phänomenaler Unterschied zum Computer. Doch gibt es allen Grund anzunehmen, daß es nur eine Frage der Zeit sein wird, bis alle molekularbiologischen Verzahnungen bekannt sind. Ebenso dürfte es eine Frage der Zeit sein, die daraus resultierenden Regelmechanismen für Hard- und Software auf nichtbiologischen Trägern laufen zu lassen.

Forschungsimpulse hierzu speisten sich bisher immer nur aus sehr isolierten Fragestellungen. Auf der einen Seite stehen die Biowissenschaften (Neurologie, Medizin und andere), zumeist im elfenbeinernen Turm mit der Grundlagenforschung – auf der anderen Seite die Computerwissenschaften, die den Maschinen wenigstens einen Hauch von

> Sind es Gedächtnismoleküle, die bestimmte Erinnerungen repräsentieren? Heute weiß man, daß es keine Erinnerungssubstanzen gibt, wohl aber Proteine, die die Kommunikation zwischen den Nervenzellen bahnen. So gesehen, ist Gedächtnis das Ergebnis der neuronalen Verschaltungen aller beteiligten Nervenzellen im Gehirn.

„Intelligenz" implantieren wollen. In der Industrie jedenfalls fänden solche Maschinen reißenden Absatz, schließlich brauchen eigenständig arbeitende Roboter am Fließband – um nur ein Beispiel zu nennen – keinen Urlaub, keine Gewerkschaft, und krank werden sie auch nicht. Durch die Neurobionik verschmelzen die höchst unterschiedlichen Forschungsbereiche zu einem gemeinsamen Anliegen, und der zweifellos humane Touch, der durch die medizinische Option entsteht, wird den Anstrengungen zusätzliche Schubkraft verleihen. Am Horizont steht die Aussicht, Millionen von Menschen mit Hirnschlägen und Querschnittslähmungen helfen zu können. Heute schon investieren Industrienationen gewaltige Summen in die Erforschung neuronaler Prothesen. Neuronale Ohren und Augen sind bereits Wirklichkeit, neuronale Arme und Beine werden folgen, ebenso die nervösen Rückenmarksprothesen, Teilhirnprothesen, am Ende Prothesen sogar für das ganze Hirn. Schritt für Schritt schafft die Neurobionik ein Ersatzteillager, aus dem sich genau das zusammensetzen läßt, wovon frühere Generationen nur phantasierten: einen künstlichen Menschen, nicht aus Lehm und Staub, nicht aus Fleisch und Blut, seine „Menschlichkeit" basiert auf Mikrochips. Werden Roboter unsere nächsten Verwandten sein? Die Faszination dieser Forschungen läßt sich nicht leugnen, doch die Büchse der Pandora – mit den Schrecken dieser Welt – ist schon halb geöffnet.

7

Eine einzelne Nervenzelle, das Neuron, wird bei der technischen Realisierung auf ihre grundlegenden Signalverarbeitungsleistungen reduziert. Bereits mit einem ganz einfach angelegten künstlichen neuronalen Netz läßt sich die Funktion der Gewichtung nachahmen. Mit welchen mathematischen Verfahren nähert man sich dann der Aktivierungs- und Schwellenwertfunktion? Ist das biologische neuronale Netz mit all seinen Neuronen technisch berechenbar? Wird ein künstlich hergestelltes neuronales Netz wegen seiner dynamischen Eigenschaften nicht auch ein Eigenleben entwickeln?

Struktur und Funktion neuronaler Netze

Kleinste informationsverarbeitende Einheit Neuron

Um der Enträtselung des menschlichen Gehirns näherzukommen – um künstlich hergestellte Informationsträger zu entwickeln, die in wesentlichen Teilen dem biologischen Vorbild nachempfunden sind und auch seine Vielfalt erreichen –, sollen zunächst Funktion und Struktur neuronaler Netze näher betrachtet werden. Ein anschließender Blick auf bereits existierende künstliche neuronale Netze zeigt, daß auf diesem Gebiet bereits wertvolle Arbeit geleistet wurde.

Kleinste informationsverarbeitende Einheit Neuron

Ein wesentliches Element eines neuronalen Netzes – eines biologischen wie eines künstlichen – ist das Neuron, das funktionelle Grundelement, das in einem netzförmigen Zellverband mit anderen Neuronen zusammengeschlossen, die Aufgabe der Informationsverarbeitung übernimmt. Das Netzwerk kann in ganz unterschiedlicher Weise strukturiert sein. Die Struktur ergibt sich aus der Verbindung der einzelnen Neuronen untereinander.

Neuronen sind im allgemeinen in Schichten angeordnet, so auch in der Hirnrinde des Menschen. Die Neuronen liegen zum Beispiel in der sensorischen Eingangsschicht der Retina parallel und sind mit den Neuronen der nächsten Schicht, einer sogenannten Zwischenschicht, verbunden. Die Verbindung erfolgt dadurch, daß zunächst jedes Neuron der Eingangsschicht mit vielen Neuronen der darauffolgenden Zwischenschicht verbunden ist. Die Neuronen der Zwischenschicht können (und zwar wiederum jedes einzelne Neuron dieser Zwischenschicht) mit den Neuronen einer Ausgangsschicht verbunden werden. Jedes Neuron hat unendlich viele Eingänge, aber nur einen einzigen Ausgang. In der Biologie wird die komplexe Eingangsseite eines Neurons als *Dendritenbaum* bezeichnet,

> Das kleinste informationsverarbeitende Element sowohl biologischer als auch künstlicher neuronaler Netze ist das Neuron.

7. Struktur und Funktion neuronaler Netze

während das Ausgangskabel das *Axon* des Neurons ist. Die Verbindung zwischen verschiedenen Neuronen wird in erster Linie über Synapsen hergestellt. Dies sind Verbindungen der jeweiligen Axone, der Ausgangsleitungen eines Neurons, mit dem Dendritenbaum eines Zielneurons. Das Axon eines Neurons fächert sich an seinem Ende oftmals wie die Äste eines Baumes auf und stellt zahlreiche Verbindungen zu einem oder mehreren Zielneuronen her.

In der Biologie wird ein Neuron – eine einzelne Nervenzelle – durch einen Eingangsimpuls angeregt. Wenn diese Erregung einen bestimmten *Schwellenwert* überschreitet, gibt es selbst einen Impuls über sein Axon ab, das heißt, das Neuron funktioniert nach dem *Alles-oder-Nichts-Prinzip*. Verarbeitungsschritte, die zur Erreichung eines Schwellenwerts notwendig sind, sind in der Biologie wie auch in der Technik über mehrere, teilweise komplizierte Funktionskaskaden verbunden. In dieser Vorverarbeitung vor Aussendung eines Impulses liegt die eigentliche Rechenleistung eines Neurons. Die Anregung eines Neurons in der Biologie durch einen Eingangsimpuls wird durch Ionenströme vermittelt, die über die Zellmembran nach Eingang eines Impulses fließen (siehe 8. Kapitel). So kommt es nach einer Anregung zu einem Potentialanstieg über der Zellmembran mit ansteigenden Potentialwerten im Zellinneren. Die sogenannte *Depolarisation* ist, nachdem sie aufgetreten ist, rückläufig. Dieser als *Repolarisation* bezeichnete Vorgang läuft im Millisekundenbereich ab. Ein einziger Impuls jedoch wird normalerweise ein Neuron nicht so weit anregen, daß der Schwellenwert für ein eigenes Ausgangssignal überschritten wird.

Nun wurde bereits erwähnt, daß ein Neuron im allgemeinen mit sehr vielen, bis in die Tausende gehenden, anderen Neuronen verbunden ist. Fällt ein zweiter Impuls während der Phase der noch nicht völlig rückgebildeten Repolarisation ein, wird sich dieser Impuls dem ersten aufpfropfen. Die Depolarisation wird also höhere Werte errei-

Ein Neuron funktioniert nach dem Alles-oder-Nichts-Prinzip. Erst wenn ein bestimmter Schwellenwert erreicht ist, gibt es einen Impuls weiter.

Kleinste informationsverarbeitende Einheit Neuron

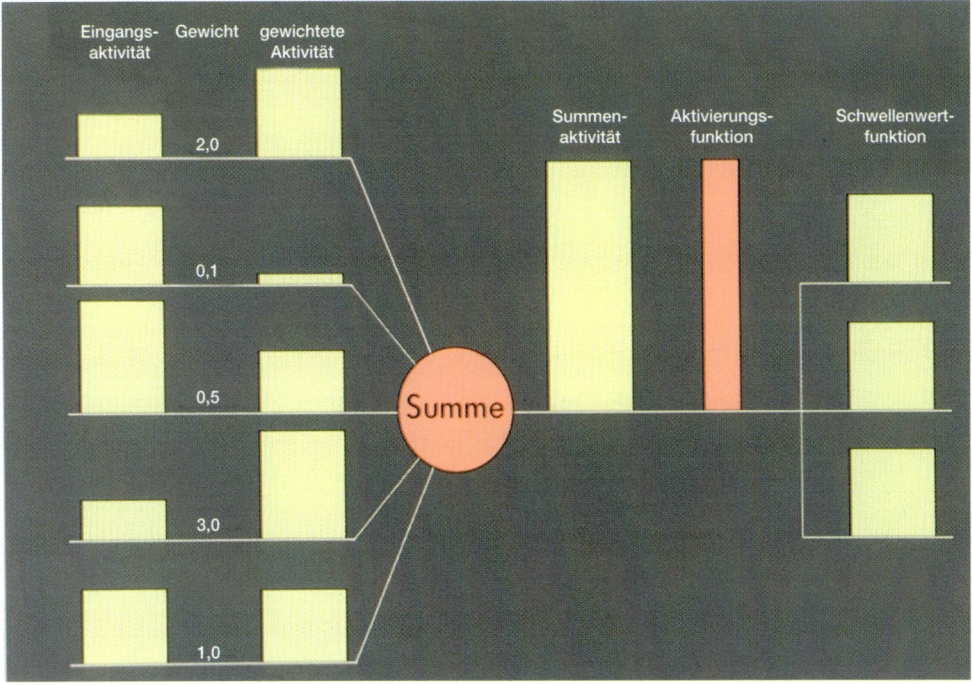

chen, nachdem der zweite Impuls eingefallen ist, verglichen mit den Werten nach Einfall des ersten Impulses, wenn die Repolarisation noch nicht abgeschlossen ist. Weiterhin ist es im biologischen System so, daß bestimmte Synapsen besonders starke Depolarisationen verursachen. Nicht jeder Eingang in ein Neuron ist dem anderen gleichwertig. Die Eingänge werden vom empfangenden Neuron *gewichtet*. Dies ist für den biologischen Bereich ein sinnvoller Mechanismus. Das Signal von der Fingerspitze, die auf eine heiße Herdplatte faßt, muß natürlich viel dringlicher und schneller verarbeitet werden als das Signal der Morgendämmerung, die einen neuen Tag ankündigt.

Weiterhin reagieren Neuronen in unterschiedlichen funktionellen Systemen des Nervensystems nicht immer mit einem gleichen Depolarisations- und Repolarisationszyklus. Einige der Neuronen depolarisieren schneller und

Neuronale Funktionen

Die Funktionen eines einzelnen Neurons, der informationsverarbeitenden Grundeinheit des Gehirns:
Die synaptische Gewichtung, die Aktivierungsfunktion und die Schwellenwertfunktion.

repolarisieren langsamer, andere wiederum zeigen ein umgekehrtes Verhalten. Und schließlich zeigen unterschiedliche Neurone auch unterschiedliche Schwellenwerte bei ihrer eigenen Entladung. Der Schwellenwert, bei dem ein Neuron nach vorheriger Anregung selbst depolarisiert, ist bei den vieltausendfach vorkommenden Neuronenpopulationen im menschlichen Nervensystem ebenfalls sehr unterschiedlich.

Das biologische Mikroinformationsverarbeitungssystem Neuron wird in den technisch realisierten Neuronen auf die drei eben erwähnten Grundfunktionen reduziert: auf die Gewichtung seiner Eingänge, auf eine Aktivierungsfunktion und auf eine Schwellenwertfunktion. Mit Hilfe dieser drei herausgefilterten Signalverarbeitungsleistungen lassen sich Neuronen in einem künstlich hergestellten neuronalen Netzwerk partiell simulieren.

Perceptron-Modell

Wenden wir uns nun einem ganz einfachen zweischichtig angelegten, künstlichen neuronalen Netzwerk zu, dem Perceptron-Modell (percipere: erkennen; hierbei handelt es sich also um ein neuronales Netz, das einfache Muster erkennen kann). Es besteht aus einer Eingangsschicht von parallel nebeneinander liegenden Neuronen, die jeweils über einen Eingang mit der Außenwelt verbunden sind. In einer zweiten Schicht liegen parallel nebeneinander die Ausgangsneuronen. Jedes Neuron der Eingangsschicht ist mit jedem Neuron der Ausgangsschicht verbunden. Die Ausgangsschicht selbst gibt jeweils ein Signalmuster an die Umwelt zurück.

An die Eingangsschicht kann man nun ein bestimmtes Informationsmuster anlegen, zum Beispiel eine Buchstabenfolge. Jeder dieser Buchstaben könnte eine Eigenschaft repräsentieren, wobei Teilmengen aus diesen Eigenschaften

Perceptron-Modell

typisch für bestimmte Gegenstände sein könnten. Jedes Neuron der Ausgangsschicht repräsentiert solch einen Gegenstand. Durch die Verschaltung der Neuronen der Eingangsschicht mit jedem Neuron der Ausgangsschicht und einer Gewichtung jedes einzelnen Inputs von der Eingangsschicht an die Ausgangsschicht, lassen sich über die Gewichtungen bestimmte Informationen in diesem einfachen zweischichtigen Netzwerk speichern. Eine Gewichtung von zum Beispiel 2 vom ersten Neuron der Eingangsschicht an das erste Neuron der Ausgangsschicht erregt das erste Neuron der Ausgangsschicht sehr stark. Eine Gewichtung von 0 des ersten Neurons der Eingangsschicht an das zweite Neuron der Ausgangsschicht erregt dieses überhaupt nicht, und eine Gewichtung von -1 des ersten Neurons der Eingangsschicht an das dritte Neuron der Ausgangsschicht hat einen negativen Einfluß auf das dritte Neuron – es hemmt also dessen Erregung. Die Eigenschaft, die das erste Neuron der Eingangsschicht repräsentiert, wird mit verschiedenen Gewichtungen auf die Neuronen der Ausgangsschicht, die verschiedene Gegenstände repräsentieren sollen, verteilt. Solch eine Verteilung der Eigenschaften der Eingangsneuronen findet bei allen Neuronen der Eingangsschicht statt. Ordnet man den Neuronen der Ausgangsschicht bestimmte Aktivierungs- und Schwellenwertfunktionen zu, werden die Neuronen der Ausgangsschicht bei unterschiedlicher Anregung der Neuronen der Eingangsschicht ganz unterschiedliche Aktivitätsmuster zeigen.

Auf diese Weise lassen sich in einem sehr einfachen zweischichtigen neuronalen Netz Informationen abspeichern. Obwohl diese Art von neuronalem Netz noch sehr primitiv ist, zeigt sich jedoch schon hier gegenüber der klassischen sequentiellen und symbolischen Abspeicherung von Informationen eine besondere Eigenart neuronaler Netze: Im Gegensatz zur sequentiellen Informationsverarbeitung ist ein neuronales Netz sehr fehlertolerant, folglich lassen sich auch bei einigen vom Standard ab-

Im Gegensatz zur sequentiellen Informationsverarbeitung ist ein neuronales Netz fehlertolerant, besitzt die Fähigkeit zur Selbstorganisation und ist außerdem lernfähig.

weichenden Eingangsmustern an die Neuronen der Eingangsschicht konstante Muster in der Ausgangsschicht ableiten.

Selbstorganisierende Netze

Eine weitere und viel wichtigere Aufgabe eines neuronalen Netzes ist jedoch seine Fähigkeit zur Selbstorganisation und seine Lernfähigkeit. Um die Möglichkeit der Selbstorganisation und Lernfähigkeit anhand eines neuronalen Netzes darzustellen, wollen wir ein weiteres Netz betrachten, ein sogenanntes dreischichtiges *Feed-Forward*-Netz, hier im besonderen ein dreischichtiges Netz mit der *Backpropagation*-, der Fehlerrückwärtsausbreitungs-Lernregel.

Sinneswahrnehmungen können beispielsweise das Eingabemuster darstellen, und Impulse für bestimmte Muskelgruppen in den Armen dann das Ausgabemuster.

Ein dreischichtiges Netz besteht aus Neuronen in einer Eingangsschicht, aus Neuronen einer verborgenen Schicht und aus Neuronen einer Ausgangsschicht. Diese Form der künstlichen Netzwerkstruktur ist der Organisation der Netzwerke im biologischen System schon etwas ähnlicher als die zweischichtige Organisationsstruktur im eben beschriebenen Perceptron-Modell. Das, was wir hier als kontrollierte Backpropagation-Lernregel bezeichnen, läßt sich natürlich auch an einem zweischichtigen Netz darstellen. Der kontrollierte Lernvorgang nach der Backpropagation-Methode geht nicht mehr von vorgegebenen Gewichtungen innerhalb des neuronalen Netzes aus. Die Gewichte aller Neuronen in solch einem mehrstufigen Netz werden während eines kontrollierten Lernvorgangs festgelegt, die Netzwerkstruktur und die in ihr enthaltene informationsverarbeitende Leistung werden folglich während des Lernvorgangs neu geschaffen.

Dazu legt man an der Eingangsschicht ein bestimmtes Muster ab, das nach Verarbeitung über die verborgene Schicht zu einem bestimmten Muster an der Ausgangs-

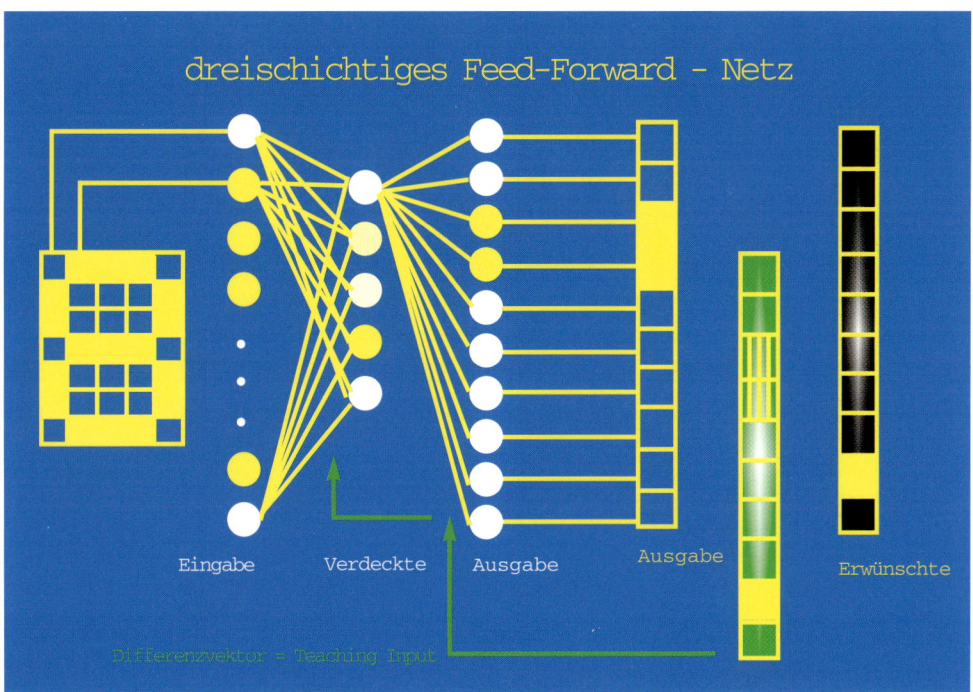

Feed-Forward-Netz

Der Lernvorgang eines dreischichtigen *Feed-Forward-Netzes* beim Erkennen der Zahlen von 0 bis 9 am Beispiel der Zahl 8 ist hier demonstriert. Die 35 Neuronen der Eingabeschicht links werden aktiviert entsprechend der Zahl, die in einer Matrix von 5 · 7 (= 35) Bildpunkten erscheint. Jedes Neuron der Eingabeschicht ist mit jedem der 5 Neuronen der verdeckten Schicht verbunden und aktiviert sie nach Gewichtung der jeweiligen Verbindung. Jedes Neuron der verdeckten Schicht ist mit allen 10 Neuronen der Ausgabeschicht verbunden, die von oben nach unten den Zahlen 0 bis 9 entsprechen. Die Zahl 8 entspricht also einer Aktivierung des zweiten Neurons von unten in der Ausgabeschicht. Im vorliegenden Fall werden aber die Neuronen 3 und 4 aktiviert. Die Ausgabe ist also falsch. Erwünschte Ausgabe minus aktueller Ausgabe ergeben den sogenannten Differenzvektor oder *Teaching Input*. Dieser wird schichtweise, entgegengesetzt zur Richtung der regelrechten Informationsverarbeitung zur Verstellung der synaptischen Gewichtungen genutzt. Es werden also zuerst die Gewichtungen der Ausgabeschicht verstellt und dann die der verdeckten Schicht. Der Lernvorgang, dem die *Backpropagation*-Lernregel zugrunde liegt, wird so lange wiederholt, bis die wirkliche Ausgabe des neuronalen Netzes der gewünschten Ausgabe entspricht: Das Netz hat gelernt, eine Aufgabe richtig zu lösen.

7. Struktur und Funktion neuronaler Netze

schicht führen soll. Die zunächst zufällig verteilten Gewichte innerhalb des Gesamtnetzwerkes werden natürlich bei einem ersten Durchlauf in diesem Netz nicht zu dem gewünschten Ausgangsmuster führen. Nun subtrahiert man nach einer mathematischen Regel (der sogenannten *Deltaregel*) das tatsächlich gemessene Ausgangsmuster von dem zu erlernenden Muster und läßt diese Differenz in einem rückgekoppelten Mechanismus zunächst die Gewichte der verborgenen Schicht verändern. Dasselbe Vorgehen findet in einem zweiten Schritt zwischen der verborgenen Schicht und der Eingangsschicht statt. In einem Iterationsprozeß wird dieser Lernvorgang so lange wiederholt, bis die Applikation des Musters in der Eingangsschicht das gewünschte Muster in der Ausgangsschicht erzeugt, also so lange, bis die Gewichtsveränderungen die gewollte Struktur des Netzwerkes geschaffen haben. Zwei bekannte Begriffe aus der Theorie nichtlinearer, dynamischer Systeme haben an dieser Stelle Verwendung gefunden: Iteration und Rückkopplung (siehe 5. Kapitel). In der Tat kann man ein neuronales Netz als dynamisches System auffassen.

Ein neuronales Netz ist einerseits wie eine weiche Knetmasse, die durch Umwelteinflüsse geformt wird, und andererseits ein vorgeformtes System, das die Umwelt in eigener, selbständiger Weise abbilden kann.

Wir haben bisher bei der Beschreibung neuronaler Netze in erster Linie die Funktion der Gewichtung in einer Neuronenschicht besprochen. Nahezu unerwähnt geblieben sind die zwei Funktionen innerhalb eines Neurons, nämlich die Aktivierungsfunktion und die Schwellenwertfunktion. Mit Hilfe von speziellen Aktivierungsfunktionen lassen sich einzelne Neuronen, beziehungsweise deren Verhalten in einen nichtvorhersagbaren, unendlich viele Möglichkeiten beinhaltenden, chaotischen Zustand überführen. Wir haben es dann bei dem einzelnen Neuron mit einem System zu tun, das der im fünften Kapitel beschriebenen Verhulstschen Wachstumsgleichung entspricht: einem System, das indeterministische Eigenschaften zeigt. Unendlich viele Verhaltensmöglichkeiten, die unterbrochen sind durch sogenannte *Intermittenzen*, durch Zustände

Selbstorganisierende Netze

von Vorhersagbarkeit oder Inseln der Ordnung im chaotischen Verhalten.

Als Aktivierungsfunktion werden für künstliche Neuronen im allgemeinen Sigmafunktionen benutzt, die einen nichtlinearen Charakter zeigen und damit das Neuronensystem in den Indeterminismus zwingen können. Diese Sigmafunktionen haben gleichzeitig die Eigenschaft, die Zahl der möglichen Systemzustände zu begrenzen, zum Beispiel auf den Wertebereich zwischen 0 und 1. Damit ist dem System Neuron eine ähnliche Möglichkeit der selbstähnlichen Rückkopplung gegeben wie dem System der Population, das in der Verhulstschen Wachstumsgleichung beschrieben wurde. Ohne in die mathematischen Grundlagen dieses indeterministischen Aspekts des Neuronensystems eindringen zu wollen, soll an dieser Stelle betont werden, daß durch diesen nichtlinearen, dynamischen Charakter die Adaptionsfähigkeit des gesamten Netzes bis in unendliche Komplexitätsgrade gesteigert werden kann.

Ein solches neuronales Netz kann die Umwelt auf seiner eigenen Matrix abbilden, mit allen komplexen nichtlinearen und dynamischen Aspekten dieser Umwelt. Ferner kann es an seinen Ausgängen transformierte Abbildungen dieser Umwelt produzieren, die auf diese in adäquater Weise zurückwirken können.

Es sei hier erinnert, daß bisher in den technisch hergestellten neuronalen Netzen Neuronenpopulationen von im Höchstfall ein- bis fünfhundert Neuronen durchgerechnet werden. Das biologische neuronale Netz des Menschen besteht hingegen aus 180 Billiarden Neuronen, von denen jedes einzelne mit 10 000 oder mehr Neuronen Verbindungen aufnimmt. Hier wird der Abstand deutlich, den künstliche neuronale Netze zu biologischen informationsverarbeitenden Systemen bislang aufweisen. Es erscheint heute noch undenkbar, daß eine derartige Anzahl von Neuronen jemals technisch berechenbar wird; ganz abgesehen davon,

> Künstliche neuronale Netze besitzen – wie ihre biologischen Vorbilder – ein Eigenleben. Ihr Verhalten ist nicht mehr bis ins letzte Detail voraussagbar.

7. Struktur und Funktion neuronaler Netze

daß künstlich hergestellte neuronale Netze wegen ihrer dynamischen Eigenschaften auch Eigenleben zeigen.

Ein künstliches neuronales Netz läßt sich mit Hilfe der klassischen Werkzeuge menschlicher Erkenntnis herstellen; je nach Art des Netzes und seines Komplexitätsgrades wird es in seinem Verhalten – wenn es zum Laufen gebracht ist – jedoch nicht mehr bis ins letzte Detail voraussagbar sein.

Selbstorganisation und Lernfähigkeit

Zuletzt soll noch eine weitere Möglichkeit, wie ein neuronales Netz zu seiner Struktur finden kann, dargestellt werden. In unserem biologischen Nervensystem spielt die Selbstorganisation eine wichtige Rolle. Es geht dabei um das Finden von Gewichtungen, die dafür sorgen, daß *topologische* Nachbarschaftsbeziehungen erhalten bleiben. Dies ist in der Biologie ein ganz wichtiges Prinzip. Neurophysiologen haben schon Ende des letzten Jahrhunderts erkannt, daß zum Beispiel sensible Informationen aus den Armen und Beinen in der Hirnrinde immer nachbarschaftlich lokalisiert sind. Der Daumen beispielsweise wird, was seine Gefühlsqualitäten betrifft, im Großhirn neben den Zeigefinger gesetzt und neben das Gefühl aus dem Handgelenk. Ganz ähnlich verhält es sich mit der topologischen Organisation in der Sehrinde. Impulse aus benachbarten Retinastäbchen oder -zapfen bleiben auch in der Sehrinde benachbart. Auch für diese Art der Selbstorganisation ist inzwischen ein entsprechender mathematischer Algorithmus gefunden worden. Die Lernregel legt hierbei nicht mehr die Multiplikation der Gewichtungsmatrizen zugrunde, sondern die Subtraktion. Das neuronale Netz strukturiert sich nicht mehr nach einer kontrollierten Lernaufgabe, sondern es organisiert sich nach topologischen Gesichtspunkten durch rückgekoppelte

Neuronale Netze im Überblick

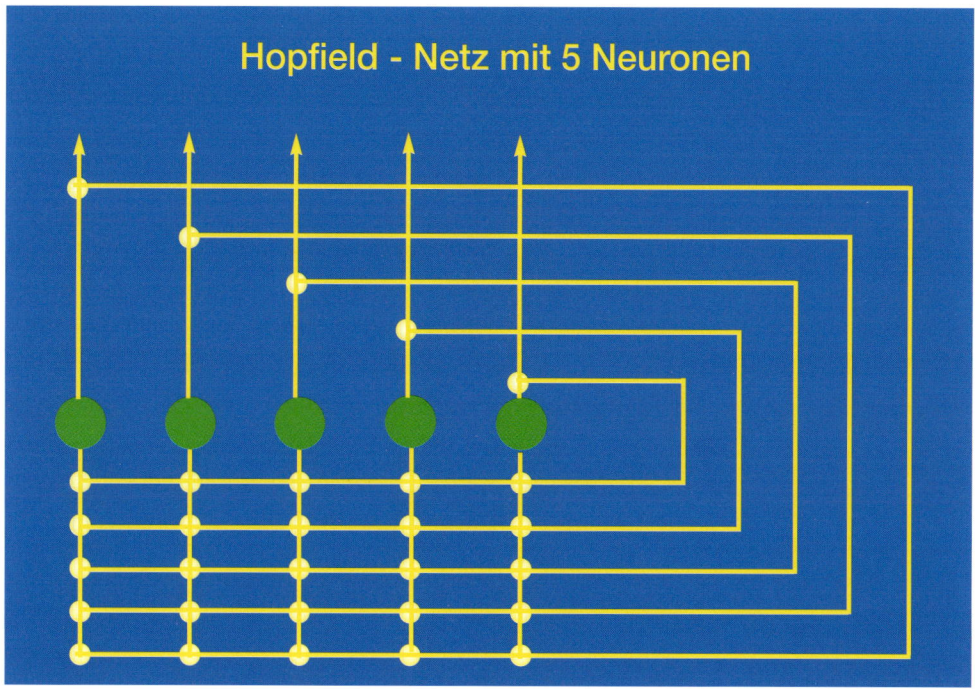

Hopfield - Netz mit 5 Neuronen

Iteration von selbst. Neuronale Netze können ihre innere Struktur also auf zwei prinzipiell unterschiedlichen Wegen erlangen: durch überwachtes oder durch unüberwachtes Lernen.

Neuronale Netze im Überblick

Am Ende dieses Kapitels sei noch einmal eine Zusammenfassung der wesentlichen Charakteristika neuronaler Netze gegeben, die sowohl die künstlichen wie auch die biologischen Netze auszeichnen. Ein neuronales Netz besteht aus zahlreichen parallel angeordneten Einheiten, den Neuronen, die wiederum in ein, zwei oder mehr Schichten übereinander organisiert sein können. Jedes Neuron der einen Schicht ist mit jedem Neuron der anderen Schicht verbunden.

Hopfield-Netz

Beispiel eines *Hopfield-Netzes*: Jedes Neuron ist mit jedem anderen verbunden. Es ist ein selbstorganisierendes, neuronales Netz, welches ohne kontrollierten Lernvorgang (wie dies beim *Feed-Forward -Netz* notwendig ist) lernt. Hopfield-Netze werden besonders in der Mustererkennung (Sprache, Gesichter) eingesetzt.

7. Struktur und Funktion neuronaler Netze

In ein neuronales Netz werden Eingabemuster eingespeist, die parallel in mehreren Schritten durch die verschiedenen Schichten dieses Netzes abgebildet und transformiert werden und schließlich zu einem Ausgabemuster führen. Das Eingabemuster können zum Beispiel Sinneswahrnehmungen sein, das Ausgabemuster Impulse für bestimmte Muskelgruppen in den Beinen oder Armen. Das Einzelelement im neuronalen Netz, das Neuron, erfüllt im wesentlichen drei Funktionen. Es gewichtet die verschiedenen Eingänge anderer Neuronen und addiert diese auf, es enthält eine Aktivierungsfunktion, die im allgemeinen eine nichtlineare Sigmafunktion ist – welche gleichzeitig den quantitativen Wertebereich der Eingänge zwischen 0 und 1 begrenzt –, und schließlich eine Schwellwertfunktion, die angibt, ab welcher Aktivierung das Neuron selbst einen Impuls abgibt. Wir haben es beim voll ausgebildeten neuronalen Netz mit einem nichtlinearen, dynamischen System zu tun, das mit den mathematischen Hilfsmitteln dieser Theorie beschrieben werden kann, und das dementsprechend die typischen Eigenschaften dieser Systeme zeigt: Das bedeutet komplexes, nicht voraussagbares Verhalten, welches durch Intermittenzen, also Inseln der Ordnung im Chaos, unterbrochen wird.

8

Die Elektrizität eint Nervenfasern und Mikroprozessoren, zeigt allerdings jeweils sehr unterschiedliche Eigenschaften. Doch der elektrische Impuls einer Metallelektrode ist durchaus in der Lage, nervenphysiologisch unsere Sinne anzuregen. Ohne das Nervengewebe zu verletzen, können einzelne Nervenfasern registriert und stimuliert werden. Transistoren, die Schaltstellen der Mikroprozessoren, können mit Nervenzellen direkt kommunizieren. Wie aber müssen neuronale Prothesen funktionieren, wenn sie Strukturen unseres biologischen Systems ersetzen sollen? Wo ist die Grenze zwischen Mensch und Maschine, wenn diese Ersatztechnik zur Perfektion getrieben wird?

Welt der Nerven

Elektrische Aktivität in Nervenzellen

Elektronische Mikroprozessoren und Nervenzellen haben eines gemeinsam: Beide Systeme kommunizieren elektrisch, und dieser Umstand macht es möglich, daß Mikroprozessoren und Nervenzellen miteinander Verbindung aufnehmen und Informationen austauschen können. Allerdings treten die elektrischen Ströme auf völlig unterschiedliche Weise in Erscheinung. Im Mikrochip mit seinen metallischen Strukturen bewegen sich Elektronen, indem sie von Metallatom zu Metallatom mit Lichtgeschwindigkeit von 300 000 Kilometern pro Sekunde springen.

In den Nervenfasern läuft der Strom nicht nur drei Millionen mal langsamer, bei Leitungsgeschwindigkeiten von rund 100 Metern pro Sekunde, sondern auch der Charakter der Elektrizität ist vollkommen anderer Natur: In den Nerven spielen Ionen, also geladene Teilchen, die entscheidende Rolle beim Transport elektrischer Ladungen. Gleichwohl repräsentieren Elektronen wie auch Ionen eine elektrische Spannung: im metallischen Leiter durch ein Überangebot von Elektronen, in den Nervenfasern durch ein Überangebot an geladenen Ionen. Als Galvani vor mehr als 200 Jahren mit Hilfe von Stromstößen aus einer metallischen Elektrode einen Froschschenkel zucken ließ, ahnte er schon die biophysikalischen Hintergründe.

Elektrische Ströme spielen sowohl bei Mikrochips als auch in den Nervenbahnen eine entscheidende Rolle.

Elektrische Aktivität in Nervenzellen

Neuronen sind hochspezialisierte Zellen, die zwei wesentliche Merkmale besitzen: Sie können elektrische Spannungen erzeugen und diese als Spannungsimpulse auf andere Nervenzellen übertragen, und jetzt beginnt das Spiel aufs neue. Eine elektrische Spannung entsteht, indem die Nervenzelle aktiv Kaliumionen in das Zellinnere hereinholt, während die Natriumionen von innen nach außen befördert werden. Für diesen gegenläufigen Ionentransport sind Membranproteine zuständig, die allerdings nur

8. Welt der Nerven

dann arbeiten, wenn das Neuron chemische Energie bereitstellt. Aus diesem Grund haben Nervenzellen einen hohen Bedarf an Nährstoffen wie Zucker und Sauerstoff. Im Endeffekt erzeugen die Membranproteine – auch *Ionenpumpen* genannt – einen Ladungsunterschied von -70 Millivolt zwischen innerer und äußerer Membran, wobei das negative Vorzeichen bedeutet, daß im Zellinneren mehr negative Ladungsträger vorhanden sind als im extrazellulären, äußeren Raum. Jedes Neuron funktioniert also zunächst einmal wie ein Generator, der in der Lage ist, eine elektrische Spannung zu erzeugen. Der Mechanismus dieser Stromerzeugung ist kein Spezifikum menschlicher Neuronen, sondern in allen Nervenzellen des Tierreichs identisch, folglich muß ihre Entwicklung bereits sehr früh, vor Entstehung der Wirbeltiere stattgefunden haben.

Denken verbraucht durch die Arbeit der Ionenpumpen natürlich auch Energie: Der berühmte Gehirnforscher John C. Eccles hat einmal errechnet, daß unser Gehirn ungefähr zwanzig Watt verbraucht, wenn eine Millionen Nervenzellen aktiv sind. Einen Großteil dieses geradezu verschwenderischen Einsatzes von Energie benötigen die Ionenpumpen: Sie stellen den Strom zum Denken bereit.

> Neuronen sind hochspezialisierte Zellen, die zwei wesentliche Merkmale besitzen: Sie können elektrische Spannung erzeugen und diese als Spannungsimpulse weiterleiten.

Eine Nervenzelle kann elektrische Ladungen nicht nur anhäufen, sondern ebenso auch fortleiten, und zwar in Form elektrischer Impulse, die sich entlang der Membranoberfläche ausbreiten. Diese Arbeit erledigen allerdings nicht die Ionenpumpen, sie wären auch viel zu langsam für die schnellebigen Impulse. Verantwortlich für die elektrische Kommunikation der Nervenzellen sind Membranproteine – *sogenannte Ionenkanäle* – die man sich als miniaturisierte, flüssigkeitsgefüllte Poren vorstellen kann. Normalerweise passieren geladene Teilchen (Ionen) die wasserabweisende, aus einer inneren Fettschicht bestehende Zellmembran nur schwer. Öffnen sich aber die wassergefüllten Proteinporen, und dies geschieht außerordentlich

Elektrische Aktivität in Nervenzellen

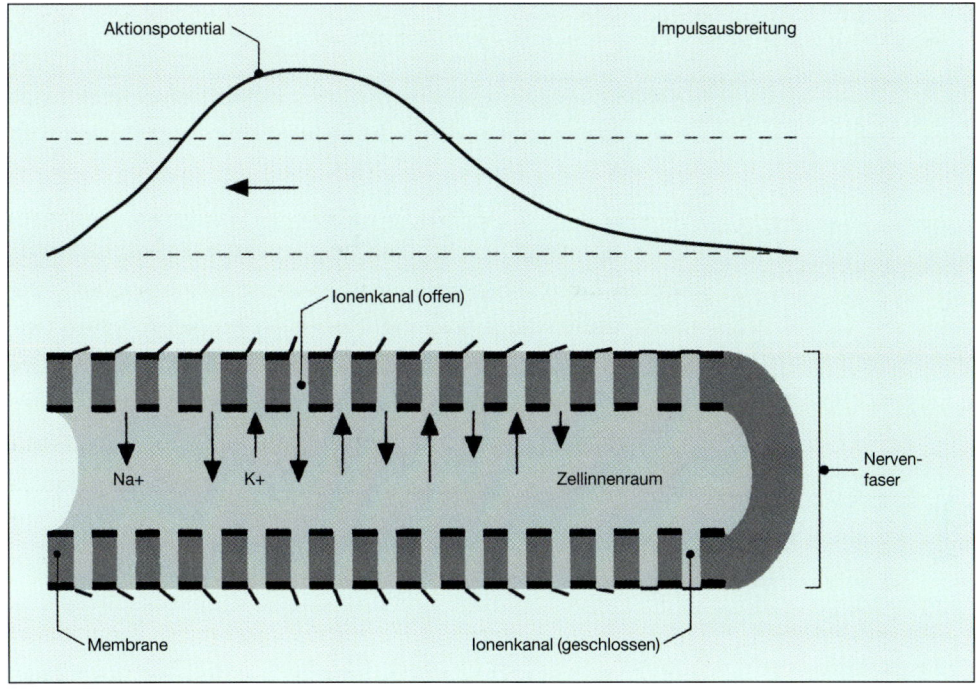

Nerven unter Strom
Normalerweise würde ein Gleichgewicht zwischen Natrium- und Kalium-Ionen existieren, doch Ionenpumpen in der Nervenzellmembran befördern die geladenen Teilchen gegen den Konzentrationsausgleich. Ein Ladungsüberschuß im Inneren der Nervenzelle mit einem Ruhepotential von -70 Millivolt entsteht. Spannungsabhängige Ionenkanäle können die angestauten Ionen schlagartig freisetzen: Ein Aktionspotential nimmt seinen Lauf.

schnell, können die angestauten Ionen schlagartig entweichen. Die Nervenzelle steht hier im Bild einer Staumauer, die ihre Schleusentore blitzschnell öffnen kann.

Elektrische Schleusentore im Mikromaßstab
Durch Öffnen der Proteinporen in der Membran setzt die Nervenzelle den Überschuß angestauter Kaliumionen sehr plötzlich frei; elektrische Impulse entstehen dabei im Takt weniger Millisekunden. Lebewesen entwickelten im Laufe der Evolution viele verschiedene Nervenzelltypen, die ihre

8. Welt der Nerven

Membranporen durch sehr unterschiedliche Auslöser öffnen können. Bei den schallsensiblen Nervenzellen im Innenohr zum Beispiel spielen mechanische Reizungen eine ausschlaggebende Rolle. Solche Hörnervenzellen sind bespickt mit vielen tausend Härchen, die aus der Nervenzelle (Haarzelle) herauswachsen. Werden die Härchen durch eintreffende Schallwellen in Schwingung versetzt, reagiert die Nervenzelle mit elektrischen Impulsen, die zum Gehirn gelangen: In diesem Moment können wir hören. Auch die Sinneszellen in der Retina verändern ihre Membraneigenschaften.

Die Sehzellen des Auges sind naturgemäß auf Licht programmiert, wobei die Chemie des Sehfarbstoffs Rhodopsin eine weichenstellende Rolle einnimmt. Auch die in der Nasenschleimhaut sitzenden Riechzellen geben Impulse ab, wenn Geruchsmoleküle an die in der Zellmembran sitzenden Rezeptoren andocken. Überlebenswichtig in diesem Zusammenhang: die schmerzleitenden Nervenzellen. Sie reagieren auf Hitze, Druck oder Zerstörung mit einem Bombardement an Impulsen, die uns in höchste Alarmbereitschaft versetzen. Auch wenn die Sinneszellen eine enorme Bedeutung für die Interaktion mit unserer Umwelt haben, so spielen sie zahlenmäßig eine untergeordnete Rolle im Organismus. Der überwiegende Teil der Nervenzellen wird nicht von externen Reizen, sondern von internen Synapsen angeregt. Synapsen schütten chemische Botenstoffe aus, sogenannte *Transmitter*, verändern auf diese Weise die Membraneigenschaften der benachbarten Nervenzelle und geben den Befehl zum Öffnen der Proteinschleusen in der Membran der Nachbarzelle. Synapsen sind die Weichen der Nerv-zu-Nerv-Kommunikation.

Der Strom öffnet die Pforten
Wichtig für neurobionische Anwendungen ist der Umstand, daß der elektrische Impuls einer Metallelektrode ebenfalls die Proteinschleusen der Nervenzellmembran

Ob wir sehen, hören oder riechen: Immer sind es sehr spezialisierte Nervenzellen, die unsere Sinne mit „Informationen" versorgen.

Elektrische Aktivität in Nervenzellen

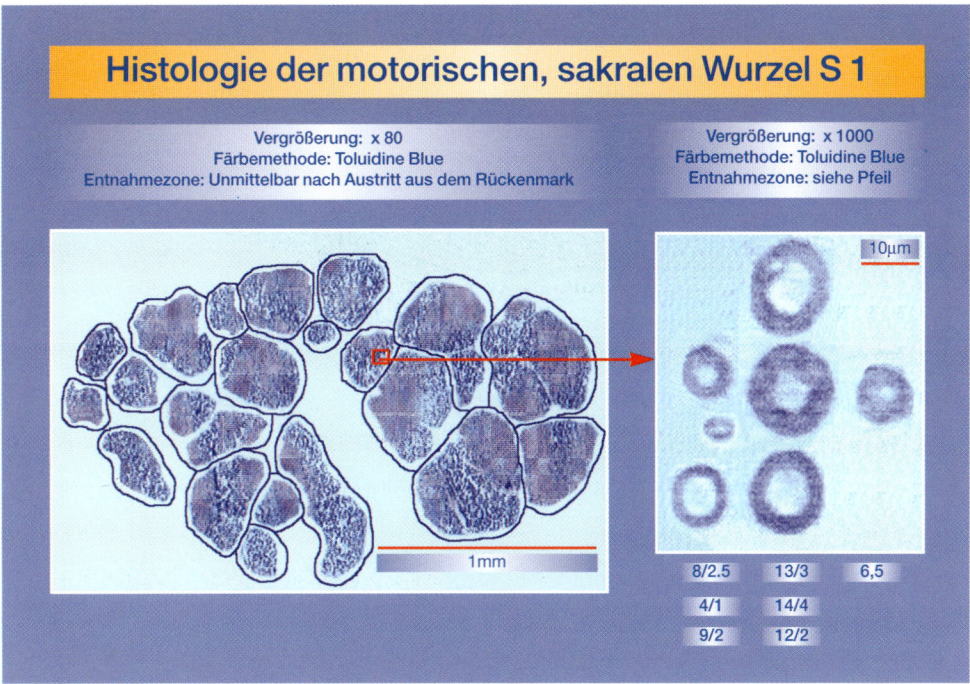

Motorischer, sakraler Spinalnerv

Auf der linken Seite der Abbildung ist ein Querschnitt des ersten sakralen Spinalnervs im untersten Teils des Rückenmarks (*Conus medullaris*) gezeigt, der die Muskulatur des rechten Fußes versorgt. Der Nerv, der innerhalb der Wirbelsäule liegt, ist etwa 2 Millimeter dick (siehe Maßstab!). Er enthält 25 000 einzelne Nervenfasern, von denen einige beispielhaft auf der rechten Seite der Abbildung dargestellt sind. Die dicksten Fasern sind 14 Millionstel Millimeter dick und versorgen den Wadenmuskel, die dünnsten sind nur 4 Millionstel Millimeter stark und regulieren die Vorspannung der Muskulatur.

öffnen kann. Durch Kommunikation der Ionenkanäle entlang der Nervenfaser setzt sich der ursprünglich lokal begrenzte Impuls „in Bewegung". Trotz einer sehr hohen Reaktionsschnelligkeit der einzelnen Membranproteine resultiert dennoch eine recht bescheidene Leitungsgeschwindigkeit von nur einem Meter pro Sekunde. Ein Zwei-Meter-Mensch würde bei dieser Übertragungsgeschwindigkeit erst nach zwei langen Sekunden merken, daß zum Beispiel ein Hund in den Fuß beißt. Selbst-

8. Welt der Nerven

verständlich hat sich die Natur etwas einfallen lassen, um etwas schneller an wichtige Informationen zu gelangen. Wesentliche Beschleunigung erfahren die Impulse durch eine konstruktive Besonderheit der Faseroberfläche: Die meisten Fasern werden nämlich mit dem Protein *Myelin* abschnittsweise umgeben, ähnlich einer Kabelisolierung, die in regelmäßiger Folge durch *Ranviersche Schnürringe* unterbrochen ist. Die Spannungsimpulse springen jetzt mit Lichtgeschwindigkeit über den isolierten Myelinbereich, verlieren dabei aber an Spannung, so daß eine erneute Aufladung im Bereich eines Schnürrings notwendig wird. Dort öffnen sich freiliegende Ionenkanäle, verstärken den Impuls bis zum Beginn der nächsten Myelinscheide, wo dann der nächste Spannungssprung erfolgt.

Nervenfasern leiten den Strom vergleichsweise langsam. Mit einem physikalischen Trick geht es hundertmal schneller.

Alle auf Schnelligkeit bedachten Nerven wie beispielsweise die Muskelfasern bedienen sich dieser sprunghaften, *saltatorischen* Fortleitung, mit der sich Leitungsgeschwindigkeiten von 120 Metern pro Sekunde erreichen lassen. Außerdem arbeiten myelinisierte Nervenfasern sehr ökonomisch, denn die Nervenisolation unterbindet den großräumigen Austritt von Ionen in diesen Abschnitten. Entladungen entlang der kompletten Nervenfaser hätten zur Folge, daß die Ionenpumpen nach jedem Impuls wesentlich mehr Energie aufbringen müßten, um den ursprünglichen Ladungszustand wiederherzustellen.

Die einzelnen Nervenfasern sind in den Hirnnerven, den Spinalnerven und den peripheren Nerven zu dicken Kabelbündeln zusammengefaßt. So enthält zum Beispiel der Sehnerv etwa 1 000 000 einzelne Nervenfasern. Der Hörnerv setzt sich aus 50 000 Fasern zusammen. Ein Rückenmarksnerv im Bereich der unteren Lendenwirbelsäule, der die Harnblase motorisch stimuliert – also dafür sorgt, daß wir die gefüllte Harnblase entleeren können –, faßt etwa 15 000 einzelne Nervenfasern zusammen. Wir haben im zweiten Kapitel, in dem das Konzept und die prinzipiellen Forschungsansätze der Neurobionik darge-

Elektrische Aktivität in Nervenzellen

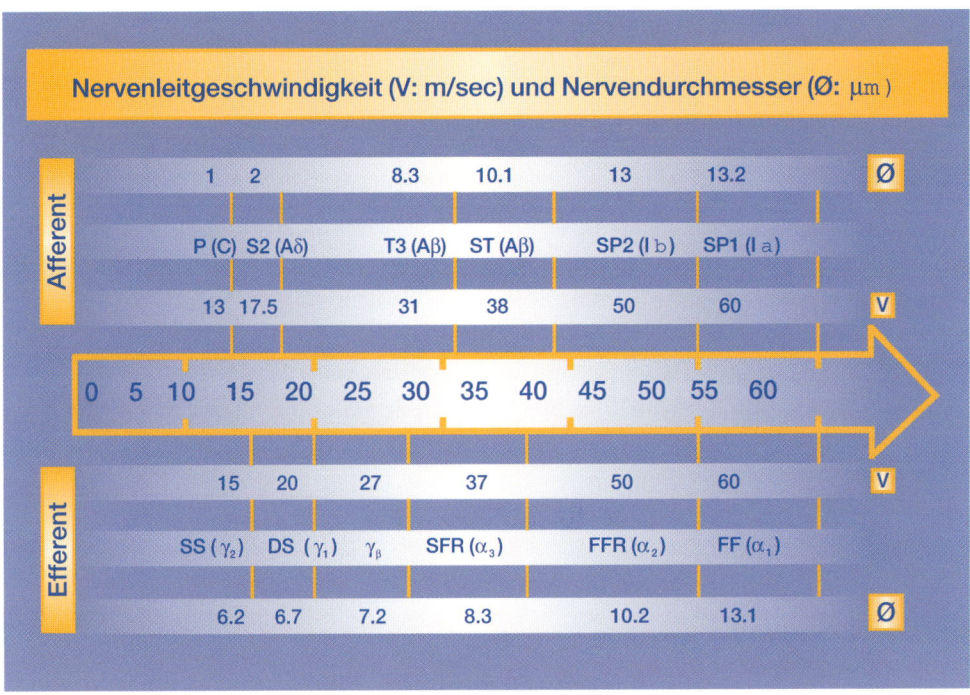

Nervenleitgeschwindigkeit und Nervendurchmesser

Die Zeichnung stellt den Zusammenhang dar von Leitgeschwindigkeit und Durchmesser bei sensiblen (afferenten) und motorischen (efferenten) Nerven. Die Erkenntnisse wurden von Erlanger, Gasser, Lloyd, Hunt und Schalow erarbeitet. Der mittlere Pfeil zeigt den Bereich möglicher Leitgeschwindigkeiten zwischen 5 m/sec und 60 m/sec. Im oberen afferenten Teil sind Nervenfasern aufgeführt mit einem Durchmesser von 1 mm. Sie leiten Schmerzempfindungen P(C). Ihre Leitungsgeschwindigkeit beträgt 13 m/sec. Die übrigen Abkürzungen für afferente Fasern bedeuten: S2(Ad): Blasenfüllung mehr als 600 ml; T3(Ab): leichte Berührung; ST(Ab): Harnblasendehnung weniger als 600 ml; SP2(Ib): Muskelspindeldehnungszustand langsam leitend; SP1(Ia): Muskelspindeldehnungszustand schnell leitend. Die Abkürzungen für die efferenten Fasern sind: SS(g2): Daueranspannung der Muskelspindeln; DS(g1): kurzzeitige Anspannung der Muskelspindeln; SFR(a3): Muskelfasern, die nicht ermüden; FF(a1): Muskelfasern, die schnell ermüden.

stellt wurden, erwähnt, daß diese zentralen und peripheren Nerven ein gut geeigneter Kontaktierungspunkt sind, um ein technisches mit dem biologischen informationsverarbeitenden System zu verbinden. Die Verbindung ist dabei über sogenannte dualselektive Scannerelektroden vorzu-

8. Welt der Nerven

nehmen, die das Nervengewebe bei ihrer Applikation nicht penetrieren und damit nicht verletzen, und auf deren Funktionsweise wir im Kapitel *Verbindungsmethoden für Biologie und Technik* noch genauer eingehen wollen. Daß mit Hilfe solch einer nichtinvasiven Kontaktmethode trotzdem die Registrierung und Stimulation von einzelnen Nervenbündeln innerhalb eines Faserbündels von 15 000 bis zu 1 000 000 Einzelfasern möglich ist, liegt in der oben beschriebenen unterschiedlichen Myelinisierung funktionell verschiedener Einzelfasern in einem Nervs.

Glücklicherweise hat die Natur Nervenfasern, die für unterschiedliche Funktionen zuständig sind, durch unterschiedliche Dicken, unterschiedliche Markscheiden und unterschiedliche Nervenleitgeschwindigkeiten gekennzeichnet. So hat zum Beispiel eine Nervenfaser, die einen sogenannten *quergestreiften Muskel* – im Bereich von Armen und Beinen – versorgt, einen Durchmesser von 13 Tausendstelmillimetern, eine Markscheidendicke von drei Tausendstelmillimetern und eine Nervenleitgeschwindigkeit von etwa 60 Metern pro Sekunde. Eine Faser, die eine Muskelspindel im Inneren eines Muskels innerviert und für eine der vom Individuum geplanten Aktion angepaßte Vorspannung des Muskels sorgt, hat einen Faserdurchmesser von sechs Tausendstelmillimetern, eine Markscheidendicke von zwei Tausendstelmillimetern und eine Nervenleitgeschwindigkeit von 20 Metern pro Sekunde. Eine Nervenfaser, die die Harnblase zur Kontraktion bringt, hat einen Durchmesser von zwei bis drei Tausendstelmillimetern, eine Markscheide von einem Tausendstelmillimeter und eine Nervenleitgeschwindigkeit von fünf Metern pro Sekunde.

In einem Hirnnerv und auch in den übrigen Nerven laufen diese Fasern mit unterschiedlichen Funktionen nebeneinander her. In einem motorischen, sakralen Spinalnerv liegen die Fasern zur Versorgung der Harnblase und der Unterschenkelmuskulatur auf wenigen Tausend-

Die verschiedene Isolierung der Nervenfasern ermöglicht der nichtinvasiven Kontaktmethode, einzelne Fasern innerhalb eines Bündels zu registrieren und zu stimulieren.

Elektrische Aktivität in Nervenzellen

stelmillimetern Abstand nebeneinander. Die Strommenge, um die unterschiedlichen Fasertypen anzuregen, ist abhängig von der Dicke der jeweiligen Faser. Lege ich einen Strom von zum Beispiel 1,2 Milliampere über eine außen am Nerv befestigte Elektrode an, so muß dieser Strom nur zehn Millionstelsekunden fließen, um die 13 Tausendstelmillimeter dicken Nervenfasern zur Unterschenkelmuskulatur zu einem Aktionspotential zu bringen und damit den Unterschenkelmuskel zu bewegen. Die drei Tausendstelmillimeter dicken Nervenfasern zur Harnblase werden erst stimuliert, wenn der 1,2 Milliampere starke Strom etwa 300 Millionstelsekunden lang fließt. Die dicken Fasern, die bei 300 Millisekunden langen Strömen natürlich auch angeregt werden, kann man durch entsprechend geschickte Elektrodenschaltungen nachträglich wieder blockieren, so daß dann mit langen Stromimpulsen selektiv nur die dünnen Nervenfasern stimuliert werden. Dies bedeutet, daß durch geschickte Wahl der Stimulationsparameter bei der äußeren Reizung eines Nervs, der viele einzelne, unterschiedliche Funktionen ausführende Nervenfasern enthalten mag, ohne Verletzung dieses Nervs, selektiv von außen bestimmte Nervenfasern mit spezifischen Zielfunktionen gereizt werden können.

Das gleiche, was wir für motorische oder efferente Nervenfasern über Aufbau und Funktion gesagt haben, gilt auch für *sensible* oder *afferente* Fasern, die dem Gehirn und Rückenmark Informationen aus dem eigenen Körper und der Außenwelt zuleiten. Auch in diesem Bereich gibt es dicke Nervenfaser von zum Beispiel 14 Tausendstelmillimeter Durchmesser, einer Markscheide von vier Tausendstelmillimeter Durchmesser und einer Nervenleitgeschwindigkeit von 70 Meter pro Sekunde. Solche *Ia-Fasern* übermitteln die Informationen über die Länge von quergestreifter Muskulatur an Gehirn und Rückenmark. Fasern von 10 Tausendstelmillimeter einer Markscheidendicke von einem Tausendstelmillimeter und einer Nervenleit-

> Je nach Funktion kennzeichnet die Nervenfasern eine spezifische Dicke, Markscheide und Nervenleitgeschwindigkeit.

8. Welt der Nerven

geschwindigkeit von 38 Metern pro Sekunde melden dem Zentralnervensystem den Füllungszustand der Blase und fangen an zu feuern, wenn diese mit 600 Millilitern gefüllt ist. Nervenfasern von drei Tausendstelmillimeter Durchmesser leiten im Sehnerv Informationen über Bewegungsmuster an das Gehirn, Nervenfasern von 1,5 Millimeter Durchmesser transportieren Farbinformationen. Auch die afferenten Einzelfasern, die Informationen unterschiedlicher Qualität dem Rückenmark und dem Gehirn zuleiten, sind in Hirnnerven, Spinalnerven und peripheren Nerven gebündelt. Sensible Spinalnerven enthalten zwischen 10 000 und 35 000 Einzelfasern. Auf der Grundlage der unterschiedlichen Nervenleitgeschwindigkeiten – die in Abhängigkeit von der jeweiligen spezifischen, an das Zentralnervensystem übermittelten Information variieren – lassen sich auch die in einem Nerv gebündelten sensiblen Signale aufschlüsseln. Zunächst leiten wir über eine von außen um den sensiblen Nerv gelegten Elektrodenkombination zweimal in einem Abstand von wenigen Millimetern das elektrische Summenpotential des gesamten Nervs ab. Die durch eine aktivierte Gruppe von Einzelfasern entstehenden elektrischen Gipfel dieses Summenpotentials verschieben sich in der zweiten gegenüber der ersten Ableitung um so mehr, je höher die Nervenleitgeschwindigkeit der – die spezifische Information übertragenden – Einzelfasern ist. Durch Analyse der in einem Nerv vorkommenden Nervenleitgeschwindigkeiten können wir demnach auf die Informationen, die in ihm übertragen werden, zurückschließen. Diese Analyse wird im übrigen wesentlich vereinfacht durch die Anwendung neuronaler Netze, die wie oben erwähnt insbesondere Qualitäten im Bereich von Mustererkennungsaufgaben haben.

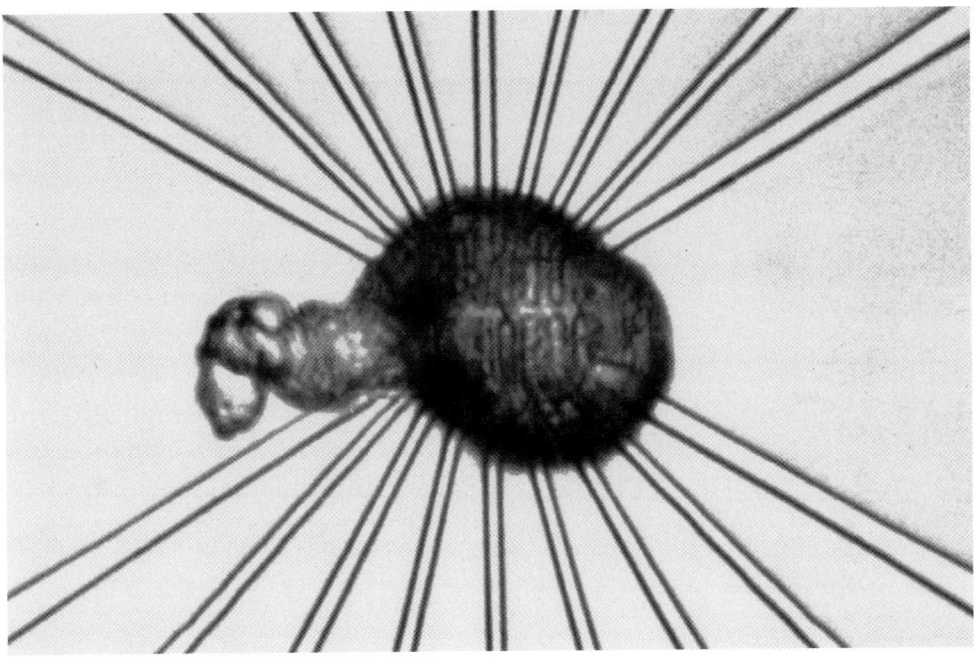

Transistor mit Gefühl

Anfang der neunziger Jahre gelang dem deutschen Biophysiker Peter Fromherz erstmals eine direkte Koppelung einer Nervenzelle mit einem Transistor. Bei diesem Transistor, genauer gesagt, einem Metalloxid-Silizium-Feldeffekt-Transistor (MOSFET), fließt elektrischer Strom durch einen dünnen Kanal (Drain) unter der Siliziumoberfläche. Die Durchlässigkeit des Kanals für die Elektronen läßt sich durch einen Steuerstrom beeinflussen, der am sogenannten Gate angelegt ist. Eine Durchlässigkeit von Null schaltet den Stromkreis aus, hundertprozentige Durchlässigkeit schaltet den Transistor an. Die Steuerelektrode, die den Steuerstrom zuführt, ist im Bereich des Gate über eine dünne, isolierende Siliziumoxidschicht mit dem metallischen Kanal verbunden.

Fromherz klebte anstelle der Steuerelektrode das riesige Neuron (Retzius-Zelle) eines Blutegels auf die Silizium-

Nervenzelle „spricht" mit Transistoren

Nervenzellen der Blutegel sind mit 60 Mikrometer recht „handlich". So unterhält das abgebildete Ganglion direkten Kontakt zu 16 Transistoren; folglich wirken elektrische Spannungsimpulse in der Zelle direkt auf die Elektronik des Chips.

8. Welt der Nerven

Oxidschicht in der Hoffnung, daß sie die nötigen Spannungsimpulse für den Transistorschalter liefern werde. Mit ihren fünfzig Mikrometer Durchmesser war die Segmentalganglienzelle des Blutegels sogar so gewaltig, daß für diesen Versuch ein großer Transistor eigens hergestellt werden mußte. *Feuerte* das Neuron (als Ersatz für die Steuerelektrode) einen Spannungsimpuls auf die Gate-Elektrode, kam der Stromfluß im Transistor für diese kurze Zeit tatsächlich zum Erliegen. Das Neuron fungierte als biologischer Regler des Transistors, es zwang den metallischen Drähten ihren Rhythmus auf, den Rhythmus eines lebenden Systems. Anwendungen für diesen ersten *Neuro-Transistor* liegen auf der Hand: So kann die Erregung eines Neurons künftig sehr schonend gemessen werden, ohne die Zelle mit spitzen Elektroden zu verletzen. Bislang setzten Biophysiker stets Mikroelektroden ein, die in den Zellkörper eingestochen werden mußten. Die Versuche konnten daher immer nur sehr kurze Zeit dauern, weil die geschädigten Zellen nach wenigen Minuten zugrunde gingen. Das neue Verfahren läßt die empfindlichen Zellen viele Stunden und Tage am Leben.

Nervenzelle und Transistor tauschen „Informationen" aus. Ist das der Anfang von Gehirnprothesen?

Vorstellungen gehen dahin, die Nervenzellen auf einem Raster aus Transistoren wachsen zu lassen, auf dem viele miteinander verbundene Nervenzellen aufsitzen. Erregung und Signalausbreitung der auf dem Transistor befindlichen Nervennetze könnten dann genau registriert werden. Damit ließen sich zum Beispiel neue Einsichten gewinnen, wie ein Netz lebendiger Nervenzellen lernt, wie es Informationen verarbeitet – wichtige Erkenntnisse also im Dienste der Grundlagenforschung. Auf der anderen Seite zeigt dieser Versuch neue Verbindungsmöglichkeiten zwischen Nervensystem und Mikrosystem auf: Nervenzellen können nämlich auch direkt mit Transistoren, den Schaltstellen der Mikrochips, kommunizieren. Völlig ungelöst ist das Problem, für dauerhafte und gezielte Verbindungen zu sorgen.

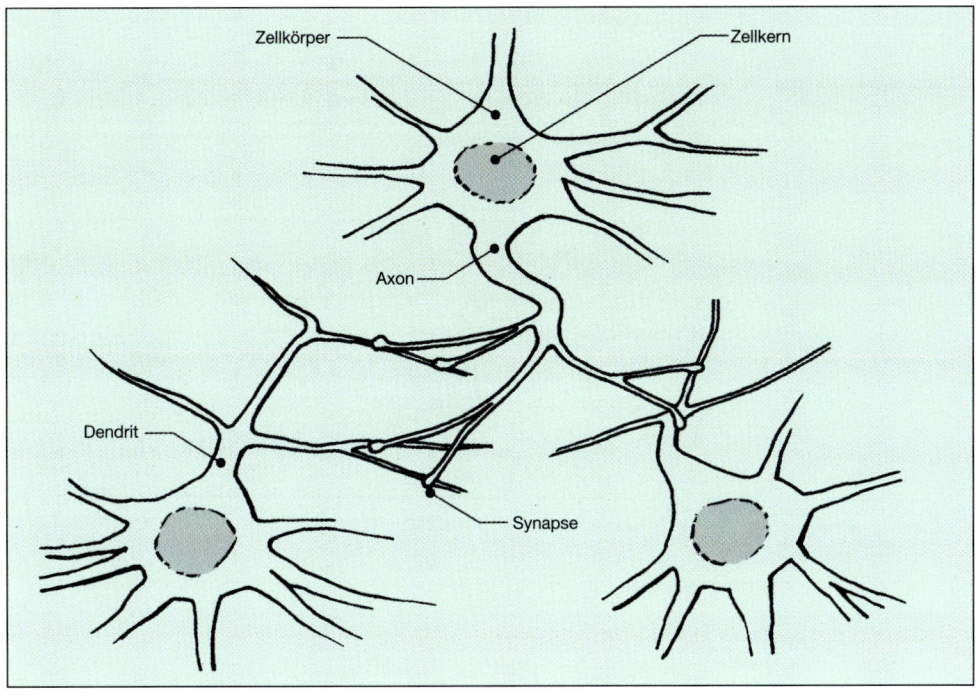

Informationsübertragung bei Nervenzellen

Nervenzellen tauschen Informationen aus: Dendriten sind die Antennen der Nervenzellen, Axone die Sendeanlagen. Die wirklichen Verhältnisse spiegeln sich in dieser Zeichnung allerdings nur sehr unvollkommen wider. Tatsächlich können bis zu 80 000 Synapsen auf einer einzigen Nervenzelle *andocken*. Jede dieser Nervenzellen fungiert in dieser Hinsicht als eine mikroskopisch kleine Rechenmaschine.

Mittlerweile wachsen ganze Kolonien von Nervenzellen auf biolelektronischen Chips. Amerikanische Wissenschaftler um Günter Gross ließen als erste einschichtige Lagen von Nervenzellen über Mikrochips wachsen. Schneckenfühlern gleich stülpen sie Axone aus, Dendriten und Synapsen; recht schnell entsteht ein dicht gewebtes Netz, das zu umfassender Kommunikation befähigt ist. Die Versuche markierten nur den Anfang, Nervenzellen im Verband gewissermaßen auszuhorchen. Am Lehrstuhl für Tierphysiologie der Universität Rostock befaßt sich Dieter Weiss ebenfalls mit neuronalen Netzwerken, die auf Chips

8. Welt der Nerven

Nervenzellen können direkt auf einem Transistor wachsen. Solche Ergebnisse eröffnen die Vision, daß sie auch im Rückenmark oder im Gehirn Kontakt mit den Mikrochips suchen.

angezüchtet werden. Die Forscher experimentieren vor allem mit Rückenmarkszellen von Mäusen, die einen mehrschichtigen Zellverband von rund 1 000 Zellen bilden können und bei schonender Behandlung neun Monate lang lebensfähig sind. Solche Biochips haben aus Sicht der Neurowissenschaftler den Vorteil, daß die Kommunikation kleinerer und isolierter Nervenzellverbände besser zu verfolgen ist als das hochkomplexe Ursprungsorgan, aus dem diese Zellen stammen.

Neuronales Feuer: Zellen geben Signale

Nervensysteme arbeiten im Gegensatz zu den binären Computern mit analogen Signalen. *Analog* bedeutet, daß ein elektrisches Signal einer anderen physikalische Größe direkt entspricht. Ein Mikrophon zum Beispiel verwandelt die Schallwellen in Stromschwingungen. Je lauter der Schall, desto höher die Spannung. Nervenzellen arbeiten analog, weil sie physikalische Größen wie Licht, Schall oder Muskelkraft mit der Impulsfrequenz abbilden: Je höher die Lichtintensität, die auf eine Sehzelle der Retina trifft, desto mehr Impulse feuert das Stäbchen ab. Je höher die Impulszahl einer motorischen Nervenzelle, desto mehr zieht sich der angesteuerte Muskel zusammen. Möglich wird die analoge Aufbereitung von Daten durch das Zusammenwirken verschiedener Eigenschaften, die allesamt innerhalb der Nervenzelle zu suchen sind. Die Aktivierungsfunktion der Nervenzellmembran spielt dabei eine wichtige Rolle. Kurz aufeinanderfolgende Impulse einer Synapse können zum Beispiel in einen einzigen Impuls umgeformt werden, wenn die Zellmembran im Bereich des Nervenzellkörpers nur lang anhaltende Impulse zuläßt. Auf diese Weise gehen kurz aufeinanderfolgende Impulsereignisse im Antwortverhalten der Nachbarzelle unter. Die Entladung breitet sich nun über die Membran des Nervenzellkörpers aus und trifft am Übergang zwischen *Soma*, dem Hauptzellkörper, und Axon auf den *Initialzylinder* des Axons, wo schon wieder andere Bedingungen den weiteren Verlauf des Signals beeinflussen. Es kann zu einer erneuten Unterdrückung des Signals kommen, wenn ein bestimmter Schwellenwert unterschritten bleibt. Die Folge davon ist, daß aus dem ursprünglichen Feuerwerk von Impulsen kein Signal übrigbleibt, das in das Axon der Nervenzelle gelangt. Aus vielen hundert Impulsen, die anfangs auf die Nervenzelle trafen, ist in unserem Beispiel durch nur zweimalige Transformation innerhalb der Nervenzelle ein *Nullsignal* entstanden. Die Synapsen am Ende des Axons, die weitere Weichenstellungen hätten vornehmen können, bleiben stumm.

Die beschriebenen Membraneigenschaften ändern sich fortlaufend, denn die Muster von Impulsen, die eine Nervenzelle durchlaufen, nehmen ständig Einfluß auf das Antwortverhalten der Neuronen. Schließlich greifen auch die Synapsen in dieses Regelspiel ein: Sie verändern ihre synaptischen *Gewichtungen*, das heißt die einzelnen Verbindungsstärken der Synapsen. Eine Synapse kann demnach Impulseingänge gezielt gewichten, wobei es für den weiteren Verlauf des Impulsgeschehens darauf ankommt, ob der *Schwellenwert* der benachbarten Nervenzelle über- oder unterschritten wurde.

Doch das sind längst nicht alle Regelungsmöglichkeiten im Zusammenspiel eines Verbandes von Nervenzellen. Eine einzelne erregende Synapse ist vielleicht nicht in der Lage, die benachbarte Nervenzelle zu einem Aktionspotential zu bringen. Was jedoch eine einzelne Verbindung nicht leistet, erreichen viele in Zusammenarbeit, indem sie die Zelle zeitgleich oder in genügend kurzen Abständen reizen: Man spricht von *zeitlicher* oder *örtlicher Summation*. Aber auch eine einzelne Synapse kann in schneller Folge Impulse generieren und damit zu einer Erregung der mit ihr

> Das Impulsgeschehen in einem Nervengeflecht ist ein außerordentlich vielschichtiger Vorgang, bei dem hemmende und erregende Synapsen in ständiger Konkurrenz gegeneinander arbeiten; alle Effekte sind Ergebnis eines komplizierten Wechselspiels.

8. Welt der Nerven

verbundenen Nervenzelle führen. Zum Beispiel bei hohen Intensitäten eines Reizes: Helligkeit des Lichtes, Lautheit eines Tons, hohe Temperatur auf der Haut. Da die Membran einer Nervenzelle relativ träge ist, addieren sich die einzelnen, von der Synapse in rascher Folge ausgelösten Depolarisationen, so daß der Schwellenwert der nachfolgenden Nervenzelle durch zeitliche Summation überschritten wird. Mit dieser Strategie verfolgt das Nervensystem eine dynamische Anpassung an die Umwelt und Innenwelt, die wir bisher nur in ersten Ansätzen verstehen.

> Ein neuronales Netz darf kein starres Programm besitzen, das von der implantierten Hardware abgearbeitet wird. Es wäre der Dynamik der Nervenzellen nicht gewachsen.

Wer nur einen Kubikmillimeter an Nervengewebe mit seinen dendritischen Verzweigungen, Axonen und Synapsen aus dem Zentralnervensystem herausgreift, wird mit einer unermeßlichen Flut von Impulsen konfrontiert: Millionen von Synapsen mit unterschiedlichsten Transmittern, Erregungszuständen und Verschaltungen kommunizieren in undurchschaubarer Weise. Manche Neuronen reagieren mit 300 Impulsen pro Sekunde, um im nächsten Moment völlig zu verstummen, bis das Spiel von neuem beginnt. Im Verband von 100 Milliarden Nervenzellen, die unser Gehirn repräsentieren, können Erklärungsversuche auch in den nächsten Jahrzehnten nur an der Oberfläche des „kompliziertesten Gebildes in unserem Universum", unserem Gehirn, kratzen. Zwar lassen sich die einzelnen chemischen und biophysikalischen Gesetze im neuronalen Impulsgeschehen einer oder weniger Nervenzellen befriedigend erklären, doch in der Gesamtheit des neuronalen informationsverarbeitenden Netzes präsentiert sich das zentrale Nervensystem als wenig entschlüsseltes System.

Der Bielefelder Mathematiker und Chaosforscher Andreas Dress hat einmal die Nervenzellen in ihrem Zusammenspiel mit den Musikern eines großen Orchesters verglichen. Keiner der (neuronalen) Musiker verfügt über Noten oder weiß, welches Stück überhaupt gespielt werden soll. Auch fehlt die leitende Hand eines Dirigenten. Zunächst herrscht natürlich ein ungeheures Chaos, denn

Neuronales Feuer: Zellen geben Signale

jeder Musiker wird von seinem künstlerischen Ehrgeiz getrieben, so daß ein grauenvolles Wirrwarr schrecklicher Töne entsteht. Instrumente werden durcheinander gespielt, und niemand glaubt noch an eine Symphonie. Nach einiger Zeit nimmt das anfängliche Chaos allmählich ab, einzelne Neuronen beginnen, sich aufeinander abzustimmen: Kleine harmonische Parzellen entstehen, in denen sich die anfänglichen Dissonanzen fortwährend glätten. Der Wohlklang zieht immer größere Kreise, erfaßt immer mehr (neuronale) Musiker, bis nur noch wenige falsche Töne zu vernehmen sind, und plötzlich, am Ende dieser wie von Geisterhand gesteuerten Einstimmung, ertönt ein imposantes Konzert voller Harmonien – mit immer neuen Variationen, die auf keinem Notenblatt zu finden sind.

Dieses Bild beschreibt die Arbeitswelt der Nervenzellen im Gehirn vortrefflich, denn auch sie müssen sich erst einmal einspielen. Das gemeinsame Spiel, in dessen Verlauf eine Symphonie erwächst, ist nämlich nichts anderes, als die Suche nach einer adäquaten Reaktion auf die Umwelt. Ein Reiz-Reaktions-Muster mit eingebauter Kreativität, um auf immer neue Herausforderungen als Ganzes zu reagieren.

Lernprozesse brauchen Zeit, vor allem für die vielen Wiederholungen, denn jedes neuronale Netz verbessert seine Leistungen nur Schritt für Schritt mit den gemachten Erfahrungen. Gewichtungen zwischen den Neuronen werden dabei gebildet, Lerninhalte manifestieren sich, Fehler verschwinden. Wie so etwas funktioniert, läßt sich am besten bei Kindern abschauen. Wie lange dauert es, bis ein Kleinkind Arme, Beine und Oberkörper koordinieren kann. Auch künstliche neuronale Netze müssen Lernprozesse absolvieren. Lernphasen dieser Art werden Patienten, die eine neuronale Prothese erhalten, natürlich ebensowenig erspart bleiben: Nach dem operativen Einbau einer neuronalen Prothese kommt zwangsläufig die Phase der Neurorehabilitation, und das bedeutet Training für das

> Der überwiegende Teil der neuronalen Struktur des menschlichen Gehirns wird erst nach der Geburt gebildet. Das Netzwerk der Nerven eines Neugeborenen wird unter dem Einfluß der Umwelt strukturiert.

8. Welt der Nerven

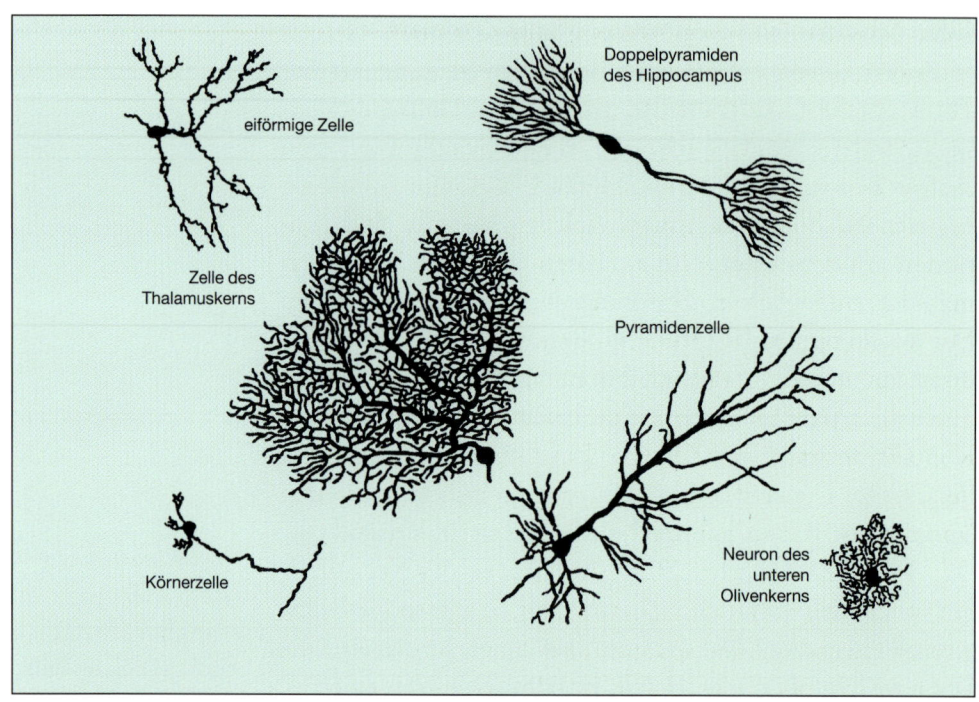

Feuerwerk der Formenvielfalt

Nervenzellen des Gehirns besitzen als reich verzweigte Gebilde auch ästhetische Attribute. Die strukturelle Vielfalt der Neuronen dient dem Aufnehmen, Verarbeiten, Speichern und Abrufen von Informationen. Letztlich ebnen die mikroskopisch kleinen *Computer* den Weg zum Bewußtsein.

neuronale Netz, das nun alles aufarbeiten muß, was mit der Zerstörung des biologischen Systems verlorengegangen ist.

Auch ein Mensch ordnet das Netzwerk seiner Nerven unter dem Einfluß von Umweltreizen. Das bekannteste Beispiel kommt aus China. Hört ein Mensch während der ersten zwei Lebensjahre niemals den Buchstaben „r", wie das in der asiatischen Kulturwelt geschieht, hat er die Fähigkeit „fül immel vellolen". Die plastische Phase des Gehirns, in der wesentliche Voraussetzungen für spätere kognitive Leistungen durch „Verdrahtung" der Synapsen geschaffen werden, erstreckt sich beim Menschen über einen Zeitraum von ein bis eineinhalb Jahren. Danach, als Kleinkind, Jugendlicher und Erwachsener, lernt der Mensch im wesentlichen nach anderen Prinzipien: durch Aktivierung bestehender Kontakte, indem die Membraneigenschaften der Nervenzellen und die Gewichtungen bestehender Synapsen verändert werden.

Neuroprothetik: Gegenwart und Zukunft

Der kurze Einblick in die komplizierte Welt der Nerven konnte sicher deutlich machen, daß neuronale Prothesen in ihrer Konzeption bestimmte Rahmenbedingungen erfüllen müssen. Sie müssen an der richtigen Stelle Informationen aus dem biologischen System ableiten, ihre informationsverarbeitende Struktur – ihre Analyse- und Mustererkennungsfähigkeiten – muß der Struktur des zu ersetzenden biologischen Systems ähnlich sein, und sie muß ihr Analyseergebnis durch einen biotechnischen Kontakt am richtigen Ort, in der geeigneten, biologisch verständlichen Form an das Nervengewebe stimulierend zurückgeben. Eine Gehprothese, die zum Beispiel die Arbeit eines zerstörten Rückenmarks bei Querschnittsgelähmten übernehmen soll, wird diese Aufgabe kaum mit wenigen technischen Neuronen bewerkstelligen können, wenn im biologischen Vorbild – dem Rückenmark – Millionen von Zellen in hochparallelisierten Prozessen zusammenarbeiten. Selbstverständlich sind in der Prothetik auch Vorstufen denkbar, die nicht mit der Perfektion des biologischen Vorbilds konkurrieren können – und es ist sicher auch berechtigt, diese prothetischen Prototypen einzusetzen, wenn sie dem Patienten eine Linderung seines Leidens verschaffen. Ethikkommissionen, die solche Versuche zu beurteilen haben, stehen hier vor ganz neuen Fragestellungen: Verändern solche Prothesen die Persönlichkeit des Patienten? Rechtfertigt die vielleicht nur unvollkommene Wiederherstellung die Gefahr noch unbekannter Nebenwirkungen der Therapie? Wo liegt die Grenze zwischen Mensch und Maschine?

Mit der Zeit werden immer bessere neuronale Netze möglich sein, die mehr und mehr Regionen in Gehirn und Rückenmark ersetzen können, bis irgendwann einmal das heute Unvorstellbare erreicht ist, daß Mikroprozessoren den gesamten menschlichen Geist *beherbergen* können.

8. Welt der Nerven

Neuronale Prothetik kann eventuell die menschliche Psyche beeinflussen und birgt die Möglichkeit, unseren Geist vom Körper abzukoppeln.

Wenn der Geist nicht nur auf einem biologischen, sondern auch auf einem technischen Träger laufen kann, wird eine ohnehin fundamentale Frage neu gestellt werden müssen: Was ist Leben? Seit Erfindung der Wissenschaft im 17. Jahrhundert streiten sich die Gelehrten über die Definition von Leben. Dem Leben wohnt zweifellos eine natürliche Aggression inne, sich zu vermehren und das Leben zu verlängern. Welche Rolle der Mensch in diesem Spiel künftig einnimmt, bleibt völlig offen. Sollte es tatsächlich möglich werden, den menschlichen Geist von seiner materiellen Existenz – seinem Körper – abzukoppeln und auf einem neuronalen Netzwerk laufen zu lassen, ist diese Geistmaschine dann immer noch ein Mensch oder eine skurrile Facette elektronischer Datenverarbeitung – eine geistreiche Computersimulation? Zweifel dürften aufkommen, wenn dieser Mikroprozessor von Wünschen und Träumen erzählt, die auch unsere Wünsche und Träume sind. Haben die Religionen dieser Welt nicht immer von dieser Vision geträumt, als sie die Unsterblichkeit der Seele als göttliche Belohnung entwarfen? Und auch Atheisten dürften sicher Spaß an dieser Vorstellung haben. Der russische Kosmonaut Jurij Gagarin spöttelte 1961 bei seinem ersten Flug im Kosmos, er könne von seiner Raumkapsel aus den lieben Gott nicht finden. Daß der Himmel in Wahrheit viel kleiner ist, als Astronauten manchmal meinen, konnte der Raumfahrer noch nicht ahnen. Eröffnen künstliche neuronale Netze die theoretische Möglichkeit, die Ewigkeit in einem Mikroprozessor zu verankern und geistige Unsterblichkeit herzustellen? Wir sollten zumindest darüber nachdenken!

Gibt es bereits Prothesen, die mit dem Nervensystem des Menschen kommunizieren? Bei welchen Krankheiten können die Geräte zum Einsatz kommen? Warum versagen die neuronalen Krücken vorerst noch als Gehhilfe für Querschnittsgelähmte? Wie wird eine Blasenlähmung üblicherweise behandelt, und weshalb ist die Entwicklung eines lernfähigen Blasenimplantats notwendig? Was macht gerade die Impulsgeber bei den Hörgeschädigten am erfolgreichsten? Ist es ein Unterschied, ob die neuronalen Hörprothesen die Hörnerven im Innenohr reizen oder direkt das Gehirn?

9

Neuroprothesen im medizinischen Einsatz

Weitgehend der öffentlichen Aufmerksamkeit entgangen ist die Tatsache, daß mikroelektronische Implantate im Bereich von Gehirn, Rückenmark, spinalen und peripheren Nerven schon heute bei etwa 20 Symptomen und Krankheitsbildern Anwendung finden. Seit fünf Jahren wird diese Therapie im Rahmen neurochirurgischer Behandlung mit zunehmender Häufigkeit eingesetzt. Bei der zur Zeit implantier-

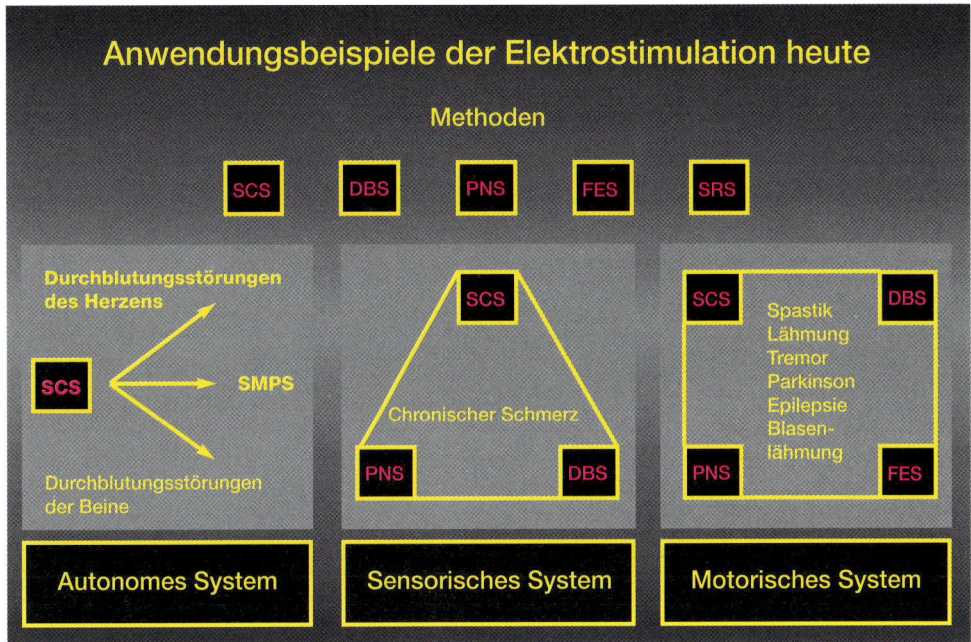

Heute in der Neurochirurgie angewandte Stimulationsverfahren

Schon heute können etwa 20 verschiedene Erkrankungen durch elektrische Stimulation von Gehirn, Rückenmark oder peripheren Nerven gebessert oder geheilt werden. Folgende Methoden stehen dabei zur Verfügung: SCS (*Spinal Cord Stimulation*): Rückenmarkstimulation; DBS (*Deep Brain Stimulation*): Tiefenhirnstimulation; PNS (*Peripheral Nerve Stimulation*): Periphere Nervenstimulation; FES (*Focal Electro Stimulation*): gezielte Stimulation motorischer Nerven; SRS (*Sacral Root Stimulation*): Stimulation sakraler Rückenmarksnerven. Die behandelten Krankheitsbilder betreffen dabei alle funktionell wichtigen Teile des Nervensystems: autonomes, sensibles und motorisches System. Krankheitsbilder und mögliche elektrostimulatorische Behandlung sind in dem Diagramm zusammengestellt.

9. Neuroprothesen im medizinischen Einsatz

ten Elektronik handelt es sich dabei ausschließlich um einfache, *unidirektionale* Makroelektrodensysteme, die nur stimulieren ohne zu registrieren, unter Verwendung sequentieller Mikroprozessoren. Die implantierte Technologie ist mit wenigen Ausnahmen dabei auf einem Stand von vor 20 bis 25 Jahren.

Heute können Krankheitsbeschwerden durch elektrische Stimulation der entsprechenden Nerven gelindert werden.

Mit in wenigen Variationen vorliegenden Elektrodensystemen zur Herstellung eines biotechnischen Kontakts wird die Stimulation von tiefliegenden Hirnstrukturen (Basalganglien zur Parkinson-Therapie) durchgeführt, die Stimulation des Rückenmarks (Hinterstränge des Rückenmarks zur Therapie chronischer Schmerzen, von Durchblutungsstörungen in den Beinen und weiterer Krankheitsbilder), die Stimulation der untersten Rückenmarksnerven (motorische, sakrale Spinalnerven zur Behandlung der querschnittsgelähmten Blase), die Stimulation des Hörnervs (Schnecke, zur Therapie der Innenohrtaubheit) und die Stimulation von peripheren Nerven zur Wiederherstellung von Teilfunktionen gelähmter Extremitäten. Weitere, mit der Elektrostimulation behandelte Krankheiten sind Herzrhythmusstörungen – der Herzschrittmacher ist das am längsten benutzte mikroelektronische Implantat –, die Stimulation des Atmungsnervs (Nervus phrenicus) bei Schädigungen des Atemzentrums im unteren Hirnstammbereich und die Stimulation des Magennervs (Nervus vagus) bei Magenschleimhautentzündungen infolge einer verminderten Sekretion von Magensaft.

Diese Therapieverfahren werden mit klassischen sequentiellen, zumeist einkanaligen Mikroprozessoren durchgeführt. Hierbei lassen sich meistens folgende Parameter programmieren: Auswahl der Elektroden bei Elektrodenträgern mit Mehrfachkontakten, Anzahl der Stimulationen pro Sekunde, Form des Stimulationsimpulses, Stimulationsart (monopolar, bipolar, tripolar), Impulsdauer in Mikrosekunden, Impulsstärke als Spannungsausgang

Fallbeispiel Phantomschmerzen

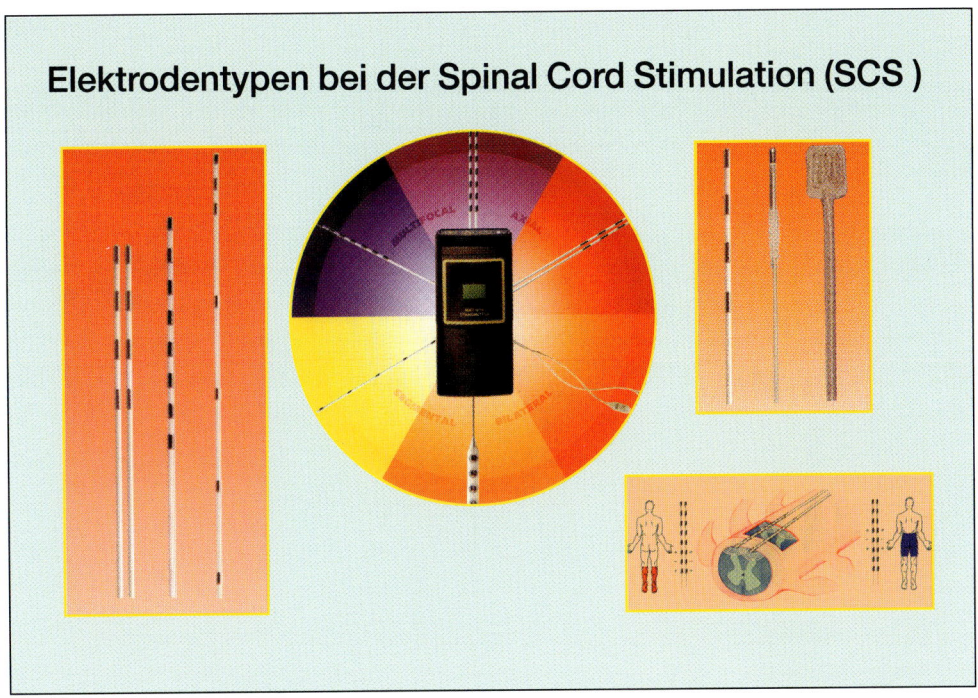

Elektrodentypen bei der Spinal Cord Stimulation (SCS)

in Volt und Ein-/Ausschaltphasen des Stimulators (zum Beispiel zwei Stunden stimulieren, dann für vier Stunden ausschalten, dann wieder zwei Stunden stimulieren und so weiter). Im Folgenden werden einige der heute angewandten Stimulationsverfahren exemplarisch dargestellt.

Fallbeispiel Phantomschmerzen

Herr JS, 37 Jahre alt, hatte vor 14 Jahren einen Arbeitsunfall. Als Arbeiter an einer Metallschneidemaschine wurde sein linker Arm von der Maschine erfaßt und von der Hand bis zum Schultergelenk in vier Streifen geschnitten. Der Arm war nicht mehr wiederherzustellen und mußte amputiert werden. Vier Wochen nach der Amputation bemerkte der Patient erstmals Schmerzen im Bereich der nicht mehr vorhandenen Finger und des Unterarms. Diese sogenann-

Für die Rückenmarkstimulation verwendete elektronische Komponenten

Unterschiedliche Elektrodentypen und Stimulatoren stehen für die Rückenmarkstimulation zur Verfügung. Abgebildet sind Systemkomponenten der Firma Neuromed.

9. Neuroprothesen im medizinischen Einsatz

ten *Phantomschmerzen* an amputierten Gliedmaßen sind ein bekanntes Phänomen. Die Nervenzellen, die Schmerzen an das Gehirn weiterleiten, finden sich im hinteren Teil des Rückenmarks und registrieren Schmerzphänomene aus der Peripherie wie Armen und Beinen. Die Natur hat für diese Nervenzellen einen sinnvollen Mechanismus eingerichtet: Wenn sensible Informationen aus der Körperperipherie eintreffen, die für unsere Aktivitäten eine wichtige, unmittelbare Bedeutung haben, werden die Zellen, die Schmerz weiterleiten durch die elektrische Aktivität dieser Nervenfasern gehemmt.

Phantomschmerzen können stark gemindert werden, indem man die Transportbahnen sensibler Empfindungen stimuliert.

Wichtiger als die Information „Schmerz" ist für uns Druck, Berührung und Vibration (zum Beispiel bei herannahendem Lastwagen). Diese sensiblen Qualitäten hemmen besonders die Schmerzweiterleitung. Auch andere Sinnesqualitäten, aber auch Aufmerksamkeitsreaktionen unterdrücken die Schmerzempfindung. Wir alle kennen die Berichte von Soldaten, die im Krieg eine schwere Verwundung erlitten, aber zunächst ohne Schmerzempfindung „weiterstürmten", weil es um ihr Leben ging – Schmerzempfindung wäre für das Überleben des Soldaten in diesem Augenblick nur hinderlich gewesen. Nach Amputation einer Gliedmaße erreichen die Schmerz weiterleitenden Projektionsneuronen im Rückenmark plötzlich keinerlei Impulse mehr aus der fehlenden Extremität. Die hemmenden Signale für diese Nervenzellen fehlen. So kommt es, daß die Projektionsneuronen sich selbständig machen und, ohne daß Schmerzen vorliegen, anfangen zu „feuern". Dieses Feuern nimmt das Gehirn als Schmerz wahr. Das Behandlungsprinzip der Phantomschmerzen mit Hilfe eines mikroelektronischen Implantats basiert darauf, daß die Nervenzellfortsätze der sensiblen Oberflächenqualitäten (Druck, Berührung, Vibration) an der Rückseite des Rückenmarks entlang bis zum Gehirn „hochlaufen". In jeder Höhe des Rückenmarks geben sie sogenannte *hemmende Kollateralen* an die schmerzleitenden Projektionsneu-

Fallbeispiel Phantomschmerzen

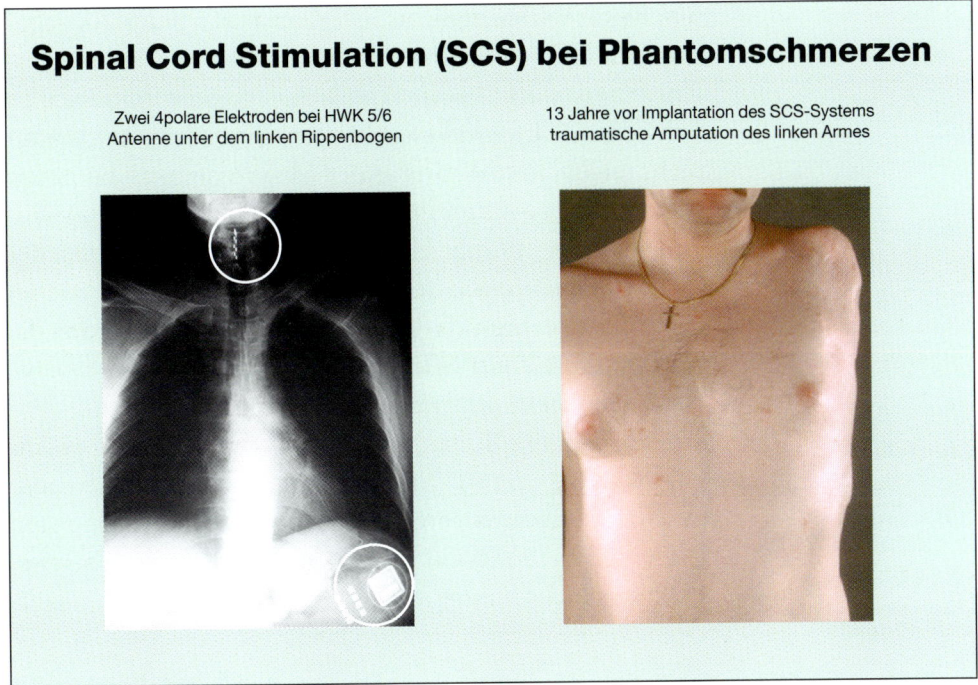

Spinal Cord Stimulation (SCS) bei Phantomschmerzen

Zwei 4polare Elektroden bei HWK 5/6
Antenne unter dem linken Rippenbogen

13 Jahre vor Implantation des SCS-Systems
traumatische Amputation des linken Armes

Patient mit Phantomschmerzen

Links ist das wegen Phantomschmerzen nach Armamputation implantierte SCS-System eines Patienten auf dem Röntgenbild zu sehen: Im Bereich des Halsrückenmarks, innerhalb der Wirbelsäule, befinden sich 8 Elektroden, deren Anschlußkabel bis zur linken seitlichen Thoraxwand führen. Dort wurde der Stimulator implantiert. Auf der rechten Seite ist der Oberkörper des Patienten zu sehen nach Implantation des Stimulationssystems.

ronen ab. Wenn man also diese *Hinterstrangbahnen* (so heißen die „Kabelbäume", in denen die sensiblen Impulse aus der Körperoberfläche transportiert werden) elektrisch stimuliert, werden die Aktionspotentiale der angeregten Nervenfasern über die erwähnten Kollateralen die schmerzleitenden Projektionsneuronen hemmen. Das Gehirn wird keinen Schmerz mehr wahrnehmen.

Bei Herrn JS war es allerdings noch nicht soweit, daß ihm geholfen werden konnte. Er wurde von Mitte der achtziger Jahre bis Anfang der neunziger Jahre zunächst sechs-

9. Neuroprothesen im medizinischen Einsatz

mal wegen Narbengeschwülsten im Bereich des Amputationsstumpfes operiert, ohne daß diese Maßnahmen zu einer Besserung seiner Schmerzen geführt hätten. Die Schmerzen hatten im Gegenteil im Laufe der Jahre immer mehr zugenommen. Auf einer Skala von null bis zehn, wobei null keine Schmerzen bedeutet und zehn unerträgliche Schmerzen, gibt Herr JS Anfang der neunziger Jahre eine Stärke von neun an.

Ein Rückenmarkstimulator wird dort implantiert, wo die schmerzhaften Phantomsegmente liegen. Die jeweilige Stimulationsform kann dann die Projektionsneurone im Rückenmark hemmen.

Mitte der neunziger Jahre war es dann soweit, daß die Implantation eines Rückenmarkstimulators (SCS: *Spinal Cord Stimulator*) geplant wurde. Die vorausgehende Diagnostik mit einer Kernspintomographie, bei der Wirbelkanal und Rückenmark dargestellt werden, um abzuschätzen, ob diese Strukturen genügend Platz bieten, die Elektroden implantieren zu können, ergab einen überraschenden Befund: In Höhe eines der Rückenmarkssegmente, die für die Phantomschmerzen des Patienten zuständig waren, fand sich ein Bandscheibenvorfall. Neben Schmerzen führt ein Bandscheibenvorfall bei den Betroffenen zu Gefühlsstörungen und Lähmungserscheinungen. Beides war bei Herrn JS jedoch nicht feststellbar, da er ja keinen Arm mehr hatte. Es wurde zunächst also der Bandscheibenvorfall operiert. Die Schmerzen im Bereich des fehlenden linken Daumens ließen nach der Operation sofort nach. In den übrigen Fingern und dem Unterarm waren die Schmerzen in unveränderter Stärke vorhanden. Deshalb wurde Herrn JS ein halbes Jahr nach der Bandscheibenoperation ein SCS-System zur Stimulation der Rückenmarkhinterstränge im Bereich der Halswirbelsäule implantiert.

Fünf der acht implantierten Elektroden dienten dazu, innerhalb der schmerzhaften Phantomsegmente durch die Stimulation den Bereich der fehlenden linken Hand und des fehlenden linken Unterarms abzudecken. Die Impulsform war ein biphasischer Rechteckimpuls, die Impulsdauer 225 Mikrosekunden, die Frequenz 180 pro Sekunde und die Spannung 2,4 Volt. Herr JS stimulierte jeweils

Fallbeispiel Phantomschmerzen

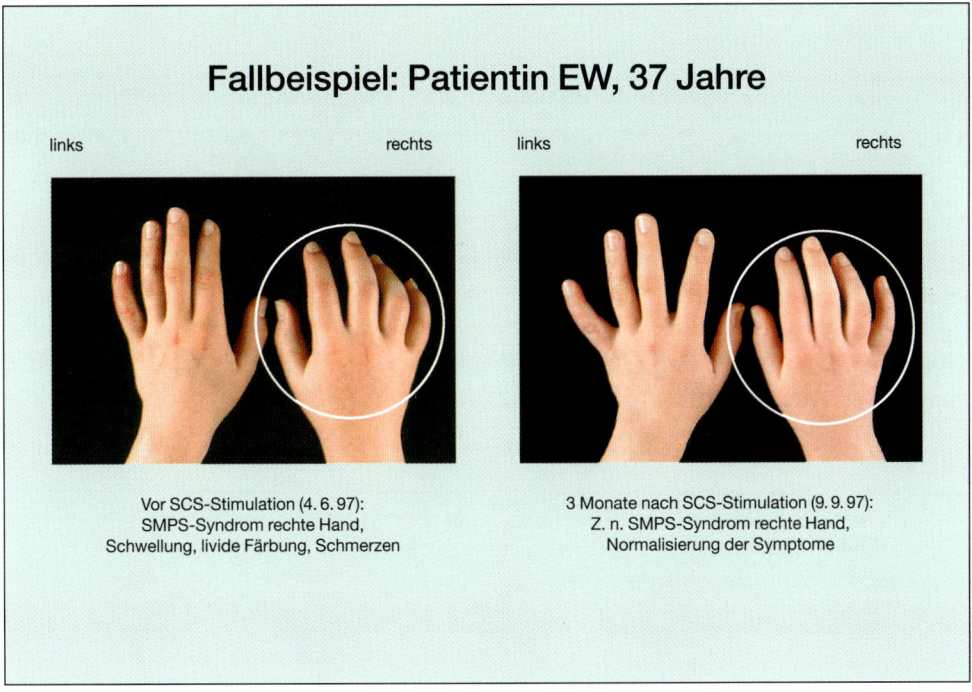

Fallbeispiel: Patientin EW, 37 Jahre

Vor SCS-Stimulation (4.6.97):
SMPS-Syndrom rechte Hand,
Schwellung, livide Färbung, Schmerzen

3 Monate nach SCS-Stimulation (9.9.97):
Z. n. SMPS-Syndrom rechte Hand,
Normalisierung der Symptome

Sogenanntes *SMPS-Syndrom*
vor (links) und nach (rechts) halbjähriger Stimulation der Schaltzentrale des sympathischen Nervensystems im Rückenmark der oberen Brustwirbelsäule. Die rechte Hand der Patientin ist nach einer Verletzung von Nerven im Schulterbereich geschwollen, glänzend bläulich verfärbt und sehr schmerzhaft aufgrund einer Überfunktion von sympathischen Nervenfasern. Nach Implantation eines Neurostimulators und halbjähriger Anwendung desselben sind Schwellung und bläuliche Verfärbung zurückgegangen. Die Patientin ist schmerzfrei; SMPS: Schmerzsyndrom durch N. Sympathicus ausgelöst.

15 Minuten und machte 45 Minuten Stimulationspause. Durch diese Stimulationsform konnten die Projektionsnervenzellen im Rückenmark „umprogrammiert" werden. Drei Monate nach Implantation des SCS-Systems nahm er zunächst halbtags seine Arbeit wieder auf, nach zwei Jahren der Arbeitsunfähigkeit. Inzwischen arbeitet er wieder ganztags und gibt auf der Schmerzskala noch Schmerzen von ab und zu eins bis zwei an. Er kann wieder so gut wie schmerzfrei leben.

9. Neuroprothesen im medizinischen Einsatz

Die Stimulation des Rückenmarks eignet sich nicht nur, um Phantomschmerzen zu behandeln, sondern hat auch eine sehr hohe Erfolgsquote bei Durchblutungsstörungen des Herzens, die weder durch Medikamente noch durch eine Bypassoperation behandelbar sind; darüber hinaus ist sie einsetzbar bei Durchblutungsstörungen der Arme und Beine und bei Fehlfunktionen des sympathischen Nervensystems, wie sie nach Knochenbrüchen im Bereich von Armen und Beinen auftreten.

Prothesen zeigen Muskeln

Neuronale Prothesen, die Muskeln in Bewegung versetzen können, gehören zweifellos zu den ganz großen Herausforderungen, und viele Menschen dürften an ein *Wunder* glauben, wenn sie Querschnittsgelähmte sehen, die sich aus dem Rollstuhl erheben und umherlaufen, als wäre nichts geschehen.

Wir bewegen uns mit Hilfe von Muskeln, die durch Nervenimpulse zur Kontraktion angeregt werden.

Jeder Muskel besteht aus mehreren hunderttausend einzelnen Muskelfasern, 10 bis 100 Mikrometer dicken Proteinsträngen, die oftmals den Muskel in seiner ganzen Länge durchziehen. Im Inneren bestehen die Muskelfasern aus sogenannten Myofibrillen, einer Art *Doppelgestänge* aus den Proteinen Aktin und Myosin, die aneinander vorbeigleiten können und die Muskelfaser dabei verkürzen. Die an den Knochen ansetzenden Skelettmuskeln gelten als die Motoren unserer Bewegungen. Durch die fein abgestimmte Kontraktion einzelner Muskeln wird der Winkel der Knochen verändert, ebenso durch Kontraktion sogenannter *Antagonisten* die ursprüngliche Position wiederhergestellt.

Das Kommando für die Stärke der Kontraktion, aber auch für den richtigen Zeitpunkt, kommt selbstverständlich aus dem Gehirn, das die Informationen über die Nervenfasern zu den Muskeln schickt. Eine Nervenfaser (Motoneuron) versorgt dabei 100 bis 200 Muskelfasern

Prothesen zeigen Muskeln

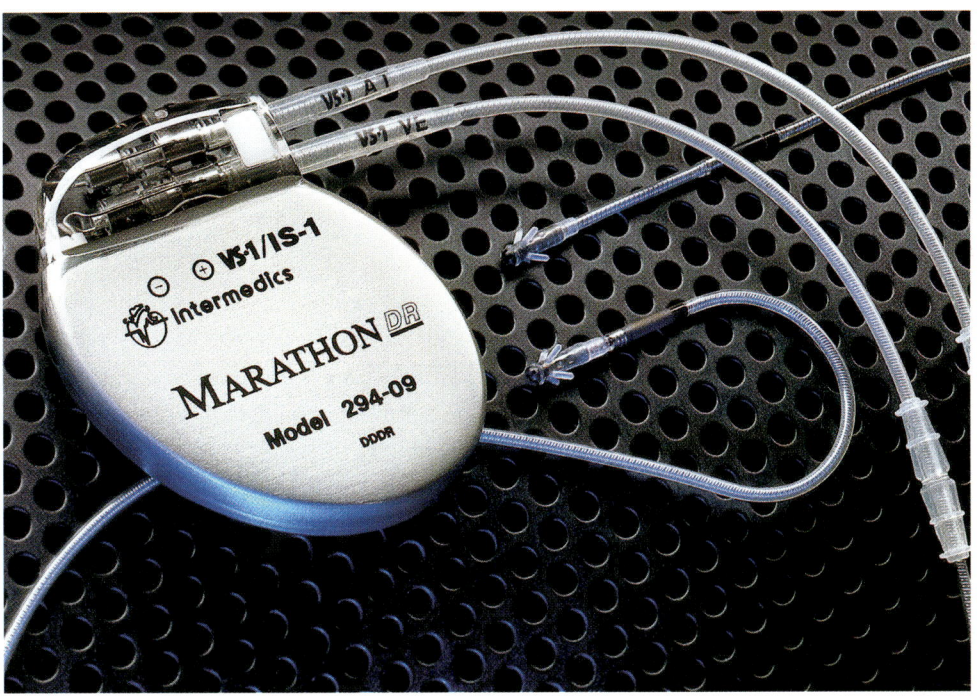

gleichzeitig. Man bezeichnet diese Verbindung als *motorische Einheit*. Mit der Anzahl der motorischen Einheiten und mit der Frequenz ihrer Kontraktionen können die Nervenimpulse eine abgestufte Muskelkraft erzeugen, letztlich die Basis feinmotorischer Bewegungen. Mikroskopisch gesehen, verzweigen sich die Nervenfasern vor dem Muskel in vielzählige Nervenäste. Das Ganze sieht aus, als würde ein Baum auf dem Kopf stehen. Die in den Ästen einlaufenden elektrischen Impulse werden auf diese Weise hundertfach verzweigt, bevor sie die entsprechenden Muskelfasern erreichen. Am Ende jeder Verzweigung verwandelt eine Synapse den einlaufenden elektrischen Impuls: Chemische Botenstoffe werden ausschüttet, und diese wiederum lösen die Kontraktion der Muskelfasern aus. Die Muskeln setzen sich in Bewegung.

Aus dem Bombardement der Nervenimpulse resultieren keineswegs heftige, unkontrollierte Aktionen, sondern

Herzschrittmacher
Als neuronale Prothese können Herzschrittmacher zwar nicht bezeichnet werden, gleichwohl haben diese Geräte als erste die Elektrizität als „Medium der Kommunikation" verwendet. Größe: 1,3-fach (Bild: Sulzer medica GmbH)

9. Neuroprothesen im medizinischen Einsatz

feine, abgestimmte und abgestufte Bewegungen. Die Impulsfrequenz ist hier der eigentliche Schlüssel für die Bewegungssteuerung. Zehn Impulse pro Sekunde führen lediglich zu separaten Muskelkontraktionen einzelner, aber nicht aller Fasern, die von dem entsprechenden Motoneuron versorgt werden. Bei zwanzig Impulsen pro Sekunde verschmelzen die Muskelkontraktionen allmählich, eine Tendenz, die bei fünfzig Entladungen pro Sekunde weiterhin zunimmt. Achtzig Impulse schließlich lösen eine einheitliche, kräftige Kontraktion aller versorgten Muskelfasern aus. Die Frequenz der Nervenimpulse ist letztlich das Maß für die Art und Intensität der Muskelkontraktion. Auf diese Weise kann eine einzige Nervenzelle, die beispielsweise 200 Muskelfasern mit elektrischen Informationen versorgt, allein über die Frequenz ihrer Entladungen ein fein abgestimmtes Arrangement von Bewegungsabläufen verwirklichen. Ein großer Muskel wie der Bizeps zum Beispiel wird aber von Tausenden von Nervenfasern versorgt, die wiederum Tausende von einzelnen Fasern in diesem Muskelpaket ansteuern. Diese vielschichtige Anatomie macht verständlich, daß selbst ein Muskelprotz wie der Bizeps Millimeterarbeit leisten kann. Alle Bewegungen der Arme, der Beine, der Finger und Zehen resultieren aus dem Zusammenspiel vieler verschiedener Muskeln.

Jeder Gymnasiast kennt aus dem Biologieunterricht die Wechselwirkung zwischen Nerven und Elektroden. Im Schulversuch werden isolierte Nerven auf dünne Metalldrähte gelegt, durch die kleine elektrische Ströme impulsartig fließen. Ein zweiter Metalldraht, der wenige Zentimeter davon entfernt ebenfalls auf dem Nerv aufliegt, greift die von der ersten Elektrode übertragenen Nervenimpulse wieder ab. Und wie alle Schülerinnen und Schüler wissen: Es funktioniert tatsächlich, die Nervenfaser übernimmt die Rolle des Stromkabels. Dieser mittlerweile klassische Versuch ist heute Grundlage eines Verfahrens, das Millionen Menschen überleben läßt. Wenn

Prothesen zeigen Muskeln

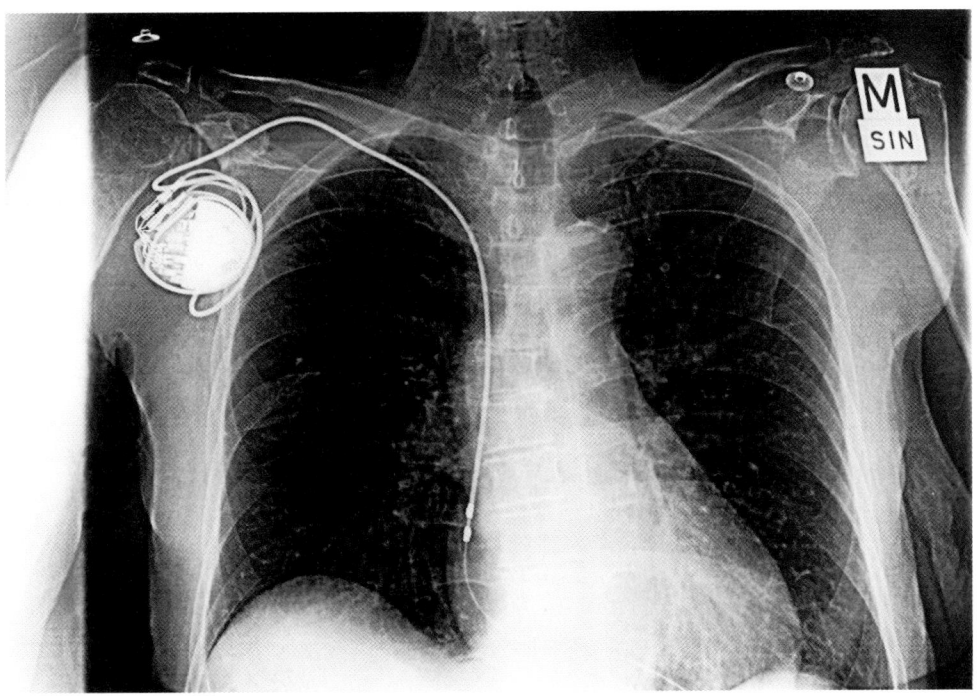

nämlich der Herzschlag aus dem Takt geraten ist – bei Rhythmusstörungen – hält ein Herzschrittmacher über Jahre die „Pumpe" auf Trab.

Eine Elektrode wird durch die Schultervene und die obere Hohlvene bis zum Vorhof des Herzens geschoben, um das Herz anzuregen. Herzschrittmacher können durchaus als Neuroprothesen verstanden werden, die mit Hilfe elektrischer Stimulationen zwischen 1 und 70 Hertz gezielt Kontraktionen des Herzmuskels auslösen. Aktivitätsgeregelte Schrittmacher zum Beispiel haben sogar die Möglichkeit, die Körperbewegungen des Patienten zu *fühlen*, und können dann, entsprechend den vom Arzt vorprogrammierten Regeln, die Herzfrequenz schneller werden lassen. Gleichwohl ist die Kommunikation in der Tat sehr einseitig strukturiert: Der Herzschrittmacher *spult* sein Aktivierungsprogramm ab, solange die eingebaute Batterie mitmacht. Aber das Herz ist auch ein Sonderfall. Anders als

Herzschrittmacher im Brustkorb

Diese Röntgenaufnahme zeigt einen implantierten Herzschrittmacher, der über dünne Drähte mit dem Herzmuskel verbunden ist. (Bild: Sulzer medica GmbH)

9. Neuroprothesen im medizinischen Einsatz

Die Entdeckung der Muskelreizung durch elektrischen Strom führte zur Entwicklung von Herzschrittmachern und von Laufprothesen für Querschnittsgelähmte.

die Muskeln der Hand zum Beispiel, muß es immer dieselbe Bewegung ausführen – nur die Taktfrequenz ändert sich bei sportlicher Betätigung des Betroffenen.

Seit fast zwei Jahrzehnten arbeiten europäische und amerikanische Wissenschaftler an wörtlich zu nehmenden „Schrittmachern": Prothesen, die Querschnittsgelähmte zum eigenständigen Gehen befähigen. Wie schon beim Herzschrittmacher steuern Elektroden die Muskeln, mit dem Unterschied allerdings, daß „Laufen" ein ungleich komplizierterer Vorgang ist als der rhythmische Schlag eines Herzmuskels. Mehr als dreißig Muskeln – in Füßen, Waden, Oberschenkeln und Becken – koordinieren die Bewegung der Beine. Normalerweise kommen die Steuerbefehle für alle diese Muskeln aus der *motorischen Rinde* des Großhirns – der Kommandozentrale für die Muskulatur. Bei Querschnittsgelähmten indes sind die „Leitungen" der Wirbelsäule unwiederbringlich zerstört. In der Bundesrepublik hat der Berliner Mediziner Karl Heinz Mauritz in den achtziger Jahren beachtliche Erfolge mit dieser Muskelstimulation verbuchen können. Bei der *Funktionellen Neuromuskulären Stimulation* (FNS) wurden die Muskeln direkt (also ohne „Umweg" über die Nerven) mit Hilfe von Elektroden gereizt. Eine „nervöse" Reizung der Muskelfasern kam nicht in Betracht, da hierbei weit größere Ströme erforderlich sind, weshalb Mauritz befürchten mußte, daß bei chronischer, lang andauernder Reizung große Teile des Gewebes zerstört werden könnten.

Mauritz klebte Elektroden auf die Haut oder transplantierte die Drahtelektroden subkutan nur wenige Millimeter unter die Hautoberfläche. Während der Implantation der Elektroden mußte der Computer bereits eingeschaltet sein, um den Muskel zu reizen, denn aus der Reizantwort (Muskelzucken) erhielten die Mediziner Auskunft über die Lage der Elektroden. Gute Erfolge zeigten auch spiralförmige, zehn Zentimeter lange Drahtelektroden, die im Bindegewebe verankert wurden. Spiralen sind in der Lage, Dehnungen

Prothesen zeigen Muskeln

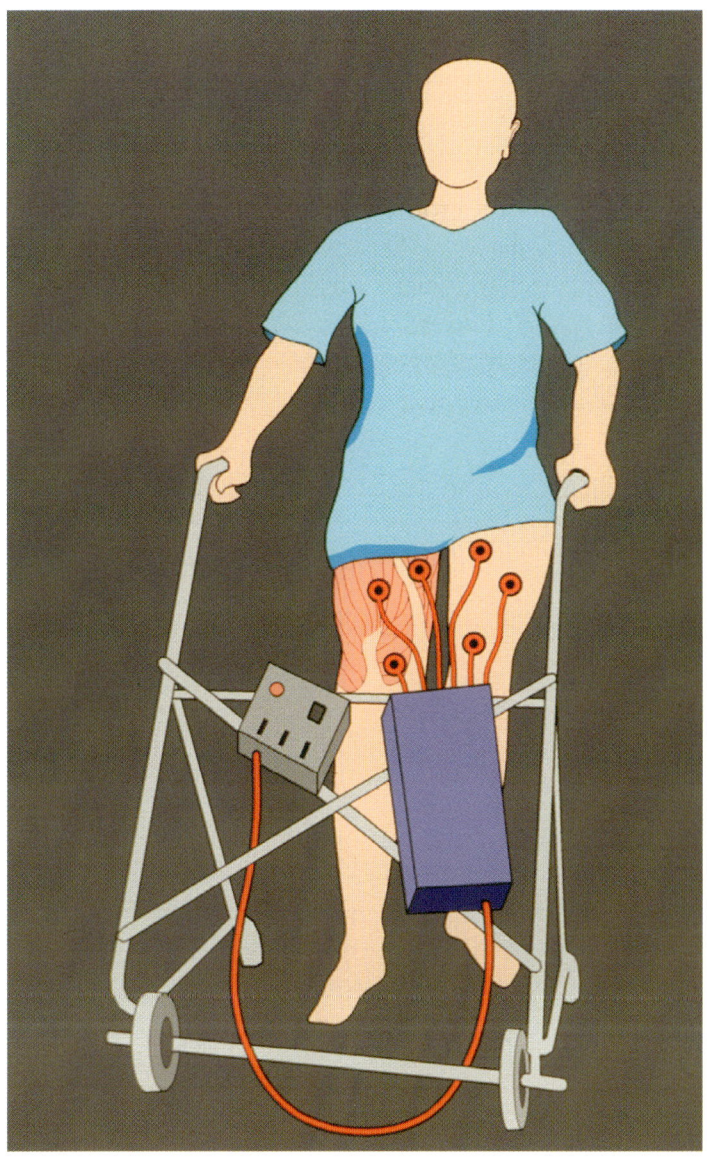

Elektronische Schrittmacher

Elektroden übertragen elektrische Impulse auf die Beinmuskulatur. Ein angeschlossener Computer erzeugt verschiedene Bewegungsprogramme wie Aufstehen, Setzen und Gehen, die durch Knopfdruck des Patienten aktiviert werden. Aus Gleichgewichtsgründen muß ein Fahrgestell mitgeführt werden.

des Gewebes im Zuge der Muskelarbeit abzufangen und können so über Jahre positionsgenau im Gewebe verankert bleiben. Das erspart neue Einstellungen der elektrischen Reizungsstärke, denn diese ist abhängig von dem Abstand zwischen den Elektroden und den Nervenfasern. In all den

9. Neuroprothesen im medizinischen Einsatz

Der Einsatz von neuronalen Laufprothesen bedeutet einen enormen Aufwand, müssen doch vor Anwendung der Elektroden die Muskeln wieder aufgebaut werden und eine genaue Abstimmung zwischen Computer und den neurophysiologischen Verhältnissen des Patienten vorgenommen werden.

Jahren hätte es keine schwerwiegenden Komplikationen mit den Elektroden gegeben, resümierte Mauritz, weder Infektionen noch physiologische Reaktionen wie Korrosion oder immunologische (Abwehr-) Reaktionen.

Vor der Elektrodenimplantation müssen die Muskeln des Patienten gestärkt werden. Elektrische Reizungen – über mehrere Wochen – geben den Muskeln die nötige Spannkraft, damit sie das Gewicht des Patienten beim Laufen überhaupt tragen können. Sogar in der Nacht, wenn der Patient schlief, bauten die Generatoren das Muskelgewebe auf. Von alledem bemerkte der Patient natürlich nichts, denn aufgrund der unterbrochenen Nerven in der Wirbelsäule kann der Betroffene keine Notiz von der elektrisch stimulierten Beinarbeit nehmen.

Nach dieser Prozedur wurden die Muskeln vermessen. Ermittlung der Reizschwelle, Ermüdbarkeit der Muskeln und die Kraftentwicklung – abhängig von Reizstärke und Reizfrequenz – waren dabei sehr wichtige Kenngrößen, um so das Computerprogramm auf die neurophysiologischen Verhältnisse des Patienten abzustimmen. Selbst die Länge der Knochen, an denen die Muskeln ansetzen, mußte berücksichtigt werden. Dann flossen die Werte in ein Koordinationsschema ein, das vorher an einem gesunden Menschen ermittelt wurde. Solche Koordinationsschemata lassen sich ermitteln, indem die elektrische Aktivität der Neuronen beim Laufen gesunder Probanden registriert wird. Parallel zum Elektromyogramm wurden die räumlichen Stellungen der Beine und Füße, letztlich die Winkel der Knochen und Gelenke, in Abhängigkeit zur Erregung der einzelnen Muskelpartien erfaßt. Erst mit dem daraus resultierenden Koordinierungsschema besaßen die Neurowissenschaftler alle Informationen für ein Computerprogramm, das nun gezielte elektrische Impulse für jede der aufgesetzten Elektroden erzeugen konnte. Querschnittsgelähmte können sich „auf Knopfdruck" mit Unterstützung einer Gehhilfe erheben, laufen und wieder setzen.

Prothesen zeigen Muskeln

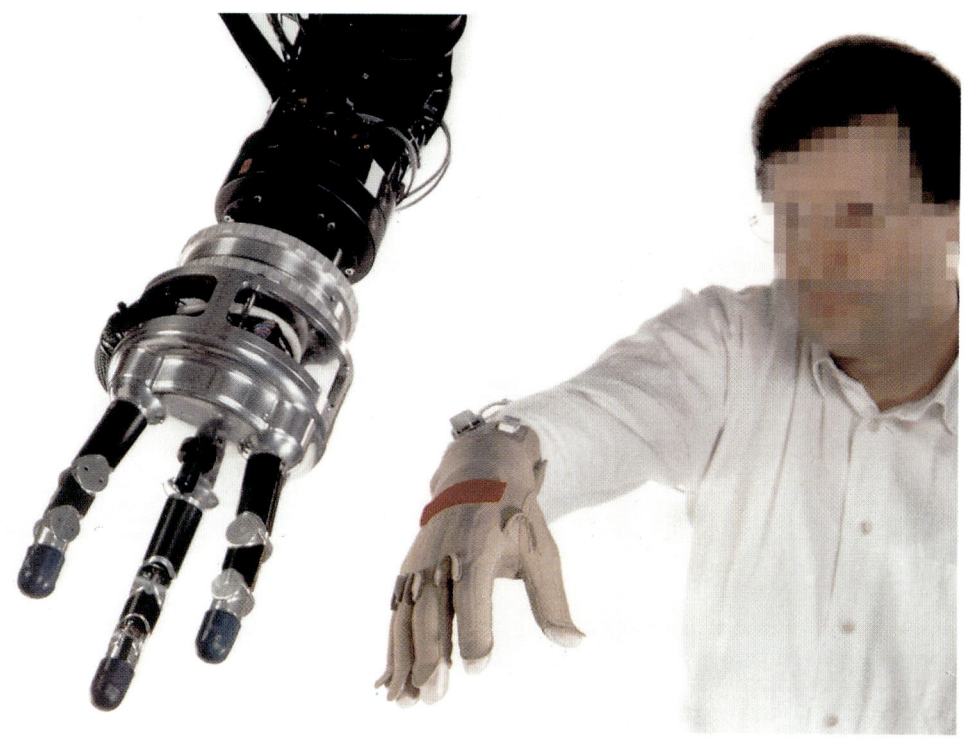

Nicht nur *Paraplegiker*, also Patienten, deren Beine gelähmt sind, profitierten von den Berliner Forschungen. Ende der achtziger Jahre konzentrierten sich die Wissenschaftler um Mauritz auch auf die sogenannten *Tetraplegiker*, Patienten, die einen Halswirbelbruch erlitten, und sowohl Beine als auch Arme nicht bewegen können. Das Interesse richtete sich besonders auf die *C5/C6-Patienten*. Hier ist die Wirbelsäule zwischen dem fünften und sechsten Halswirbel gebrochen, jenem Segment, aus dem die zentralen Leitungsbahnen für die Arme heraustreten. Mauritz richtete sein Augenmerk auf Patienten, die ihre Oberarme noch bewegen konnten, bei denen also der Bizeps eine Art Restfunktion besaß, die es dem Gelähmten ermöglichte, den Arm wenigstens im Raum zu plazieren, ohne allerdings zufassen zu können, denn die Hände blieben taub. Der Mediziner wollte diesen Patienten

Künstliche Hand

Querschnittsgelähmte, die nicht einmal ihre Hände und Arme bewegen können, erhalten Hilfe durch ein Neurokontrollsystem. Muskelkontraktionen in der Schulter werden elektrisch abgeleitet und durch einen Prozessor in Signale verwandelt, die dann im Handmuskel eine gezielte Bewegung auslösen.

wenigstens die Greiffunktion zurückgeben, damit sie einfachste Arbeiten selbst durchführen konnten.

Mauritz löste die schwierige Aufgabe auf geniale Weise. C5/C6-Patienten sind nämlich in der Lage, neben ihrem Bizeps auch die Schultern zu bewegen. Wie jede Region des Körpers ist die Schulterpartie mit einer Vielzahl von Muskeln ausgerüstet. Mit Hilfe ableitender Elektroden lassen sich feinabgestimmte Bewegungen von Schulter- und Ellenbogenmuskulatur verwenden, um mittels Computerprogramm verschiedene *Greifprogramme* zu aktivieren. Die stimulierenden Elektroden werden in die Handmuskulatur implantiert. Nun müssen die gelähmten Patienten trainieren, die Schultern so zu bewegen, daß die gewünschten Programme des *Greifcomputers* aktiviert werden: Eine Bewegung der Schulter nach vorn zum Beispiel öffnet die Finger der Hand. Wird die Schulter nach unten gesenkt, resultiert eine Art Pinzettengriff, der das Halten einer Zahnbürste ermöglicht.

Schon diese Beispiele zeigen, daß die Methode der funktionellen neuromuskulären Stimulation weit davon entfernt ist, die vielfältigen Fähigkeiten der gesunden Hand auch nur annähernd zurückzugeben. Immerhin konnten zwei einfache Greifbewegungen ermöglicht werden, der *Palmargriff*, ein Öffnen der Hand, und der *Lateralgriff*, ein Schließen. Mit dem Programm Palmargriff ließen sich kleine Gegenstände aufnehmen, auch der Griff nach einer Tasse war möglich. Vor wenigen Monaten ist ein neues System vorgestellt worden, das den Aktionsradius des Querschnittsgelähmten deutlich vergrößert. 1997 erhielt ein „Muskelschrittmacher" der amerikanischen Firma *NeuroControl* die Zulassung der US-Behörde für Ernährung und Medikamente (*FDA*). Das Gerät soll Tetraplegikern helfen, sich selbst zu ernähren, wieder zu schreiben, einen Computer zu benutzen und zu telefonieren. Der Apparat besteht aus einem äußeren und einem inneren Teil. Auch hier überträgt ein mit der Schulter verbundener Sensor ihre Bewegungen in Signale, die von einem im Rollstuhl befestigten Kontrollgerät empfangen werden. Dieses Gerät wandelt wiederum die Signale in Radiowellen um und setzt eine Art „Schrittmacher" in Gang, der in den Brustkorb des Kranken eingepflanzt ist. Der Schrittmacher überträgt die elektrischen Impulse auf Elektroden in Unterarmen und Händen. Auf diese Weise ziehen sich die Muskeln zusammen, so daß der Kranke seine Hände wieder benutzen kann. Für Tetraplegiker, die zumindest noch die Schulter bewegen können, kann diese Entwicklung dazu beitragen, unabhängiger zu werden von ständiger Hilfe.

Es ist in der Tat faszinierend anzusehen, wie Querschnittsgelähmte mit Hilfe von Kabeln und Computern greifen, aufstehen und gehen können. Die große Mehrheit der Betroffenen steht diesen Apparaturen dennoch skeptisch gegenüber, vor allem deshalb, weil die Beine auch weiterhin gefühllos bleiben, vom Gehirn abgekoppelt, und nur durch einen externen Computer in Gang gebracht werden. Bewegung, ohne wirklich bewegt zu werden. Viele Patienten empfinden unter dem Diktat der Bewegungsmaschine eher Hilflosigkeit und verzichten lieber auf die Segnungen des Fortschritts. Trotzdem geht die Entwicklung der „Stand-Gang-Modulatoren" – wie diese Systeme in der Fachsprache heißen – auch im Rahmen des deutschen Neurotechnologie-Projekts weiter. Im Zentrum der Forschungen steht die *Funktionelle Elektrische Stimulation* (FES). Nicht mehr die Muskeln sollen Ansatzpunkt der Elektroden sein, sondern Nerven, denn mit dieser Strategie stehen ungleich mehr Möglichkeiten zur Verfügung. Gleichzeitig sollen lernfähige Datenverarbeitungssysteme, sogenannte *Puls-prozessierende* neuronale Netze, „neuen Schwung" in die Forschung bringen.

In der Vergangenheit hat es viele Bemühungen gegeben, Querschnittsgelähmte mit Hilfe der funktionellen Elektrostimulation aus dem Rollstuhl zu holen. Und obwohl schon bis zu 20 Kanäle für Stimulation verwendet

Neuronale „Laufcomputer" können sich immer wieder neuen Gegebenheiten anpassen; sie „denken" eine Situationsveränderung mit.

9. Neuroprothesen im medizinischen Einsatz

wurden, enttäuschten die Ergebnisse immer wieder. Als größtes Problem erwies sich die freie Balance des Körpers. Ohne Gehhilfen konnte keine der freiwilligen Versuchspersonen laufen. Unter anderem lag dies daran, daß die nichtlinearen Eigenschaften des Steuerungssystems, das unserem Stand- und Gangapparat eigen ist, mit einem starren Computerprogramm regelungstechnisch nicht zu beherrschen waren. Und an diesem Problem hat sich bis heute nichts geändert. Von komplexeren Bewegungsabläufen, wie Drehung auf der Stelle, konnte unter diesem Vorzeichen bislang überhaupt nicht die Rede sein.

Für die Patienten haben die neuronalen Prothesen der ersten Generation auch negative Seiten: weiterhin Gefühllosigkeit in Armen und Beinen. Betroffene meinen, vom Computer ferngesteuert zu werden.

Der Vorteil von lernfähigen Computern liegt auf der Hand: Gegenüber starren Programmen können sich die neuronalen Netze den veränderten Gegebenheiten jederzeit anpassen. Aufwendige Elektromyogramme, Koordinationsschemata und sonstige Parameter, mit denen herkömmliche „Laufcomputer" gefüttert werden mußten, sind kaum noch notwendig. Ein neuronales Netz stellt sich – zusammen mit dem Patienten – auf die neue Situation einfach ein (siehe auch Ausführungen zur Neurorehabilitation im 13. Kapitel). Überlegungen gehen dahin, daß die Steuerbefehle, zum Beispiel für die Beinbewegung, von der Kopfhaut als Enzephalogramm abgeleitet werden. „Gedachte Bewegungen" im Gehirn könnten dann als elektrische Signale abgegriffen, im neuronalen Computer verarbeitet, und dann in ganz spezifische Stimulationsimpulse für die Beinmuskulatur umgeformt werden. In der Fachsprache der neurotechnologisch Forschenden heißen die Informationsgeber *Willkür-Substrate*. Nicht nur die Kopfhaut kommt hierfür in Frage, Bewegungsbefehle könnten auch mit der Hand gegeben werden, auch die Sprache ist als Willkür-Substrat einsetzbar, ebenso das Rückenmark, sofern es sich um Regionen handelt, die noch Nervenimpulse verarbeiten. Sogenannte *Motor-Substrate* (Muskeln oder periphere Nerven) lösen die Bewegungen aus, während *Sensor-Substrate* wie sensorische Nervenfasern in

Prothesen zeigen Muskeln

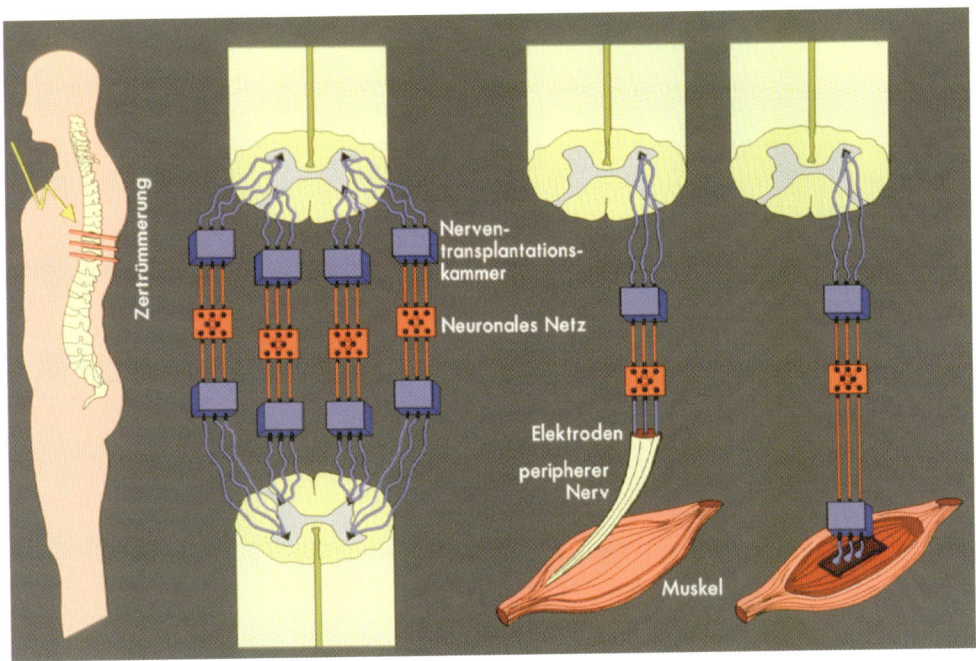

Überbrückungsmöglichkeiten von Rückenmarksverletzungen

Eine neuronale Rückenmarkprothese muß Hunderttausende von zerstörten Nervenzellen im Bereich des Rückenmarks in ihrer Funktion ersetzen. Dies könnte einmal durch den Einsatz eines miniaturisierten, neuronalen Rechners gelingen, der in der Lage ist, ein neuronales Abbild dieser Region zu erzeugen. Nerventransplantationskammern, die am motorischen Vorderhorn und am sensiblen Hinterhorn ansetzen, bilden eine Kommunikationsbrücke. Motorische Impulse gelangen nach unten, zum Beispiel zum Bein – Gefühle auf umgekehrtem Weg zum Gehirn. In einer vereinfachten Version könnte eine Rückenmarkprothese die Nervensignale der Spinalzellen oberhalb der Bruchstelle über Nerventransplantationskammern abgreifen. Mikrochips wandeln die codierten Impulse in eine für die Beinmuskulatur verständliche Form um. Anschließend werden sie durch einen „Kabelbus" abwärts geführt. An letzter Stelle übernehmen Elektroden die Übertragung auf die zum Muskel führenden Nerv.

diesem Verbund wichtige Informationen aus dem Bewegungsapparat für die Rückkopplung liefern.

Gleichwohl die Neurotechnologie heute noch nicht in der Lage ist, den Nervendefekt in der Wirbelsäule ursächlich zu beheben, bieten die neuronalen Prothesen in der Peripherie eine erhebliche Lebensverbesserung für die

Behinderten. Bundesgesundheitsminister Horst Seehofer wird sicher die Nase rümpfen, denn Neuroprothesen für Querschnittsgelähmte sind alles andere als preiswert. Die bisher eingesetzten Prototypen kosten gar Hunderttausende von Mark. Immer neue Entwicklungen im Bereich der Computertechnologie machen im Grunde keine Hoffnung, daß in Bälde kostengünstige Lösungen den Markt überschwemmen könnten. Dennoch gibt es sie – die positiven Auswirkungen auf die Gesundheitskosten: die funktionelle Elektrostimulation würde erhebliche Nebeneffekte wie die Verbesserung des Kreislaufs haben, der Vorbeugung von Fehlentwicklungen (Osteoporose) dienen und drohenden Defekten wie Spastik und Druckgeschwüren entgegenwirken.

Urin auf Knopfdruck

Wird das Rückenmark im Bereich der Brustwirbelsäule geschädigt (zum Beispiel durch einen Unfall mit Wirbelsäulen- und Rückenmarkverletzungen) ist der Patient nicht mehr in der Lage, unterhalb dieser Rückenmarksläsion etwas zu empfinden oder zu bewegen. Dieses Krankheitsbild bezeichnet man als Querschnittslähmung. Da die Nervenfasern, die durch das Rückenmark zum Gehirn hin und aus dem Gehirn heraus verlaufen, an der Verletzungsstelle unterbrochen sind, ist die Empfindung und willkürliche Bewegung der unteren Extremitäten bei einer Querschnittslähmung nicht mehr möglich. Ebenso ist bei einem paraplegischen Patienten die Steuerung der Blasenfunktionen (Reservoir- und Entleerungsfunktion) gestört.

Das Rückenmark ist bei einer Querschnittsverletzung nur an einer Stelle, zum Beispiel im Brustwirbelsäulenbereich (thorakal), verletzt. Die neuronalen Strukturen unterhalb der Verletzungsstelle sind intakt und funktionieren reflexartig, ohne Steuerung durch das Gehirn. Unser

Urin auf Knopfdruck

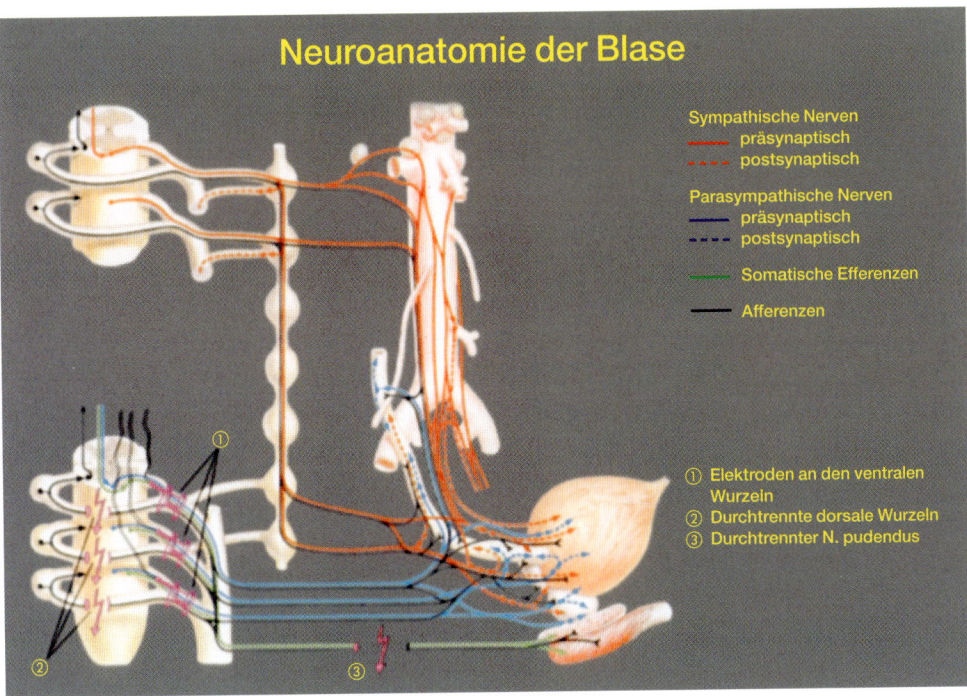

Neuroanatomie der Blase

Sympathische Nerven
— präsynaptisch
---- postsynaptisch

Parasympathische Nerven
— präsynaptisch
---- postsynaptisch

— Somatische Efferenzen

— Afferenzen

① Elektroden an den ventralen Wurzeln
② Durchtrennte dorsale Wurzeln
③ Durchtrennter N. pudendus

Innervation der Harnblase

Die Harnblase, die im wesentlichen die Aufgabe der Urinspeicherung hat und ab und zu entleert werden muß, wird auf komplizierte Art und Weise von verschiedenen Teilen des Nervensystems innerviert. Das Koordinationszentrum für die Harnblase (wie auch Enddarm und Sexualorgan) liegt im unteren sakralen Rückenmark. Von hier aus verlaufen die Nervenfasern über die Spinalnerven und peripheren Nerven zur Blase. Gesteuert wird das Koordinationszentrum für die Blase willentlich vom Gehirn aus.

Nervensystem ist in mehrere, komplex organisierte Funktionsebenen unterteilt. Auf Rückenmarksebene sind diese strukturierten Funktionseinheiten der *Eigenreflexapparat* und der *Fremdreflexapparat*. Unterhalb einer Querschnittsläsion funktionieren Eigen- und Fremdreflexapparat. Nachdem die Phase des spinalen Schocks unmittelbar nach Eintritt einer Querschnittslähmung überstanden ist, tritt eine zunehmende „Verkrampfung" der betroffenen Muskulatur ein, die sogenannte *Spastik*. Dabei werden sensible Erregungen aus der Haut unterhalb der Läsion und

9. Neuroprothesen im medizinischen Einsatz

den Gelenkkapseln, aber auch aus den Muskelspindeln über den Eigenreflexapparat direkt zu den efferenten motorischen Nervenfasern geleitet und führen in den muskulären Zielorganen zu einer Tonuserhöhung, da eine zentrale Hemmung fehlt.

Der gleiche reflektorische Mechanismus läßt sich auf die Harnblase des thorakal am Rückenmark Verletzten übertragen: Harnblase und Schließmuskel werden von sympathischen, parasympathischen und somatischen Fasern des Nervensystems versorgt. Die sensiblen Nervenfasern aus der Blasenwand leiten Informationen über den Füllungszustand der Blase an das Reflexzentrum weiter, das im untersten (kaudalen) Abschnitt des Rückenmarkes, im sogenannten *Conus medullaris* liegt. Nach einer Verletzung im Rückenmark, oberhalb des Miktionszentrums (Miktion: Harnlassen), bleiben zentral hemmende Impulse aus, so daß Blase und Schließmuskel eine Spastik entwickeln. Dies hat für den Patienten eventuell lebensgefährliche Folgen. Die meiste Zeit dient die Blase als Reservoir, die Entleerung nimmt dagegen kaum Zeit in Anspruch. Bei Gesunden sorgen während der Blasenfüllung hemmende Impulse aus dem Gehirn für eine Entspannung, das heißt eine kontinuierliche Entspannung der Blase bei gleichzeitiger Volumenzunahme. Hierbei werden etwa 500 Milliliter ohne Druckanstieg in der Blase gespeichert. Erst beim Erreichen der Füllungsgrenze (Kapazität) wird die Hemmung der Blase, sich zu kontrahieren, aufgehoben. Bei der Blasenkontraktion wird gleichzeitig der Schließmuskel entspannt. Es kommt zur Blasenentleerung.

Bei Blasenlähmungen oberhalb des Miktionszentrums bleibt die Blasenhemmung während der Füllungsphase aus. Schon nach einer Füllung mit etwa 100 Milliliter baut die Blase hohe Entleerungsdrucke (100–200 cm H_2O) gegen einen gleichzeitig spastisch geschlossenen Schließmuskel auf (sogenannte *DSD: Detrusor Sphinkter Dyssynergie*). Die nicht koordinierte Entleerung führt zu Restharn in der

Urin auf Knopfdruck

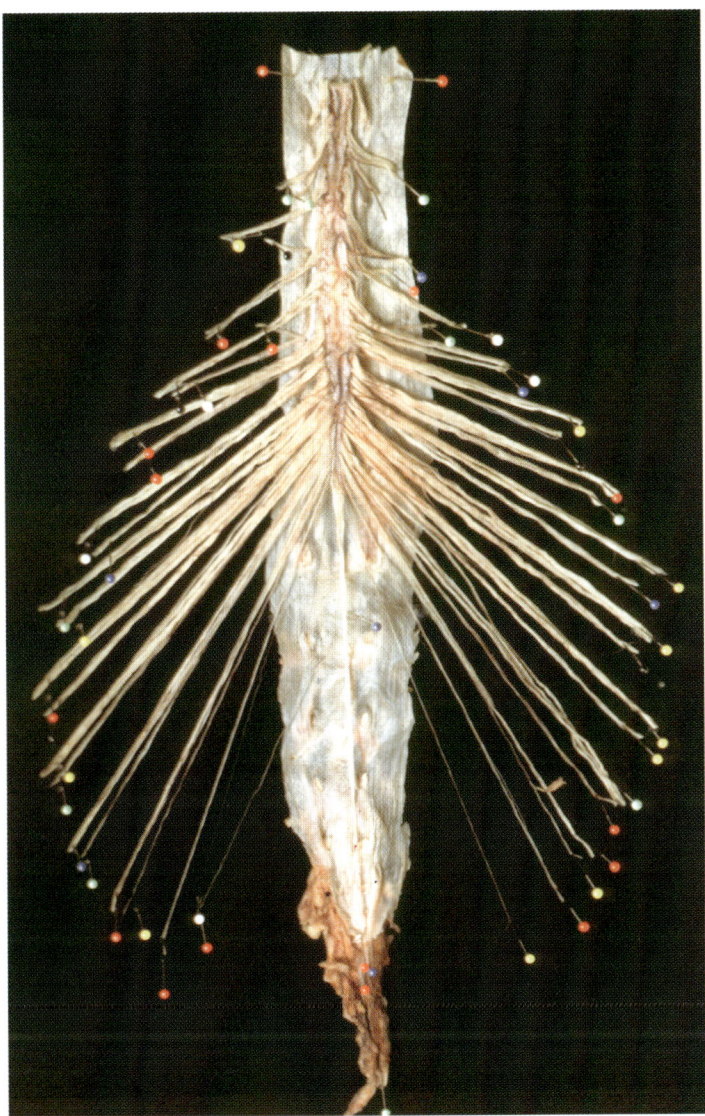

Anatomisches Präparat des unteren Rückenmarks und der Spinalnerven

Ansicht von vorn mit aufgeklappter Rückenmarkshaut. Der untere Teil des Rückenmarks entläßt 5 motorische und 5 sensible sakrale Spinalnerven auf jeder Seite. Die motorischen Nerven sind dünner als die sensiblen. Sie entspringen an der Vorderseite des Rückenmarkes, während die sensiblen Nerven rückwärtig austreten. (Präparat: E. Hauck, cand. med., Westfälische Wilhelms-Universität, Münster)

Blase, der, einmal mit Bakterien besiedelt, eine ständige Infektionsquelle darstellt. Die hohen Blasendrücke und bakteriellen Infekte führen nach einigen Jahren zum Nierenversagen. Außerdem leidet der Patient am ungewollten Harnverlust (Inkontinenz) durch ein Überlaufen der spastischen Blase mit entsprechender Geruchsbelästigung für

9. Neuroprothesen im medizinischen Einsatz

die Umwelt. Dies führt zu Schwierigkeiten der sozialen Rehabilitation nach einer Querschnittsverletzung. Erste Priorität hat deshalb für den Querschnittsgelähmten nicht die Wiederherstellung der Geh- und Stehfunktionen – wie man als Außenstehender annehmen könnte –, sondern die intakte Harnspeicherung und -entleerung.

Die spastische Blasenlähmung wird in der Urologie seit etwa 20 Jahren mit der Methode der *sakralen Deafferentation* und dem Stimulator nach *Brindley*, der in England entwickelt wurde, behandelt. Die sakrale Deafferentation hebt die Blasenspastik auf, während der Stimulator eine Blasenentleerung bewirkt. Bei der Operation werden die sakralen Wurzeln, welche die Information über den Füllungszustand der Harnblase zum Miktionszentrum im Conus medullaris weiterleiten im Bereich des Kreuzbeines (Os sacrum) durchtrennt. Dies ist der unterste Wirbelsäulenabschnitt, in dem nur noch Nervenfasern, aber nicht mehr das Rückenmark verlaufen.

Die sakralen Nervenfasern treten im Übergangsbereich der Brust- zur Lendenwirbelsäule aus dem Rückenmark aus. Nach Austritt aus dem Rückenmark (im Conus medullaris) verlaufen sie 15 Zentimeter intradural im Spinalkanal, bevor sie die Wirbelsäule verlassen. In dem 15 Zentimeter langen Verlauf dieser Fasern innerhalb des Wirbelkanals bis zum Os sacrum – dem Operationsort bei der sakralen Deafferentation und dem Implantationsort des Brindley-Stimulators – vermischen sich (anastomosieren) Fasern der Nerven, die zunächst segmental gegliedert aus dem Rückenmark austreten. Dies führt dazu, daß einzelnen Fasern im Bereich des Kreuzbeins nicht mehr einzelne Funktionen zugeordnet sind. Mit der Durchtrennung werden neben den Fasern der Harnblase auch Nerven anderer Organe des kleinen Beckens zerstört. Darüber hinaus können bei diesem Eingriff eventuell noch vorhandene Sexualfunktionen zerstört werden. Ähnliche Probleme treten nach Anwendung des Brindley-Stimulators im Bereich

Für Querschnittsgelähmte ist die gestörte Blasenfunktion sehr belastend. Hier konnte über viele Jahre der Brindley-Stimulator hilfreich eingesetzt werden, heute jedoch ist er technisch veraltet.

der sakralen motorischen Wurzeln auf: Durch die Anastomosierung der Nerven in ihrem Verlauf vom Conus medullaris bis zum Os sacrum werden bei Stimulation über sogenannte *Buch-Elektroden* nicht nur Fasern zur Blase gereizt, sondern oft auch der Schließmuskel oder Teile der unteren Extremitäten. Dies führt zum Beispiel bei der Stimulation zwecks Entleerung der Blase, zur gleichzeitigen Kontraktion von Blase und Schließmuskel – mit entsprechender Druckerhöhung im Harntrakt und Gefährdung der Nierenfunktion.

Die Technologie des Brindley-Stimulators ist etwa 30 Jahre alt. Weder die Fortschritte der Mikromechanik noch der Mikroelektronik der letzten zehn Jahre sind bei dieser Methode integriert. Die Weiterentwicklungen mikrochirurgischer und neurochirurgischer Operationstechniken bleiben unberücksichtigt. Das System ist *unidirektional* hinsichtlich seines Informationsflusses. Es benutzt tripolare Makroelektroden als biotechnische Schnittstelle und nicht adaptive, sequentielle Prozessorstrukturen zur Erzeugung der Stimulationsparameter. Schließlich erscheint das anatomische Zielgebiet im Bereich des Os sacrum wenig geeignet, um die Organe des kleinen Beckens durch Ersatzimplantate gezielt (das heißt Blase, Schließmuskel und Penis getrennt) mit künstlich erzeugten Nervenimpulsen versorgen zu können. Die Entwicklung eines *bidirektionalen* lernfähigen Blasenimplantats ist deshalb notwendig. Der Stand der Forschung und bisher vorliegende Ergebnisse dieses neuartigen „adaptiven Blasenimplantats" werden im Kapitel *Neurobionische Prothesen der Zukunft* beschrieben.

Computer im Ohr

Ein eindrucksvolles Beispiel für neuronale Steuerungen liefert auch die Hals-Nasen-Ohren-Medizin. Die Anfänge neuronaler Hörprothesen gehen sogar bis in die fünfziger

9. Neuroprothesen im medizinischen Einsatz

Jahre zurück – und wieder einmal experimentierten Amerikaner als erste mit diesen völlig neuartigen Geräten. Einsetzbar sind diese Prothesen bei Patienten mit sogenannter *Innenohrtaubheit*, eine durchaus häufige Erkrankung, denn auch Mittelohrentzündungen können in schweren Fällen bis auf das Innenohr übergreifen und erheblichen Schaden anrichten. Auch Krebs und angeborene Innenohrdefekte spielen eine Rolle. In vielen Fällen ist der Defekt aber angeboren. Die Betroffenen können nichts oder nur sehr schwer hören, weil der Schall nicht bis zu den Hörnerven vordringt. Normalerweise regt der Schall das Trommelfell an, gelangt dann über die Hörknöchelchen zum Innenohr – der Hörschnecke – wo die Hörnerven das Tonsignal in einen entsprechenden Nervenimpuls verwandeln. Doch die knöcherne Hörschnecke mit ihren spiraligen Gängen ist bei der Innenohrtaubheit degeneriert – die Nerven bleiben stumm – also kann der Patient nichts hören. Zerstört ist meistens aber nur der basale Bereich der Schneckenwindung, wo die hohen Schwingungen oberhalb von 1500 Hertz registriert werden. Wer die hohen Töne nicht mehr wahrnimmt, hört nicht nur leiser, sondern versteht auch die Konsonanten nicht mehr richtig. Hinzu gesellt sich noch eine kurios anmutende Störung: Trotz massiver Schwerhörigkeit reagieren die Betroffenen gegenüber hohen Schallstärken sehr empfindlich. Hinter der Bezeichnung Innenohrschwerhörigkeit verbergen sich also ganz verschiedenartige Funktionsstörungen, die außer der Schwerhörigkeit eine überaus problematische Fehlhörigkeit nach sich ziehen.

Statistiken zeigen, daß mehr als 90 Prozent aller Patienten mit irreversibler Hörminderung an einer Innenohrschwerhörigkeit leiden. In der Bundesrepublik sind das immerhin zwei bis drei Millionen Menschen. Hörstörungen des Mittelohrs (mit Trommelfell und Hörknöchelchen) stellen kaum noch eine Herausforderung dar, denn sie können mikrochirurgisch oder durch den Einsatz

Etwa drei Millionen Menschen leiden in der Bundesrepublik an Innenohrschwerhörigkeit, bei der herkömmliche Hörgeräte keinen Nutzen bringen. Neuronale Prothesen können den Betroffenen wirksam helfen.

Computer im Ohr

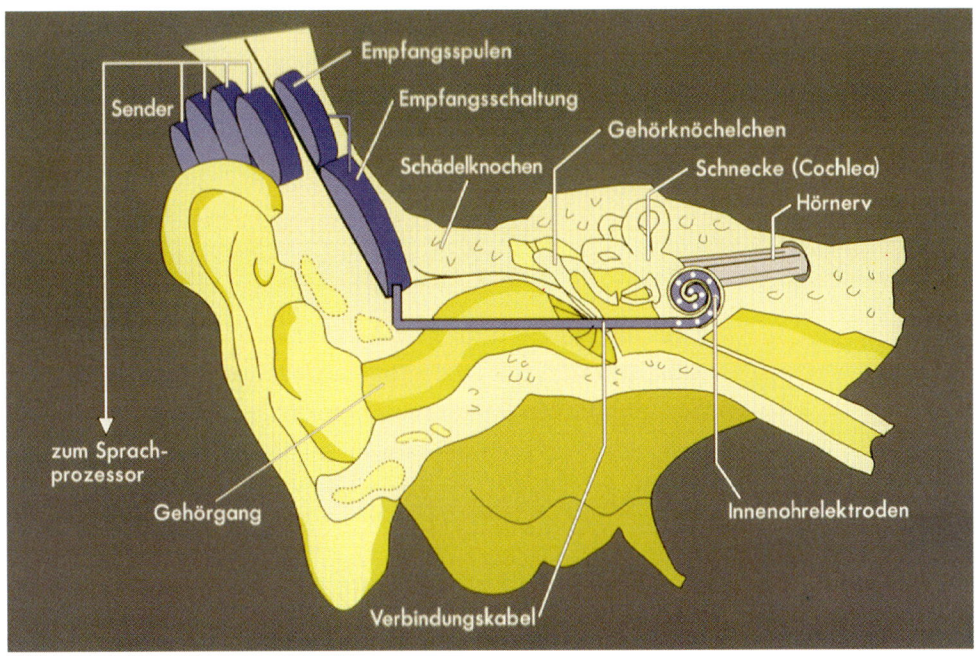

schallverstärkender Hörgeräte relativ problemlos behoben werden. Nur bei Innenohrschwerhörigkeiten taugen die herkömmlichen Hörgeräte nichts, weil das neuronale System nicht mehr reagiert. An dieser Stelle setzt das *Cochlea-Implantat* an.

Wie funktionieren die Prothesen? Dazu ein Blick auf die Funktionsweise des Ohrs. Schall regt als mechanische Schwingung zunächst einmal das Trommelfell an, dann wird er über die drei Hörknöchelchen auf das ovale Fenster übertragen. Von dort gelangt der Schall in das *Cortische Organ* – die Cochlea. Der Name *Cochlea* (Schnecke) kommt von der schneckenartigen Form des Innenohrs, dem eigentlichen Hörorgan. In der Hörschnecke befinden sich spiralförmige, mit Flüssigkeit gefüllte Röhren, die sich bis in die Spitze der Cochlea winden, bestehend aus *Vorhofstreppe*, *Innenohrkanal* und *Paukentreppe*. Im mittleren Innenohrkanal stecken die für den Hörprozeß entscheidenden Nerven. Sie sitzen eingebettet in der *Basilar-*

Innenohr mit Cochlea-Implantat

Von einer Empfangsspule unter der Haut führt ein Elektrodenträger mit 22 Elektroden 25 Millimeter tief in die Innenohrwindung der Cochlea hinein. Dort werden die Nerven abhängig von der Lautstärke und der Frequenz gezielt gereizt. Für die Impulse sorgt ein außerhalb des Patienten sitzender Mikroprozessor.

9. Neuroprothesen im medizinischen Einsatz

membran, die der Länge nach den ganzen Innenohrkanal ausfüllt. Jeder Nerv trägt am Ende ein Haarbüschel als hörsensiblen Fortsatz, der durch die Basilarmembran hindurch in den flüssigkeitsgefüllten Innenohrkanal hineinragt. Gelangen Schallwellen in die Hörschnecke, stoßen sie die in den Innenohrkanälen stehende Flüssigkeit an. Die Schwingungen erreichen nun auch die Haarbüschel, worauf die Nervenzelle elektrische Entladung produziert. Aus dem ursprünglich mechanischen Schallsignal ist ein elektrisches Nervensignal entstanden, das übrigens mit der ursprünglichen Schallfrequenz nur noch wenig gemein hat. Jede Hörnervenfaser kann bis zu 800 Entladungen pro Sekunde erzeugen, unabhängig davon, ob sie für die tiefen Töne oder für die Höhenwahrnehmung innerhalb der Cochlea zuständig ist.

Die Schneckenform des Innenohrs, der flüssigkeitsgefüllte Innenohrkanal und Tausende von mit feinsten Härchen ausgestatteten Hörnerven bilden eine höchst komplexe Anatomie: die Voraussetzung für das Hören von hohen und tiefen Tönen.

Woher wissen die Nerven eigentlich, ob sie für die hohen oder tiefen Töne zuständig sind? Sie *wissen* es ganz einfach durch ihre Anordnung in der Cochlea, in der nämlich eine Art *Schallanalyse* stattfindet. Die Resonanzverhältnisse in der Hörschnecke führen dazu, daß die ganz tiefen Bässe mit 18 Hertz im letzten Ende des Innenohrkanals schwingen, während die hohen Frequenzen gleich hinter dem ovalen Fenster – am Eingang der Cochlea – die Nervenzellen reizen. Haarzellen, die in vier langen Reihen auf der Basilarmembran entlang laufen, registrieren also je nach Lage im Cortischen Organ immer nur einzelne Töne mit einer wohldefinierten Schwingungszahl. Erfolgt eine mechanische Reizung, entsendet die Hörnervenzelle elektrische Signale mit einer Frequenz von 800 Impulsen pro Sekunde, und zwar völlig unabhängig davon, ob sie tiefe oder hohe Frequenzen registriert. Nur die Position eines Hörnervs in der Cochlea erlaubt dem ZNS Rückschlüsse auf die Schallfrequenz, die im Nervensignal codiert ist. Insgesamt 50 000 Nervenfasern leiten diese Information gebündelt im Hörnerv (*Nervus acusticus*) zum Gehirn, wo dann über mehrere neuronale Zwischenstationen ein akustischer Gesamteindruck zusammengesetzt wird. So gesehen, hören wir eigentlich gar nicht mit den Ohren, sondern mit dem Zentralnervensystem.

Versuche, die sensorisch-neuronale Taubheit mit Hilfe von neuronalen Prothesen zu bewältigen, gehen bis ins Jahr 1957 zurück. Damals waren die Erfolge allerdings sehr bescheiden, und sogar noch Anfang der achtziger Jahre wurden derartige Prothesen von Experten eher skeptisch beurteilt, bis die Leistungen der Mikroelektronik das Blatt wendeten. Das erste Cochlea-Implantat besaß nur zwei kugelförmige Elektroden, von denen eine Elektrode als Vergleichselektrode außerhalb der Cochlea angebracht war. Das einkanalige Gerät übertrug den gesamten Schall, hohe und tiefe Töne, auf nur eine einzige Elektrode, entsprechend „monoton" erfolgte die Stimulierung der Hörnervenfasern in der Cochlea: Die Patienten mit der ersten Gerätegeneration konnten noch keine Tonhöhen unterscheiden. So war es beispielsweise vollkommen unmöglich, komplizierter strukturierte Schallsignale wie etwa Sprache zu erkennen. Die Prothesen erzeugten, ob es sich um das Klingeln eines Weckers oder eine menschliche Stimme handelte, ein mehr oder minder lautes Rauschen. Und trotzdem schätzten sich die Patienten glücklich, konnten sie nun, oftmals nach jahrzehntelanger Taubheit, erstmals wieder ein bißchen hören. Das bedeutete zunächst einmal ein Gewinn an Sicherheit. Beim Überqueren der Straße konnten sie mit Hilfe des Cochlea-Implantats herannahende Autos akustisch wahrnehmen.

Die kompliziertesten Implantate besitzen heute Elektrodenträger mit 22 Kontakten, die von einem externen Mikroprozessor mit elektrischen Impulsen versorgt werden, das heißt, an 22 verschiedenen Stellen der Cochlea sind die Nerven stimulierbar. Die vorderste Elektrode, die sich in der Spitze der Cochlea befindet, erhält immer dann Impulse, wenn tiefe Töne übertragen werden sollen. Für hohe Töne sind die Kontakte am Eingang der Hörschnecke

9. Neuroprothesen im medizinischen Einsatz

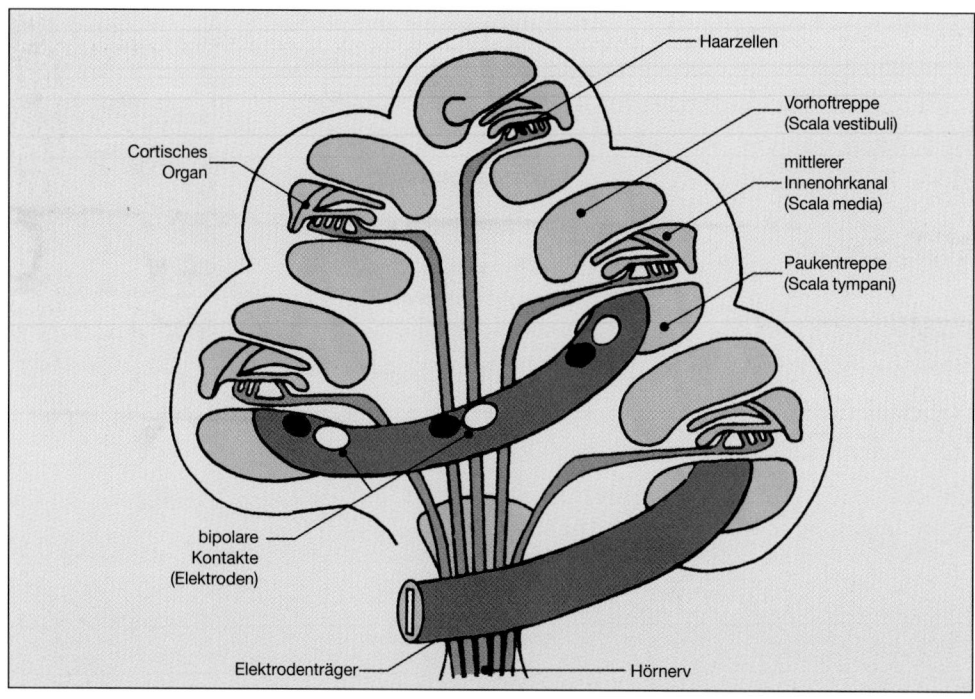

Elektroden in der Cochlea

Der 25 Millimeter lange Elektrodenträger wird in die schneckenförmige Paukentreppe geschoben. Durch die elektrischen Impulse der im Innenohrkanal verteilten Kontakte werden die jeweiligen Nerven gereizt. Patienten können wieder hören.

verantwortlich. Die Schwingungen des Schalls müssen also abhängig von der Frequenz *sortiert* werden, eine Aufgabe, die der angeschlossene Mikroprozessor erledigt. Er filtert die vom Mikrophon kommenden Schallsignale in frequenzabhängige Segmente, berücksichtigt aber auch die jeweilige Lautstärke und verwandelt den Schall in ein elektrisches Signal, das zunächst per Kabel zu einem kleinen Sender gelangt. Dieser markstückgroße Sender klemmt hinter dem Ohr des Patienten. Der unter der Haut implantierte Empfänger leitet nun die Signale gezielt auf die Kontakte des 25 Millimeter langen Elektrodenträgers weiter. Die Elektroden beschicken die Nerven mit einer Impulsfrequenz zwischen 800 und 1000 Hertz, jene Frequenz also, die auch von den intakten Hörnerven der Cochlea erzeugt worden wäre. Auf diese Weise wird der natürliche Prozeß der Schallumwandlung vom Cochlea-Implantat auf elektrotechnischer Ebene nachgebildet. Ein-

Computer im Ohr

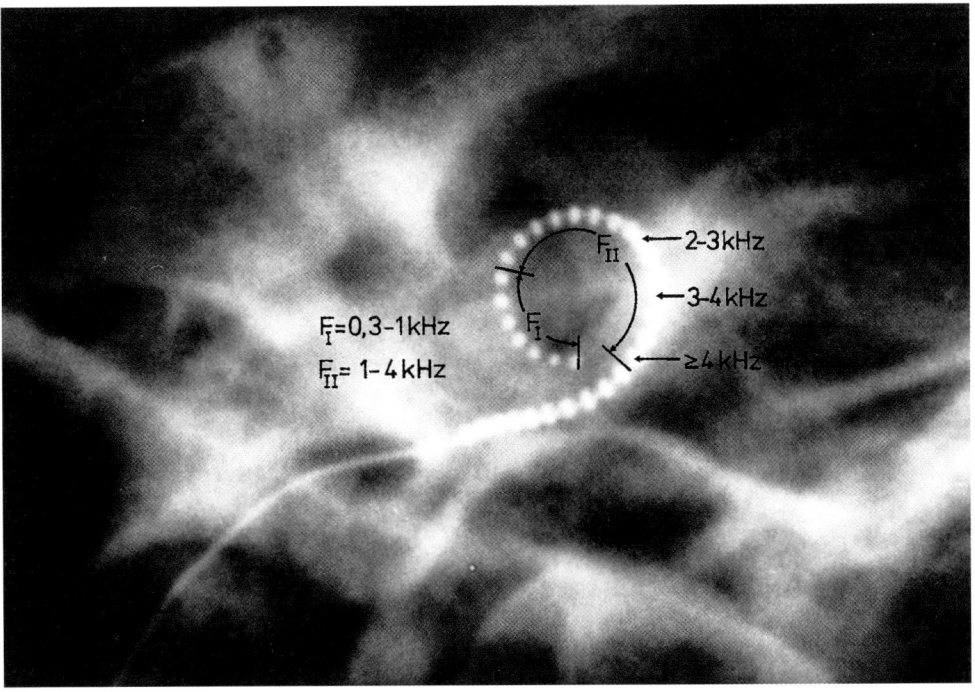

Röntgenbild des Cochlea-Implantats
Wie die „Perlen" einer Kette reihen sich die Elektroden in der Cochlea aneinander. Die hohen Töne werden am Eingang der Cochlea registriert – die tiefen Töne in der Spitze. Da die Cochlea schon beim Neugeborenen die endgültige Größe erreicht hat, muß der Elektrodenträger (theoretisch) nicht mehr ausgewechselt werden. (Bild: Medizinische Hochschule Hannover (MHH))

ziger Unterschied: Das akustisch wahrnehmbare Frequenzband zwischen 20 und 20 000 Hertz wird nicht in 60 000 Hörnervenzellen unterteilt, wie in einer intakten Cochlea, sondern in 22 recht grobe Abschnitte, repräsentiert durch die Zahl der Elektroden.

50 000 Hörnervenzellen einer intakten Cochlea unterteilen den wahrnehmbaren Frequenzbereich von 20 000 Hertz – rein rechnerisch – in Abschnitte von nur 0,3 Hertz. Anders ausgedrückt: Unsere Nervenzellen registrieren Tonhöhenunterschiede von 0,3 Hertz. Das Schallspektrum wird bei dieser hohen Auflösung als Konti-

nuum wahrgenommen und nicht als „Tontreppe". Beim Cochlea-Implantat mit seinen 22 Elektroden sind die Frequenzsprünge von Elektrode zu Elektrode wesentlich größer – nämlich mehr als 900 Hertz. Rein theoretisch dürften Patienten unter diesen Bedingungen eigentlich gar keine unterscheidbaren Hörinformationen wahrnehmen, wie das kleine Rechenexempel unterstreicht. Hinzu kommt der Umstand, daß jede einzelne Kugelelektrode aufgrund ihrer Größe gleich mehrere tausend Hörnerven gleichzeitig in Aktion versetzt; eine Methode der Marke „Holzhammer", verbunden verständlicherweise mit extremer Vereinfachung des Hörvorgangs.

Das sogenannte Cochlea-Implantat erzeugt durch Reizen der Hörnerven ein undifferenziertes Hörerlebnis. Sind die Patienten jung, kompensiert das Hörzentrum des Gehirns diese Nachteile: Die Patienten scheinen ganz normal hören zu können.

Erstaunlich, aber wahr: Diese 22 Kontakte in der Cochlea sorgen dennoch für ein umfassendes Hörgefühl, wenn sich der Patient erst einmal daran gewöhnt hat. Durch bewußtes Hörtraining müssen die Betroffenen über Wochen und Monate mühsam lernen, wie die unterschiedlichsten Geräusche, durch das Implantat vermittelt, überhaupt klingen. Die Anpassung an die neuen – neuronal gesehen – recht verwirrenden Verhältnisse leistet das Gehirn des Patienten. Das Gehirn muß nämlich erst einmal lernen, die völlig andersartige Situation richtig zu interpretieren; vom Cochlea-Implantat jedenfalls gelangen leider nur recht grobe Informationsstrukturen zum Hörzentrum. Die vielgerühmte Plastizität des Gehirns – durch Gewichtungen seiner Neuronen neue Herausforderungen zu meistern – ist der zentrale Grund dafür, daß die Prothesen letztlich so erfolgreich sind.

Verlieren die Patienten erst in fortgeschrittenem Alter die Hörfähigkeit, kann das Gehirn immer noch mit den akustischen Erinnerungen aus alten Tagen arbeiten. Wie klingt ein Telefon? Wie das Bellen eines Hundes? Das Gehirn läuft dabei auf Hochtouren, was eine Cochlea-Implantatträgerin als höchste Anstrengung empfindet: »Die ersten Wochen und Monate waren mit großen Problemen für mich verbunden, da die Höreindrücke, die ich

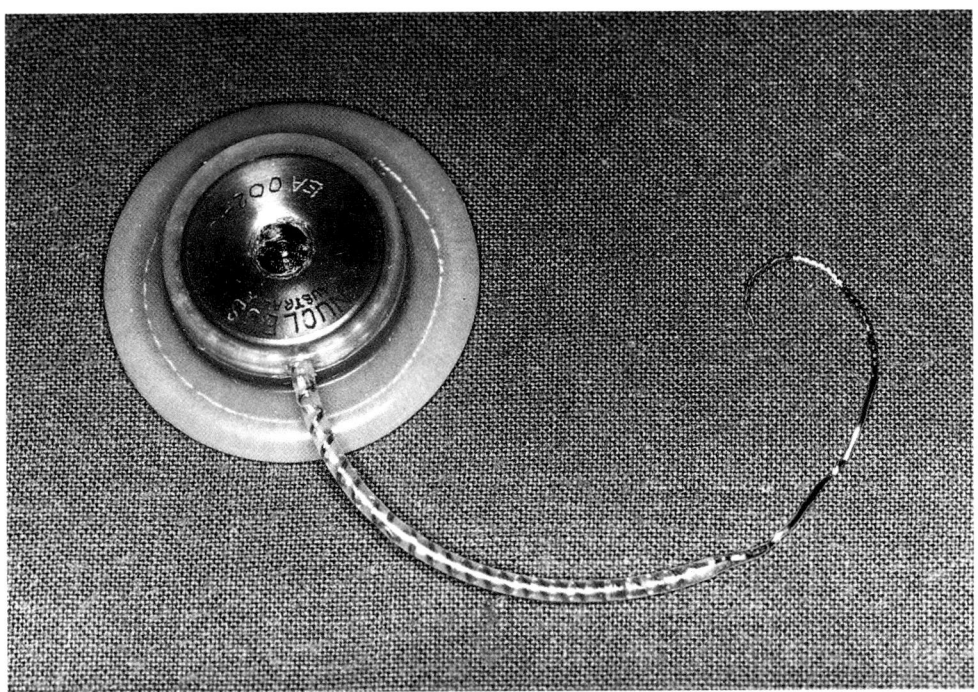

Cochlea-Implantat
So sieht der implantierte Teil des Cochlea-Implantats aus. Das 33 mm große, runde Empfangsteil sitzt hinter dem Ohr unter der Haut. (Photo: Cochlear AG, Basel)

hatte, eine große nervliche, ja manchmal sogar schmerzliche Belastung waren. Nicht selten war ich fix und fertig von der enormen Fülle an Höreindrücken, vor allem, wenn viele Geräusche zusammenfielen, wie zum Beispiel Telefon, Türklingel, Dunstabzugshaube, Radio oder Fernsehen, Kinderstimmen oder Außengeräusche, wie die Motorgeräusche von Autos und Flugzeugen. Dann hätte ich den Sprachprozessor am liebsten wieder zurückgegeben.

Aber dann gewöhnte ich mich langsam daran, mehrere Geräusche auf einmal aufzunehmen. Ich lernte zu sortieren zwischen Türklingel und Telefon, zwischen Auto und Flugzeug, ja, es gelang mir sogar, die unwichtigeren Geräusche in den Hintergrund zu drängen, so daß ich mich auf das Wesentliche konzentrieren konnte. Mit der Zeit lernte ich, ganz gut mit dem Gerät umzugehen, soweit, daß ich Telefongespräche mit ganz bestimmten Personen führen konnte, wobei allerdings wichtig war, daß diese Personen

9. Neuroprothesen im medizinischen Einsatz

nicht ständig das Thema wechselten, denn dann verstand ich überhaupt nichts mehr. Im Laufe des Jahres gewöhnte ich mich ganz gut an das Gerät und trug es von morgens bis abends, was ich für einen sehr wichtigen Faktor halte, da die Be- und Entlastungsphase für das Gehirn zu wechselhaft ist und es sich nicht auf eine kontinuierliche Belastung einstellen kann. Aber es kostet auch viel Kraft und Zeitaufwand, um das Gerät optimal auszunutzen, denn man ist doch sehr auf die Mithilfe anderer angewiesen, weil von ihnen Verständnis, Geduld und Wissen um die technischen Möglichkeiten des Gerätes gefordert werden.«

In einer Rehabilitationsphase lernen die Patienten, die Höreindrücke zu unterscheiden und einzuordnen. Das menschliche Gehirn leistet dabei den größten Teil der Arbeit: Es muß sich der geänderten Geräuschsituation anpassen und sehr einfach strukturierte Signale identifizieren.

Die Anpassung des Gehirns an das Cochlea-Implantat stößt also an Grenzen. Vor allem, wenn die akustischen Signale kompliziert strukturiert sind. Musik von Beethoven beispielsweise wird von älteren Patienten mit Implantat, die als taub Geborene noch nie in ihrem Leben hören konnten, als »hohes, perlendes Geräusch« wahrgenommen. Für Melodien fehlt ihnen das „Verständnis" völlig – die Grenzen der Dynamik sind hier offenbar erreicht.

Bekamen anfangs hauptsächlich Erwachsene ein Implantat, so hat sich das Bild in den HNO-Kliniken und Reha-Zentren grundlegend geändert. Je jünger der Patient, desto flexibler kann sich nämlich das Gehirn an das Cochlea-Implantat anpassen. Heute werden selbst Säuglinge operiert, die später dann sogar den Dialekt ihrer heimatlichen Umgebung sprechen können. Diese Kinder hören mit 22 Elektroden im Ohr anscheinend genauso gut wie Kinder mit intakter Cochlea. Wie sonst soll ein Kind aus Stuttgart zum Beispiel den schwäbischen Dialekt *erfahren*, wenn nicht über ein sehr differenziertes Gehör?

Bei diesen geradezu überwältigenden Erfolgen fällt es Wissenschaftlern und Wissenschaftlerinnen derzeit schwer, an neue neuronale Prothesen zu denken. Eine Erhöhung der Elektrodenzahl von 22 auf 40 oder gar 100 Elektroden ist technisch zwar machbar, doch stoßen solche Systeme an eine physiologische Grenze. Sehr dicht bei-

Cochlea-Implantate für Kinder

Dieses Mädchen erhielt als erstes taub geborenes Kind 1988 ein Cochlea-Implantat. Diese Aufnahme entstand fünf Jahre später, und dem Kind ist förmlich anzusehen, das es sich sehr wohl fühlt. Ohne Implantat wäre auch die geistige Entwicklung zurückgeblieben, denn über das Hören entwickeln die Kinder ihre Sprache und über die Sprache den Intellekt. (Photo: MHH)

einanderliegende Elektroden beeinflussen sich mit ihren Impulsen nämlich gegenseitig, außerdem treten wegen der elektrischen Leitfähigkeit der Innenohrflüssigkeit Über-Kreuz-Reaktionen zwischen Nerven und Elektroden auf, so daß die Versuche nicht weiterverfolgt wurden. Forschungen in diese Richtung hatten ohnehin gezeigt, daß die Erhöhung der Elektrodenzahl nicht automatisch besser hören läßt. Das Optimum scheint also mit den derzeit existierenden Cochlea-Implantaten erreicht zu sein. Dennoch ist durch den Einsatz lernfähiger neuronaler Netze als Sprachprozessoren und durch neuartige Mikrokontaktstrukturen eine erhebliche Verbesserung der Cochlea-Implantate zu erwarten. Anpassungsfähige Neurocomputer – so die Vermutung – kommunizieren einfach flexibler mit den Hörnerven: Die Dynamik des Zentralnervensystems wäre, vor allem bei erwachsenen Patienten, nicht mehr bis zum Extrem ausgereizt. Beide Systeme, Neurocomputer und Gehirn, könnten Hand in Hand arbeiten – ganz im Gegensatz zu den heute verwendeten Mikroprozessoren. Wie auch in anderen Bereichen der Prothetik werden künstliche neuronale Netze in Hardware von implantierbarer Größe noch einige Jahre an Entwicklungsarbeit brauchen.

Neuroprothese am Gehirn

Morbus Recklinghausen heißt eine Krankheit, bei der die Funktion der Nerven durch gutartige Geschwulstbildung zerstört wird. Hier ist die neuronale Verbindung zwischen Innenohr und Gehirn unterbrochen. Hörnerven, die von der Cochlea zum Gehirn führen, funktionieren dann leider nicht mehr – die neuronale „Telefonleitung" ist unterbrochen. In diesem Fall hilft weder ein Hörgerät noch ein Cochlea-Implantat. Neben Morbus Recklinghausen sind es aber auch bösartige Tumore oder deren chirurgische Entfernung, die das Hörorgan oder die Nervenleitung (*Nervus acusticus*) zum Gehirn nachhaltig zerstören können. Wissenschaftler der Medizinischen Hochschule Hannover verwendeten Ende 1992 erstmals in Deutschland eine neuartige Hörprothese, die auch diesen Patienten helfen konnte. Die dabei verwendete *Hirnstammprothese* hatte nämlich einen „direkten Draht" zum Gehirn.

Zu diesem Zweck mußte nicht einmal eine neue Prothese entwickelt werden. Schließlich verfügten die Wissenschaftler bereits über hervorragende Kenntnisse mit dem Cochlea-Implantat: 1000 Geräte waren zu diesem Zeitpunkt weltweit eingesetzt worden, 400 davon allein in Hannover. Mikrophon, Sprachprozessor, Sende- und Empfangsspule; fast alle elektronischen Elemente, wie sie vom

Neuroprothese am Gehirn

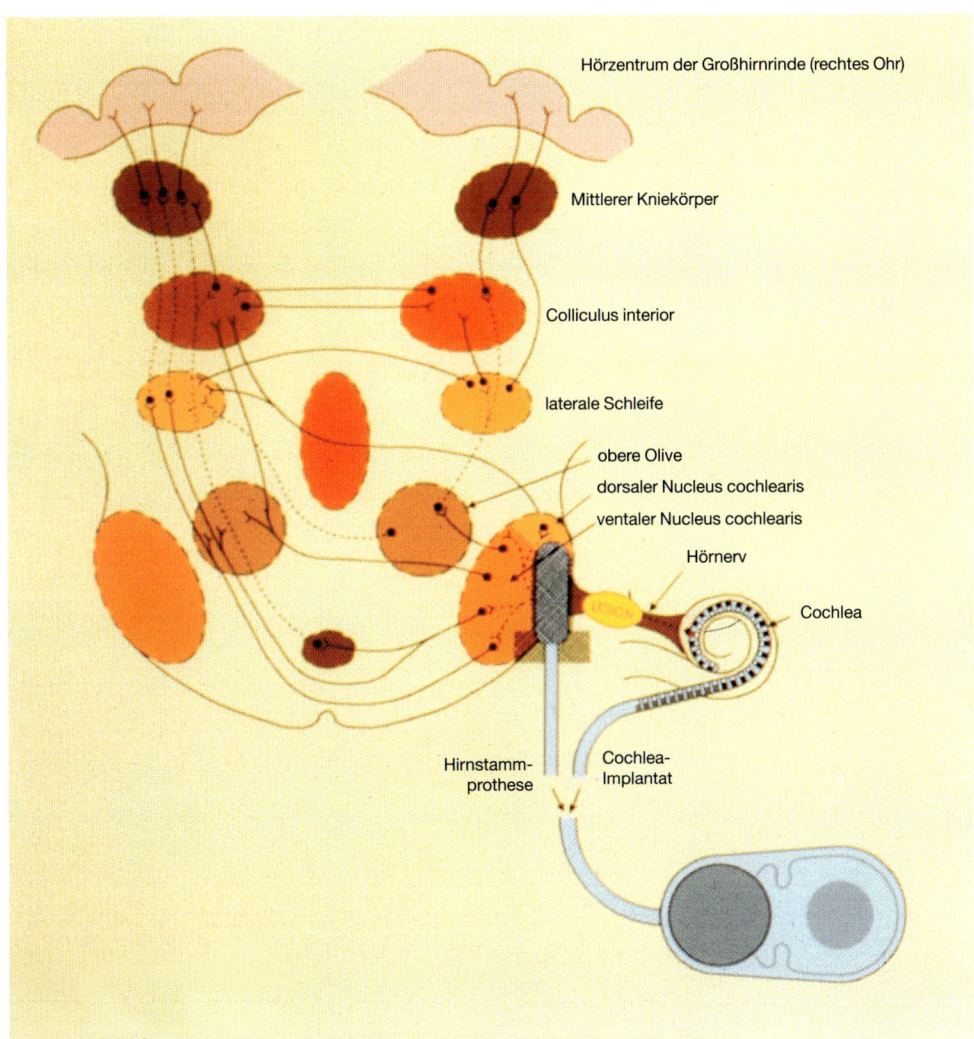

Zwei Wege zum Hören

Hier ist die anatomische Lage des Cochlea-Implantats im Verhältnis zur Hirnstammprothese dargestellt. Beide Prothesen werden von einem externen Mikroprozessor versorgt. Wenn Cochlea und Hörnerv intakt sind, kommt das Cochlea-Implantat zum Einsatz. Bei einer geschädigten Cochlea oder unterbrochenem Hörnerv muß ein Elektrodenträger direkt auf den Hirnstamm gesetzt werden. (Photo: MHH)

9. Neuroprothesen im medizinischen Einsatz

Cochlea-Implantat bereits bekannt waren, blieben unverändert. Einzig der Elektrodenträger mit seinen Elektroden mußte verändert werden, um den elektrischen Kontakt mit der relativ glatten Oberfläche im Bereich des Hirnstamms überhaupt zu ermöglichen. Herausgekommen ist ein länglich-ovaler, völlig flacher Elektrodenträger, auf dem die einzelnen Elektroden nun nebeneinander angeordnet liegen.

Der neuartige Elektrodenträger ist 2,5 Millimeter breit und 8 Millimeter lang. Auf dieser Fläche verteilt liegen insgesamt 22 Elektroden in vier Reihen. Die Dimensionen des Elektrodenträgers sind natürlich nicht zufällig gewählt. 2,5 mal 8 Millimeter groß ist nämlich ein neuronales Areal am Hirnstamm, das als Nucleus cochlearis bezeichnet wird. Der *Nucleus cochlearis* befindet sich in unmittelbarer Nachbarschaft zum Hörnerv, der in dieser unteren Region des Gehirns, dicht vor Beginn der Wirbelsäule, in den Hirnstamm einmündet. In dieser „unteren Region" werden die Impulse der Hörnerven vorverarbeitet, bevor sie im Hirnstamm „nach oben" zur Großhirnrinde weitergeleitet werden.

Die *Hirnstammprothese* ist in ihren Dimensionen dem entsprechenden neuronalen Areal genau nachempfunden und direkt mit dem Gehirn verbunden.

Die Funktion des Nucleus cochlearis ist allerdings noch nicht präzise geklärt. So ist beispielsweise unbekannt, in welcher (veränderten) Weise die Nervenimpulse dieses Areal verlassen, bevor sie in höhere Gehirnschichten weitergeleitet werden. Nicht einmal die Nervenzellen sind gezählt, die an dieser Arbeit beteiligt sind. Tierversuche hatten gezeigt, daß dieses gerade 20 Quadratmillimeter große Areal *tonotopisch* organisiert ist: Jede Zellregion verarbeitet demnach immer nur bestimmte Tonhöhen. Von den Hörnerven war bereits bekannt, daß auch sie – durch ihre Lage in der Cochlea – diskrete Frequenzbereiche aus dem Schallspektrum herausgreifen, und diese Tonhöhen dann in die Impulssprache der Nerven codieren. Im Grunde ist es logisch, daß auch die Nervenzellen im Nucleus cochlearis das Tonspektrum von Sopran, Alt, Tenor bis

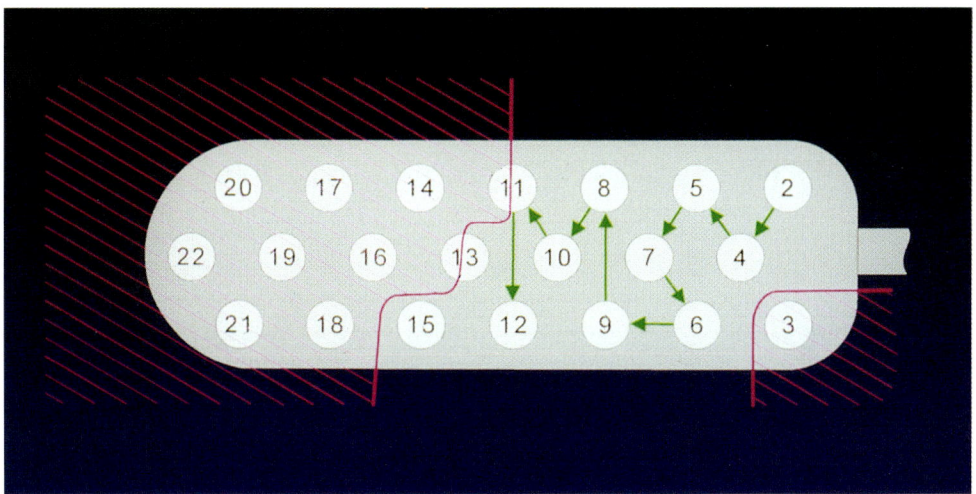

Elektroden suchen Kontakt mit dem Gehirn
Schematische Darstellung eines Elektrodenträgers mit den 22 Elektroden. Die Elektroden, die rosa abgegrenzt und schraffiert sind, werden beim Patienten nicht stimuliert, also nicht aktiviert, weil man bei den Patienten mit diesen Elektrodenpositionen keine akustischen Signale, sondern andere Effekte, wie zum Beispiel Schluckstörungen oder Gesichtsnervstimulationen auslöst. Mit den durch grüne Pfeile verbundenen Elektroden wird dargestellt, daß in dieser Reihenfolge, also beispielsweise von zwei nach vier, von vier nach fünf, ein Frequenzunterscheidungsvermögen erhältlich ist, somit ein akustischer Eindruck. (Photo: MHH)

Baß getrennt verarbeiten. Wie sonst könnten die immer nur für bestimmte Frequenzen zuständigen Hörnervenfasern mit den Zellen des Gehirns kommunizieren, wenn nicht auch diese entsprechend spezialisiert wären? Mit dieser Erkenntnis war der entscheidende Grundstein für eine funktionierende Hirnstammprothese gelegt, denn jetzt kam es nur noch darauf an, Elektroden und Hirnzellen einander so zuzuordnen, daß beide für einen identischen Schallbereich zuständig waren.

Um den Elektrodenträger „rutschfest" zu positionieren, mußte die Platine im vierten Ventrikel, einer kleinen Vertiefung am Hirnstamm, eingeklemmt werden. Spezialklebstoff stellte zusätzlichen Halt her. Abschließend wurde

9. Neuroprothesen im medizinischen Einsatz

der Elektrodenträger mit einem rutschfesten Netz aus Dacron (ein in der Chirurgie gebräuchlicher Kunststoff) überzogen und mit Dacronbändern in Position gehalten. Die dreifache Fixierung des Elektrodenträgers sollte sicherstellen, daß die Elektroden in jedem Fall dauerhaft mit dem Nucleus cochlearis verbunden sind. Immerhin liegen die glatten Elektroden nur flach auf dem Nervengewebe auf, und jede andere Strategie, etwa das Einstechen in das Nervengewebe, hätte unkalkulierbare Risiken wie zum Beispiel Verletzungsgefahr zur Folge. Das Hauptziel des chirurgischen Eingriffs bestand erst einmal darin, den Bereich des Nucleus cochlearis mit dem Elektrodenträger in Deckung zu bringen, ohne sich darum kümmern zu müssen, mit welchen Nervenzellen die einzelnen Elektroden Kontakt haben.

Im Gegensatz zur Positionierung muß das Einmessen des Geräts sehr genau gemacht werden. Hierzu müssen die Patienten ihren Höreindruck nach jedem Programmierungsschritt beschreiben.

Zum Glück ist die genaue Positionierung gar nicht so wichtig für die neuronale Kopplung der Prothese an den Hirnstamm. Der große Vorteil der Hirnstammprothese liegt nämlich in der freien Programmierbarkeit jeder einzelnen Elektrode. Das heißt, jede der 20 Elektroden kann im Prinzip jeden Schallbereich repräsentieren – man muß nur herausfinden, welchen Typ Nervenzelle die jeweilige Elektrode reizt – eine Sopran- oder eine Baßzelle. Drei Wochen nach dem Eingriff wird das rund 50 000 Mark teure Gerät eingemessen: Niemand kennt zu diesem Zeitpunkt die exakte Lage der einzelnen Elektroden über dem Nervengewebe. Ziel dieser Versuche ist es, die frequenzspezifischen Bereiche im Nucleus cochlearis mit Hilfe der Elektroden gezielt anzusteuern; denn es wäre wirklich katastrophal, einen Zellbereich, der beispielsweise für die Verarbeitung von hohen Tönen oberhalb von 10 000 Hertz zuständig ist, mit Elektrodenimpulsen aus dem Tieftonbereich zu versorgen. Patienten könnten in diesem Fall nichts verstehen, die Welt würde akustisch auf dem Kopf stehen. Ganz klar, daß die Patienten bei der Justierung eine Hauptrolle spielen. Sie müssen nach jedem Programmie-

Neuroprothese am Gehirn

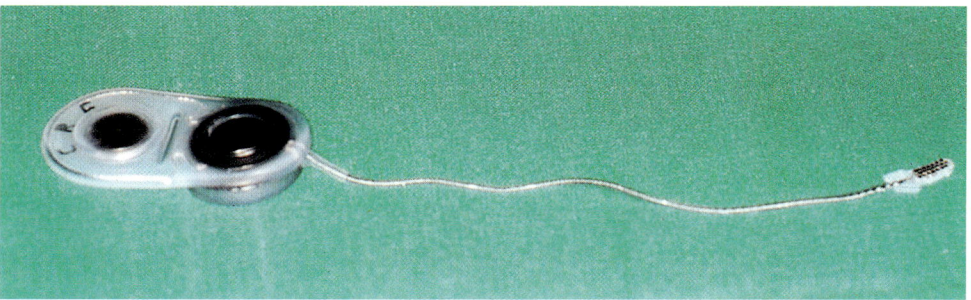

rungsschritt mitteilen, ob sich der Höreindruck verbessert oder verschlechtert hat – letztlich eine mühselige Strategie nach der Devise von Versuch und Irrtum, die allerdings zu verblüffenden Ergebnissen führen kann.

Anfangs hörte die erste Patientin so, als würde der Ton in kleine Portionen zerschnitten, doch diese Probleme verschwanden wenige Monate nach dem Eingriff. Hier muß die Dynamik des Gehirns, die enorme Anpassungsfähigkeit an veränderte Situationen, wieder einmal die entscheidende Arbeit geleistet haben. Ein Manko allerdings blieb bestehen: Die Patientin hatte fortwährend das Gefühl, viel zu leise zu hören. Gern hätte sie die Lautstärkeregler am Mikroprozessor höher eingestellt, doch die Wissenschaftler wollten nichts riskieren. Immerhin befinden sich in unmittelbarer Nachbarschaft zum Nucleus cochlearis lebenswichtige Nervenareale am Hirnstamm – eine elektrische Provokation hätte hier mitunter tödliche Folgen gehabt. Mittlerweile sind einige Dutzend Versuche mit der Hirnstammprothese erfolgt, und die Ergebnisse können sich sehen – in diesem Fall auch hören lassen.

Amerikanische Wissenschaftler, die bereits Mitte der achtziger Jahre mit einer einkanaligen Hirnstammprothese in Los Angeles experimentierten, konnten hingegen kaum Erfolge verbuchen: Als Höreindruck vernahm der Patient lediglich ein Rauschen. Überdies wurde diese Hörprothese mit Drähten durch die Schädeldecke geführt, was mit erheblichen Problemen bei hygienischen Maßnahmen wie

Das Gehirn an der Leitung: Die Hirnstammprothese

Bei der Hirnstammprothese werden die Schallsignale mit Hilfe eines Mikroprozessors in elektrische Ströme umgewandelt, die anschließend über Elektroden direkt auf den Hirnstamm geführt werden. Auf diesem Foto ist lediglich der implantierte Teil, das sogenannte *Hirnstammimplantat,* abgebildet. Der Elektrodenträger liegt rechts, dann folgt das lange Kabel zum Sender und zum Magneten ganz links. (Photo: MHH)

Duschen und Kopfwäsche verbunden ist. Da die erstmals in Hannover implantierte Mehrkanal-Prothese (drahtlos) aus einem externen und einem internen (implantierten) Prothesenteil besteht, bereiten alltägliche Freuden wie Baden oder Schwimmen keinerlei Probleme. Mikroprozessor und Mikrophon müssen dazu allerdings abgelegt werden.

Verbesserungsvorschläge? Neue Entwicklungen? Selbstverständlich! Gerade bei der Hirnstammprothese sind erhebliche Fortschritte denkbar, ausgelöst vor allem durch lernfähige Neurocomputer. Anders als das Cochlea-Implantat, das die sensiblen Hörnerven reizt, lenkt die Hirnstammprothese ihre elektrischen Impulse – unter Umgehung des neuronalen Hörapparats – direkt auf den Hirnstamm. Somit „umgeht" die Hirnstammprothese das *Ganglion spirale*. Das ist eine weitere neuronale Verarbeitungsstufe, die im gewundenen Gewebe der Cochlea verborgen liegt. Das Ganglion spirale ist ein Meister der Datenreduktion: Immerhin müssen die Einzelimpulse von Hunderttausenden von Nervenfortsätzen, die in den Innenohrkanal hineinreichen, auf 50 000 Nervenleitungen des Nervus acusticus reduziert werden. Das in der Cochlea eingebettete Ganglion spirale erfüllt also die wichtige Aufgabe, die anfallende Datenmenge auf ein transportierbares Maß zu beschränken, ohne die Hörqualität zu beeinträchtigen. Die Nervenzellen im Ganglion spirale gehen selbstverständlich höchst flexibel und dynamisch, also ohne festes „Rechenprogramm", an diese Aufgabe heran. Bei der Hirnstammprothese indes ist ein fest eingestellter Mikroprozessor – wenn man so will – direkt mit dem Gehirn verbunden. Ein neuronales Netz anstelle des Mikroprozessors könnte dann die Arbeit des ausgeschalteten Ganglion spirale übernehmen – mit der Hoffnung auf eine wesentlich bessere Hörqualität.

Der Einsatzbereich eines neuronalen Netzes macht die Vorgehensweise der Neuroprothetik verständlich. Anfangs werden kleine Nervenzellverbände (*Ganglien*)

Neuroprothese am Gehirn

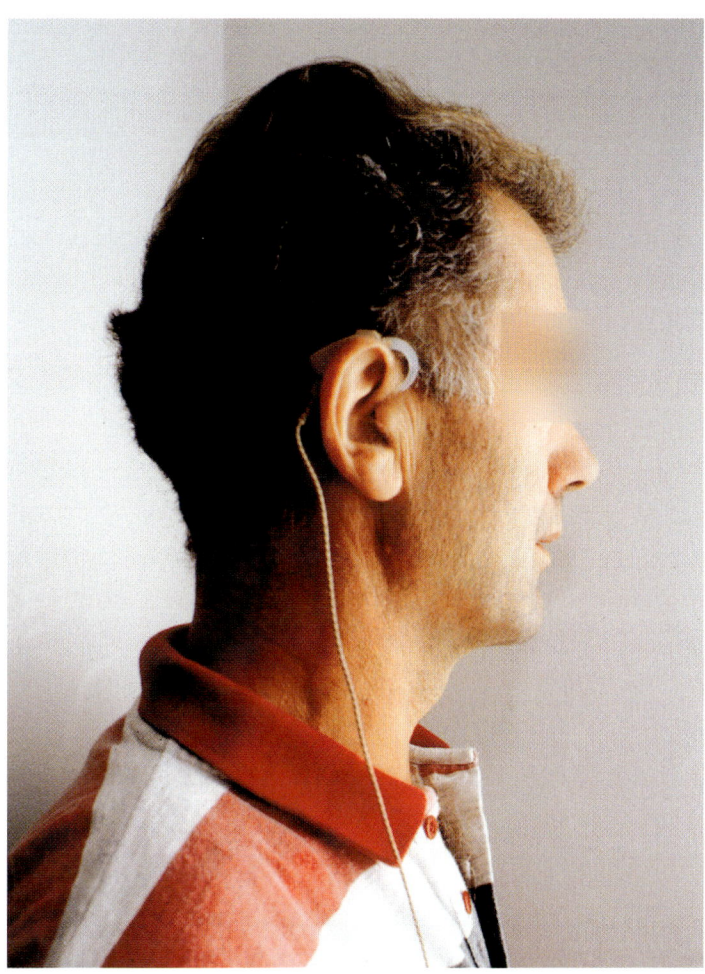

Patient mit Hirnstammprothese

An der Ohrmuschel ist lediglich das Mikrophon positioniert; in den Haaren, kosmetisch gut versteckt, liegt der Sender, der sich über dem Implantat-Magnet (unter der Haut) von selbst hält. Das Kabel führt zum Sprachprozessor, welchen der Patient in der Hosentasche trägt. Hier finden sich dann auch die Energieversorgung und die Umsetzung der akustischen Signale, aufgenommen am Mikrophon an der Ohrmuschel, übertragen über das Kabel an den Sprachprozessor und dort verwandelt in elektrische Impulse und dann zurückgesendet an die Sendespule. (Photo: MHH)

mit Hilfe neuronaler Netze simuliert, mit immer größer und komplexer werdenden Aufgaben, bis der Sprung in die neuronalen Weiten des Gehirns – von technologischer Warte her – keinen Quantensprung mehr darstellt. Die Hirnstammprothese und auch die gegenwärtige Herausforderung Retina-Implantat weisen den Weg immer in die gleiche Richtung: Es wird einmal möglich sein, ausgefallene Gehirn- und Rückenmarksregionen in immer anspruchsvollerer Weise durch künstliche Implantate zu ersetzen.

An welchen Entwicklungen arbeiten die Neuroingenieure zur Zeit? Warum können vor allem blinde Menschen kurz nach der Jahrtausendwende mit neuronalen Sehchips rechnen? Welche Rolle spielt die Entwicklung der Computertechnologie in diesem Zusammenhang? Wenn schon die Akupunktur mit ihrer Nervenreizung erhebliche Wirkungen wie zum Beispiel auf das Schmerzempfinden zeigt, wie wirken sich dann die Signale der Neuroprothesen auf die Psyche des Menschen aus? Darf es erlaubt sein, die fünf Sinne des Menschen mit Hilfe von Neuroprothesen zu beeinflussen?

10

Neurobionische Prothesen der Zukunft

Neurobionische Prothesen der Zukunft

Die bisher im klinischen Einsatz verwendeten Neuroprothesen können aus verschiedenen Gründen noch nicht als optimale Lösungen angesehen werden, auch wenn die Patienten durchaus Linderung ihrer Leiden und Verbesserung ihrer Situation erfahren. Heutige neuronale Steuerungen mit klassischen sequentiellen Mikroprozessoren, sind jedoch zweifellos eine Sackgasse neurobionischer Anwendungen. Herkömmliche Rechner arbeiten mit starren Programmen, während das zentrale Nervensystem in ständiger Anpassung an die Umwelt sein „Programm" kontinuierlich ändert. Eine Kommunikation zwischen zwei Systemen mit starrem Programmablauf und Fließgleichgewicht mit der Umwelt führt zwangsläufig zu Schwierigkeiten. Konkret bedeutet dies, daß sich ein linear arbeitender (nicht lernfähiger) Rechner dem neuronalen Geschehen immer mehr „entfremdet" bis zu massiven Störungen in der Zusammenarbeit.

Vom internen Informationsfluß des biologischen Nervensystems sind herkömmliche Mikroprozessoren ausgeschlossen. Und das wiederum schränkt die Einsatzmöglichkeiten erheblich ein, wie am Beispiel der Muskelstimulation gezeigt. So etwa nimmt der künstliche Rechner keine Notiz von den Hautsensorendaten der Füße und ließe den Querschnittsgelähmten unbemerkt über Glasscherben laufen. Heutige Prothesen kennen im wahrsten Sinne des Wortes keinen Schmerz. Nicht minder relevant sind die optischen und die den Gleichgewichtszustand betreffenden Daten des Patienten. Eigentlich müßte der Laufcomputer auch optische Informationen verarbeiten, um zu „wissen", wohin er die Beine seines Patienten lenkt. Der Rechner müßte ein „Gefühl" von der Gleichgewichtslage des Patienten haben, damit zum Beispiel der Oberkörper nicht nach vorn kippt und der Patient in eine gefährliche Situation gerät. Selbstverständlich würde die Verarbeitung all dieser Daten einen immensen technischen Aufwand bedeuten, mit heutiger

Die zukünftigen und die bereits in Entwicklung befindlichen Neuroprothesen sollen „mitfühlen" und „mitdenken", um zerstörte Nerven technisch optimal zu ersetzen.

197

10. Neurobionische Prothesen der Zukunft

Technik wäre ohne Zweifel ein Großrechner nötig, den kein Patient mitschleppen könnte. Ein von den sensorisch-sensiblen Daten abgekoppelter Computer geht mit dem angeschlossenen Patienten spazieren wie mit einem ferngesteuerten Roboter. Ausgleich für die aus dem Ruder laufende Gleichgewichtslage muß der querschnittsgelähmte Patient selbst schaffen, indem er sich während des Spaziergangs an einer mitgeführten Gehhilfe festhält und Ausgleichsbewegungen durchführt. Dennoch betrachten viele Patienten die Entwicklung als eine große Hilfe, zumal sie die negativen Begleiterscheinungen langjähriger Lähmung wie Muskelschwund und Verdauungsstörungen endlich wegtrainieren können. Die Lähmung verliert zwar etwas von ihrem Schrecken, doch ihre Endgültigkeit bleibt bestehen.

Herkömmliche Mikroprozessoren können sich nicht an Veränderungen anpassen: Ihr Einsatzbereich ist beschränkt.

Ähnlich liegen die Verhältnisse bei der Hirnstammprothese. Hier kommuniziert (noch) ein linear arbeitender Mikroprozessor mit dem *Hörnervenkern* – einer Zellregion im Hirnstamm. Der akustische Signale verarbeitende Mikroprozessor ignoriert dabei eine sehr wichtige Nervenzellregion, das *Ganglion spirale*, das als „Zwischenstation" im knöchernen Felsenbein direkt hinter den schallaufnehmenden Haarzellen eingebettet liegt. Hier werden die Nervenimpulse der Hörnervenzellen in einer ersten Stufe neuronal verarbeitet, bevor sie die Reise durch die Hörnerven zum Hirnstamm antreten.

Die Hirnstammprothese umgeht diese impulsverarbeitenden Nervenstrukturen, überdies arbeitet der linear arbeitende Mikroprozessor ein starres Programm ab – flexible, der akustischen Situation angepaßte Kommunikation ist nicht möglich. Und drittens: Ganglienzellen sind durch Rückkoppelung miteinander verschaltet. Von solchen Informationen ist der Mikroprozessor der Hirnstammprothese abgekoppelt.

Diese Probleme lassen sich nahtlos auf das unten dargestellte Retina-Implantat übertragen. Welche neuronalen

Neurobionische Prothesen der Zukunft

Prozesse spielen in dem mehrschichtigen Nervengewebe der Netzhaut eine Rolle? Die Beantwortung dieser Frage ist wichtig, wenn eine Prothese mit der Netzhaut (Retina) kommunizieren soll, denn auch die Netzhaut ist Teil des zentralen Nervensystems und damit genauso flexibel wie die Nervenzellen unseres Gehirns. Heute stehen die Forschenden erst am Anfang, die Zusammenarbeit der verschiedenen Netzhautnervenzellen zu verstehen. Lichtrezeptoren, Horizontalzellen, Bipolarzellen, Amakrinzellen und retinale Ganglienzellen – sie alle stehen durch Vorwärts-, Rückwärts- und seitliche Kopplungen irgendwie miteinander in einer Verbindung. Hinzu kommen unterschiedliche Eigenschaften des zeitlichen und räumlichen Signalauflösungsvermögen. Nur unter Berücksichtigung der Funktionsprinzipien des biologischen, neuronalen Netzes „Retina" können Strategien konzipiert werden, die Neuronen der Retina so zu stimulieren, als kämen die Impulse aus biologischen Teilen der Retina selber, den Stäbchen und Zapfen.

Die codierte Sprache der Nerven wird noch nicht verstanden.

Im Folgenden werden wir drei unterschiedliche Strategien kennenlernen. Beim sogenannten *Epiret-Projekt* wollen die Forscherinnen und Forscher lediglich die neuronale Ausgangsschicht der Retina reizen, und das ist auch der Grund dafür, mit Hilfe von neuronalen Rechnern sehr biologienahe Signale herzustellen. Das zweite setzt auf die „neuronale Rechenkapazität" der noch vorhandenen Netzhautneuronen. Bei diesem *Subret-Projekt* wandeln Fotozellen das Licht in einen elektrischen Strom, in der Hoffnung, daß die nachgeschalteten Nervenzellen daraus eine verständliche Bildinformation herstellen. Der dritte *Solaris-Projekt* genannte Forschungsansatz nutzt ebenfalls künstliche, neuronale Rechner zur Bildvorverarbeitung, stellt aber die Verbindung zwischen technischem und biologischem System im Bereich des Sehnervs, direkt hinter dem Augapfel mit bereits entwickelter Verbindungstechnologie, der „dualselektiven Scannerelektrode" her. Dieser

Epiret, Subret und Solaris sind die Namen drei verschiedener Projekte, die versuchen, Blinden das Sehen zu ermöglichen.

199

dritte Ansatz hat den großen Vorteil, daß im empfindlichen Gewebe des Augeninneren nicht manipuliert und die Technologie der Nervenstimulation nicht neu erarbeitet werden muß, daß heißt, die Entwicklungszeit des Solaris-Projekts gegenüber dem Epiret-Projekt und dem Subret-Projekt ist sicherlich kürzer.

Prothetisches Paradies in Sicht

Lernfähige Neurocomputer passen sich der Nervensprache allmählich an.

Gleichwohl steht am Horizont ein „prothetisches Paradies", das Leiden wie Querschnittslähmungen oder Hirnschlag möglicherweise vergessen macht. Neuronale Prothesen der nächsten Generation versprechen in der Tat perfekte Prothesen zu sein, die sich nahtlos in die Kommunikation des biologischen, neuronalen Netzes integrieren lassen. Neuronale Rechner reagieren auf Veränderungen des biologischen Nervensystems, registrieren das Impulsgeschehen, passen sich der veränderten Codierung an. Der Patient merkt von dieser ständig stattfindenden Anpassungsarbeit des neuronalen Netzes nichts – bis auf die angenehme Beobachtung, daß sie perfekt funktioniert.

Erste neuronale Rechner sind bereits im Einsatz, aber sie simulieren mit wenigen (einigen hundert) technischen Neuronen nur einen verschwindend kleinen Teil des Nervensystems. Wie viele Jahre notwendig sind, bis wir über die perfekte, bidirektionale, lernfähige, selbstadaptierende, fehlertolerante, neurobionische Prothese verfügen, hängt von sehr vielen Faktoren ab. Hierzu zählen die Synergieeffekte der an den Forschungen beteiligten Disziplinen. Noch wichtiger jedoch dürfte in diesem Zusammenhang das Interesse der Wirtschaft sein; denn mit Forschungsprojekten allein kommen noch keine marktfähigen Produkte „in die Regale". Flexible und lernfähige Systeme ermöglichen gegenüber herkömmlichen Rechnern einen Quantensprung in der Neurokommunikation: Nur die neuronalen Mikroprozessoren wären als in das biologische System integrierter Bestandteil zu „ebenbürtiger Kommunikation" fähig.

Die Tatsache, daß Technik in der Lage sein könnte, mit dem Nervensystem des Menschen auf bionischer (biologisch gleichwertiger) Ebene zu kommunizieren, ist an der neurobionischen Forschung zweifelsohne faszinierend. Im bionischen, das heißt im biologisch intelligenten Sinne nutzt Neurobionik alle vorhandenen neuroanatomischen Strukturen. Neurobionik zielt darauf ab, Technik zum integralen Bestandteil des Organismus zu machen – Technik, Seite an Seite mit dem neurobiologischen System des Menschen. Um diese Prothesen der Zukunft geht es auf den folgenden Seiten.

Bionische Prothesen werden integraler Bestandteil des Menschen.

Sehen mit Retina- und Sehnervenimplantat

Direkt neben der Augenlinse setzen die Chirurgen das Skalpell an. Zwei kleine Schnitte genügen zum Öffnen des Augapfels. Die Ärzte häckseln und saugen den gallertigen Glaskörper aus dem Augeninneren heraus. Eigentlich gehören Operationen an der hinteren Augenkammer seit vielen Jahren zu den Routine-Eingriffen der Ophthalmologen. Zudem ist seit 30 Jahren durch Tierexperimente bekannt, daß elektrische Stimulationen der dort liegenden Sehnerven punktförmige Sehwahrnehmungen auslösen können. Gleichwohl kam lange Zeit niemand auf die Idee, durch Kombination von Routine-Operation mit Elektrostimulationsgeräten ein neues Behandlungsfeld zu eröffnen: blinden Menschen das „Augenlicht" zurückzugeben.

Als im Jahre 1993 die beiden amerikanischen Augenärzte Eugene de Juan und Mark Humayun von der John Hopkins University in Baltimore auf dem Sehforschungskongreß ARVO davon berichteten, daß sie bei blinden

Ein erster „Lichtblick" für blinde Menschen: Sie sahen „helle kleine Erbsen".

Patienten durch Reizung einzelner Nervenzellen der Retina punktförmige Hell-Wahrnehmungen auslösen konnten, wurde die Nachricht wie eine Sensation gefeiert. Dabei waren die Effekte alles andere als sensationell, denn wirklich *sehen* – mit einem Bild vor Augen – konnten die so behandelten Versuchspersonen allesamt nicht. Für Blinde indes läuft jeder noch so kleine „Lichtblick" darauf hinaus neue Hoffnung zu schöpfen. Einer der Behandelten schwärmte, eine „kleine helle Erbse" gesehen zu haben und zeigte mit der Hand auf einen Punkt etwa 30 Zentimeter vor seinen Augen. Dort war natürlich keine Lichtquelle vorhanden – elektrischer Strom, aus einer Elektrode zugeführt, hatte den Nervenzellen der Netzhaut eine „Fata Morgana" vorgegaukelt.

Mehr als einzelne Lichtpunkte konnte die „Sehprothese" allerdings nicht vermitteln, was nach Einschätzung von Experten an dem „Low-Tech-Konzept" der beiden Amerikaner liegt. Die Prothese bestand lediglich aus einem Chip mit Lichtsensoren, der auf der Rückseite Mikro-Stimulationskontakte besaß. Der Chip verwandelte Licht in Strom, angeschlossene Stimulationskontakte reizten dann die Nervenzellen der Retina. Konzeptionell fehlte ein Information verarbeitender Neurocomputer. Dieser hätte die Stromimpulse aus dem Sehprozessor in bedarfsgerechte Impulse der Nerven umwandeln, ein intelligentes Interface bilden können. Natürlich erwarteten die amerikanischen Wissenschaftler nicht, daß die (freiwilligen) Patienten mit Hilfe der Sehprothese plötzlich sehen können. Es ging ihnen vor allem um die Frage, ob die Stimulation von Ganglienzellen tatsächlich auch „Lichtphänomene" bei den Blinden auslöst.

Retina-Implantate sollen die Arbeit untergegangener Sehnervenzellen übernehmen.

Wenn Zapfen und Stäbchen untergehen
Eine Sehprothese auf der Retina hilft leider nicht allen Blinden. Das Implantat eignet sich lediglich bei Patienten mit retinalen Schädigungen, zum Beispiel bei einer *Retinitis*

Sehen mit Retina- und Sehnervenimplantat

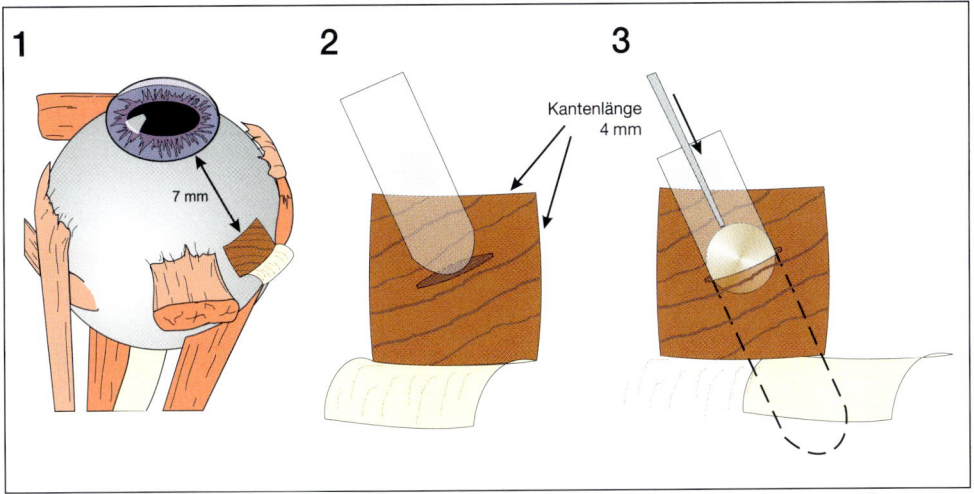

pigmentosa. Es handelt sich um eine Erbkrankheit, von der ca. 30 000 Menschen in Deutschland betroffen sind. Hier degenerieren in erster Linie die Zapfen der Netzhaut, aber auch die Stäbchen, nachdem das Pigmentepitel der Retina zugrunde gegangen ist. Die übrigen Neuronenschichten, die die Impulse der Lichtsinneszellen verarbeiten und dann über den Sehnerv zum Gehirn weiterleiten, sind intakt. Es kommt bei den Patienten zunächst zu einer Einschränkung des Gesichtsfeldes, zum sogenannten *Tunnelblick* oder zum zentralen Ausfall des Blickfeldes, und auch zum Verlust von Sehfunktionen wie zum Beispiel Nachtsehen. Am Ende dieser schleichenden Entwicklung steht häufig die unwiderrufliche Erblindung.

Das Retina-Implantat – so die Idee – könnte die sensorische Arbeit der Lichtsinneszellen ersetzen, wenn Sehchips diese Aufgabe übernehmen, die ihre elektrischen Signale den Neuronen der Retina übermitteln. Patienten, bei denen zum Beispiel ein Tumor den zum Gehirn führenden Sehnerv zerstörte, ist mit einem Retina-Implantat natürlich nicht zu helfen. Allerdings tüfteln amerikanische Wissenschaftler bereits an einer Prothese, die – unter „Umgehung" von Augapfel und Sehnerv – direkt mit den

Subretinale Implantation

Die Implantierung eines Sehchips erfolgt im Rahmen einer Routineoperation. Das Auge wird neben der Linse eröffnet, der Glaskörper entfernt, dann schieben die Operateure den Mikrochip vorsichtig unter die Netzhaut.

10. Neurobionische Prothesen der Zukunft

Nervenzellen im Sehzentrum des Gehirns verbunden werden soll. Doch davon später mehr.

Retina: Film verkehrt herum

Der Einblick in das menschliche Auge verdeutlicht die Strategie der Retina-Implantatforscher. Entwicklungsbiologisch gesehen, besteht das Auge aus zwei verschiedenen „Keimblättern", die für einige Besonderheiten verantwortlich sind. Die *neuronale Retina* ist nämlich Teil des Gehirns, während *Glaskörper*, *Linse* und *Iris* durch Umbildungen der Haut entstehen. In dem wenige Tage alten Fötus stülpt sich im Bereich der späteren Augen das Gehirn teilweise nach vorn aus und induziert einen sonderbaren Differenzierungsprozeß: Aus den Hautzellen, die mit den Hirnzellen Kontakt haben, formen sich Lider, Linsen und Iris. Am Ende entsteht so der gesamte vordere Augenkörper. Die lichtempfindliche Rückwand des Auges – die Retina – indes wird von den Nervenzellen des Gehirns gebildet. Die Retina ist demnach Teil des Gehirns. Und dieser Umstand wiederum hat eine anatomische Kuriosität zur Folge, die dem Retina-Implantat sehr entgegenkommt. Die Oberfläche der Großhirnrinde besteht aus einer Art „Kabelschicht", aus ungezählten Axonen; erst darunter liegen die dazugehörigen Neuronen. Da die Netzhaut zum Gehirn gehört, ist auch sie im vorderen, dem Licht zugewandten Teil mit Nervenfasern überzogen, dann folgen drei Schichten aus Neuronen. „Ganz unten" – versteckt unter einem Wust von Nervenzellen – sitzen die lichtempfindlichen Nervenzellen.

Wenn wir unsere Retina mit einem lichtempfindlichen Film vergleichen, dann ist es kurioserweise so, als würden wir diesen Film verkehrt herum in die Kamera einlegen. Die lichtempfindliche Schicht zeigt zur Rückwand gerichtet und nicht zum Objektiv.

Eigentlich dürften wir nur milchige, völlig verschwommene Bilder wahrnehmen, wenn alles mit rechten,

Die spezielle Anatomie unseres Auges ist praktisch für die Implantierung der Sehprothese.

Sehen mit Retina- und Sehnervenimplantat

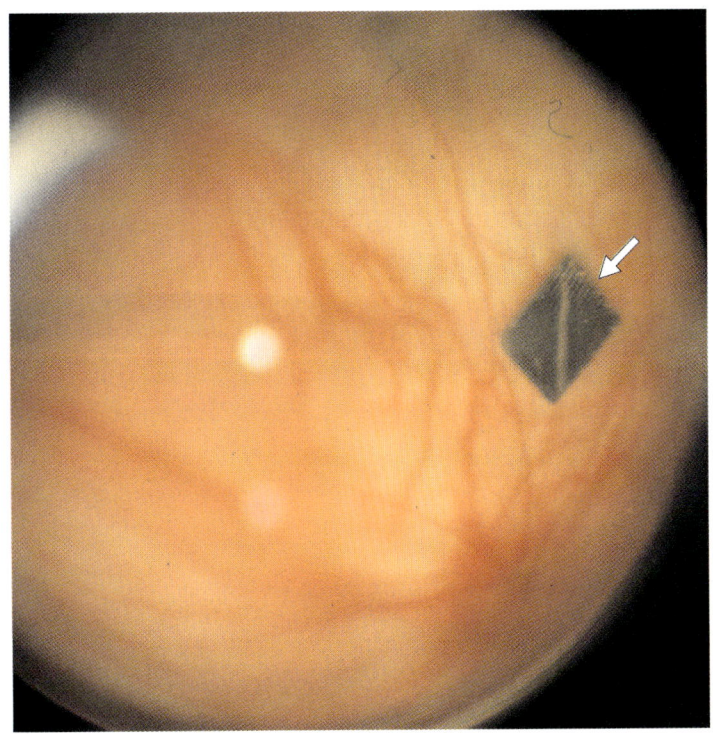

Rattenauge mit Sehchip

Der Blick in das Innere eines Rattenauges zeigt einen implantierten Mikrochip (Mikrophotodioden-Array siehe Pfeil) mit einer Kantenlänge von 3 mm. Die roten Strukturen sind fein verästelte Äderchen, die für die Nährstoffversorgung der Netzhaut verantwortlich sind.

das heißt physikalischen Dingen zuginge. Denn das von der Augenlinse kommende Licht muß zunächst eine Schicht aus Nervenfasern durchdringen, dann folgen drei Schichten von Ganglienzellen, und erst in einer Tiefe von 0,4 Millimetern trifft der Lichtstrahl auf die sensitiven Nervenzellen. Auf dem „langen" Weg dorthin wird das Licht geschwächt, gebrochen und reflektiert. Menschen sehen dennoch ein überaus brillantes und scharfes Bild, was ganz offensichtlich nicht von der Konstruktion unserer biologischen Kamera abhängt, sondern vielmehr von den Leistungen der Nervenzellen, die an der Verarbeitung der optischen Nervensignale beteiligt sind.

Kleinste Prothese der Welt

Für Sehprothesen, die auf die Oberseite der Retina gesetzt werden, kommt dieser „falsche Aufbau" der Netzhaut wie gerufen. Die defekten Sehnervenzellen in der Tiefe können gewissermaßen „links" liegenbleiben, denn es genügt, wenn die Prothese einen elektrischen Kontakt zu den oben liegenden Ganglien herstellen kann. Letztlich bilden die Nervenzellen mit ihren ableitenden Sehnervenfasern, die am *blinden Fleck* zum Sehnerv gebündelt werden, den Ausgang zum visuellen Cortex des Gehirns. Der Nachteil dieser Strategie: Die von den Sehzellen übertragenen Impulse müssen sehr biologienah strukturiert sein, die Prothese muß also die „Sprache der Nerven" beherrschen, und zwar so, als kämen die Signale aus den Tiefen der Retina.

Prothesen für die Netzhaut können auf unterschiedliche Weise implantiert werden.

Ein Retina-Implantat-Projekt der Gegenwart verfolgt ebendiesen Weg der sogenannten *epiretinalen* Reizung („epi": oben), mit entsprechend hohen Anforderungen an die impulsverarbeitenden Neurocomputer. Doch gibt es auch andere Strategien: Wissenschaftler der Universität Tübingen setzen auf eine *subretinale* Prothese („sub": unter, darunter), die folglich unter der Netzhaut plaziert wird. Der Sehprozessor liegt also in der Zone der lichtempfindlichen Stäbchen und Zapfen, unterhalb der Netzhaut-Ganglien, und ist mit seinen drei Millimetern Abmessung sicher die kleinste Prothese der Welt. Die Hoffnungen gehen dahin, auf „Computerneuronen" gänzlich verzichten zu können, indem die über der Prothese liegenden Nervenschichten in der Lage sind, die elektrischen Impulse aus der Prothese weiterzuverarbeiten, und zwar so, daß am Ende ein richtiges Bild entsteht.

Unser Auge – eine komplizierte Kamera
Eine bionische Nachbildung der hochkomplizierten Retina kann ein wie auch immer geartetes Retina-Implantat mit heutiger Technologie noch nicht erreichen. In der *Fovea*, dem Bildzentrum im Bereich der optischen Achse, sind nicht weniger als 140 000 Sehzellen pro Quadratmillimeter untergebracht. Zum Vergleich: Ein 1996 vorgestellter Photochip konnte gerade einmal 1000 lichtempfind-

Sehen mit Retina- und Sehnervenimplantat

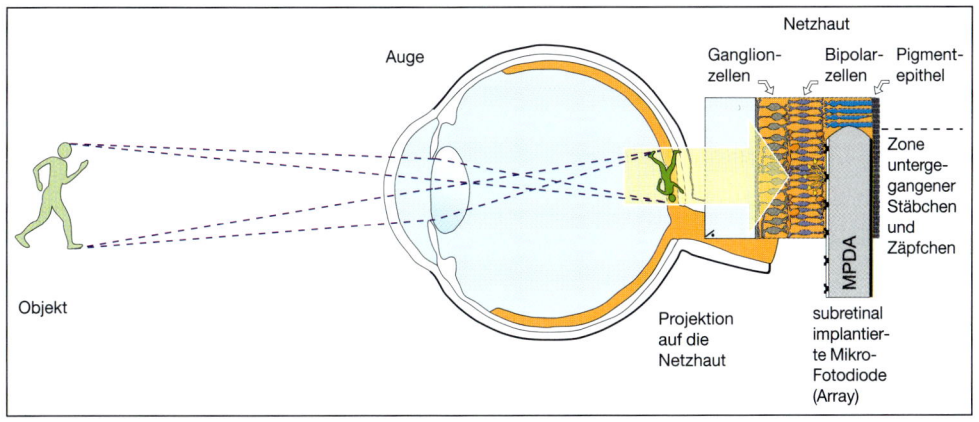

liche Zellen pro Quadratmillimeter vereinen. Außerdem sind die derzeit erprobten Retina-Implantate nur wenige Millimeter groß, das heißt, sie können immer nur einen äußerst begrenzten Bildausschnitt widerspiegeln. Hinzu kommt der Umstand, daß im optischen Mittelpunkt ausschließlich Lichtsinneszellen vom Zapfentyp angeordnet sind, während die für das Schwarz-Weiß-Sehen zuständigen Stäbchen vollkommen fehlen. Sie nehmen erst zur Peripherie hin an Dichte zu. Die Sehchips, die in die zentrale Zone der untergegangenen Zapfen hineingestellt werden, registrieren aber nur Schwarz-Weiß-Licht. Dynamische Regelkreise erschweren eine bionische Kopie zusätzlich. Ein *Servomechanismus* zum Beispiel holt bei Dunkelheit die lichtempfindlicheren Stäbchen in die Bildebene, während die für das Farbsehen zuständigen Zäpfchen in den Hintergrund verschoben werden. Ein Nerventrick verwandelt also den retinalen Farbfilm in einen Schwarzweißfilm. Der Effekt ist bekannt, denn „nachts sind alle Katzen grau". Ein Retina-Implantat-Träger muß sowohl am Tage als auch in der Nacht auf Farben verzichten.

Und noch eine Besonderheit: Lichtsinneszellen fangen die Energie des Lichtes mit Hilfe eines in der Membran liegenden photosensorischen Moleküls ein, dem *Rhod-*

Sehen mit einem Mikrochip

Tübinger Wissenschaftler setzen auf *subretinale* Sehprozessoren. Der lichtempfindliche Chip wird im Bereich der untergegangenen Pigmentzellen eingesetzt. Eintreffende Lichtstrahlen regen den Sehchip zur Stromproduktion an. Dieser Strom reizt die noch intakten Netzhautnervenzellen in der Hoffnung, daß die blinden Patienten wieder ein Bild sehen können.

10. Neurobionische Prothesen der Zukunft

opsin. Bei Lichteinfall verändert es seine dreidimensionale Gestalt. Dadurch schalten sich effektverstärkende Proteine ein, sie öffnen die Stromtore der Nervenzelle, ein elektrischer Impuls nimmt seinen Lauf. Die vom Licht ausgelöste Reizkaskade benötigt etwa 50 Millisekunden Zeit bis das System soweit regeneriert ist, daß der nächste Lichtimpuls verarbeitet werden kann. Die Trägheit des molekularen Rezeptorsystems ist demnach verantwortlich dafür, nur etwa 20 Bilder pro Sekunde separat verarbeiten zu können. Höhere Frequenzen als 20 Bilder pro Sekunde *verschwimmen* zu einer homogen empfundenen Bewegung. Einzelbilder fließen ineinander – dies ist die physiologische Geschäftsgrundlage der Filmindustrie. Ein technischer Sehchip ist von Beschränkungen dieser Art natürlich nicht betroffen, auch nicht von dem sogenannten *sichtbaren Bereich* des Lichts. Unsere Augen können zum Beispiel UV-Licht und das warme IR-Licht nicht wahrnehmen – Sehchips hingegen sehr wohl, was im Tierversuch (später davon mehr) als Wirksamkeitsnachweis genutzt wird. Worüber heute niemand aus der Wissenschaft gerne redet, ist die Vermutung, daß die neue, prothetische Sichtweise in biologisch unzugängliche Spektralbereiche sicher auch psychologische Wirkungen nach sich ziehen dürfte. Auch davon später mehr.

> Damit wir sehen können, müssen Nervenzellen auf vielfältige Weise zusammenarbeiten.

Für das räumliche Auflösungsvermögen sorgen die schon angesprochenen Stäbchen und Zapfen. 120 Millionen lichtempfindlicher Stäbchen sind für das Schwarz-Weiß-Sehen zuständig, 350 Tausend Zapfen gewährleisten das Farbsehen. Zugleich haben die farbempfindlichen Zapfen ein hohes zeitliches Auflösungsvermögen; doch können sie ihre Signale nicht aufaddieren, das heißt, jeder Zapfen führt mit einer eigenen Bahn zum Gehirn. Bei den Stäbchen ist das räumliche wie auch das zeitliche Auflösungsvermögen gering, diese Nervenzellen sind aber derart empfindlich, daß sie sogar einzelne Photonen registrieren können. Von solcher Differenzierung sind die Retina-

Implantate weit entfernt. Nur in einem Punkt ähneln die Implantate der biologischen Vorgabe. Die rund 130 Millionen Lichtsinneszellen werden durch neuronalen Zusammenschluß auf rund eine Million Nervenfasern im Nervus opticus reduziert, das bedeutet: Das Auge bündelt die Signale von teilweise mehr als hundert Lichtsinneszellen zu einem Ausgangssignal. Und auf die Prothesen übersetzt: Man muß die Netzhaut nicht im Detail nachbilden, wenn übergeordnete Neuronen gereizt werden.

Ob die Rechnung aufgeht, wird sich zeigen, wenn in etwa fünf Jahren die ersten Patienten ihr Erfahrungen sammeln. Der Sehnerv verläßt das Auge im sogenannten *blinden Fleck* und zieht zum *visuellen Cortex* — zum Sehzentrum des Gehirns. Eingebettet im Nervus opticus liegen ein bis zwei Mikrometer dünne, markhaltige und marklose Fasern. Eine Elektrode, die ohne den Sehnerv zu verletzen, hinter dem Augapfel um diesen herum gelegt wird, kann Axonbündel im Sehnerv mit einer Technologie, die heute schon in anderen neuroprothetischen Anwendungen genutzt wird, selektiv stimulieren – mit einer Auflösung von etwa 20 bis 25 Bildpunkten. Dabei sind die chirurgische Eröffnung des Augapfels und Manipulationen an dem empfindlichen Retinagewebe nicht notwendig. Auf dieses biotechnische Kontaktprinzip beim dritten in Deutschland verfolgten Projekt zur Wiederherstellung des Sehvermögens, dem Projekt *Solaris*, werden wir noch eingehen. Doch zunächst weiter zu den Retina-Implantatprojekten.

> Erst in einigen Jahren werden blinde Menschen die Sehprothesen erhalten.

Welche Prothese schafft den Durchbruch?
Weltweit arbeiten derzeit mehrere Forschungsteams an der Entwicklung dieser Sehprothesen. In Deutschland werden zwei Strategien gleichzeitig verfolgt: Unter der Leitung von Eberhart Zrenner, Universitätsaugenklinik Tübingen, entstehen subretinale Prothesen, während eine andere Gruppe unter der Leitung von Rolf Eckmiller, Neuroinforma-

10. Neurobionische Prothesen der Zukunft

tiker an der Universität Bonn, den Durchbruch mit einem epiretinalen Konzept erzielen möchte. Beide Projekte werden derzeit vom Bundesforschungsministerium mit insgesamt 18 Millionen Mark bis 1999 gefördert. Von den Forschungsergebnissen wird es abhängen, ob die Retina-Implantate weiterverfolgt werden. Welcher der beiden Ansätze letztendlich zum Erfolg führt, ist derzeit völlig offen. Viele Fragestellungen müssen noch geklärt werden, die eine disziplinübergreifende Zusammenarbeit erfordern.

Das Bundesforschungsministerium fördert die Entwicklung von Sehprothesen.

Einige Erfolge indes können die Forscher bereits vorweisen. So sind zum Beispiel spezielle Elektrodenstrukturen konstruiert worden, und auch die Bioverträglichkeit der eingesetzten Materialien scheint (zumindest über einige Monate) gewährleistet zu sein. Prüfungen dieser Art machen Tierversuche erforderlich. Selbst im Jahre 1999 – wenn über den Fortgang des Projekts entschieden wird – stehen Versuche mit Menschen immer noch in weiter Ferne. An Freiwilligen besteht kein Mangel. Blinde drängen derzeit die Forscher mit der Bitte um die Sehprothesen.

Subret-Prothesen gehen unter die Haut

Wissenschaftler, die den *subretinalen* Ansatz (Subret) verfolgen, setzen auf eine bionische Strategie: Photosensoren, räumlich exakt an die Stelle der defekten Sehzellen positioniert, sollen bei Lichteinfall mit elektrischen Signalen reagieren, die dann von den darüberliegenden „lebenden" Neuronen mit höchster, weil biologischer Effizienz verarbeitet werden. Eine wichtige Frage in diesem Zusammenhang war, ob diese Nervenzellen nach langjähriger Blindheit überhaupt noch existieren. Netzhautuntersuchungen an Verstorbenen, die zu Lebzeiten seit Jahrzehnten erblindet waren, ließen die Forscher aufatmen, denn die den Sehnervenzellen nachgeschalteten Neurone sind – wenn-

Subret-Prothesen gehen unter die Haut

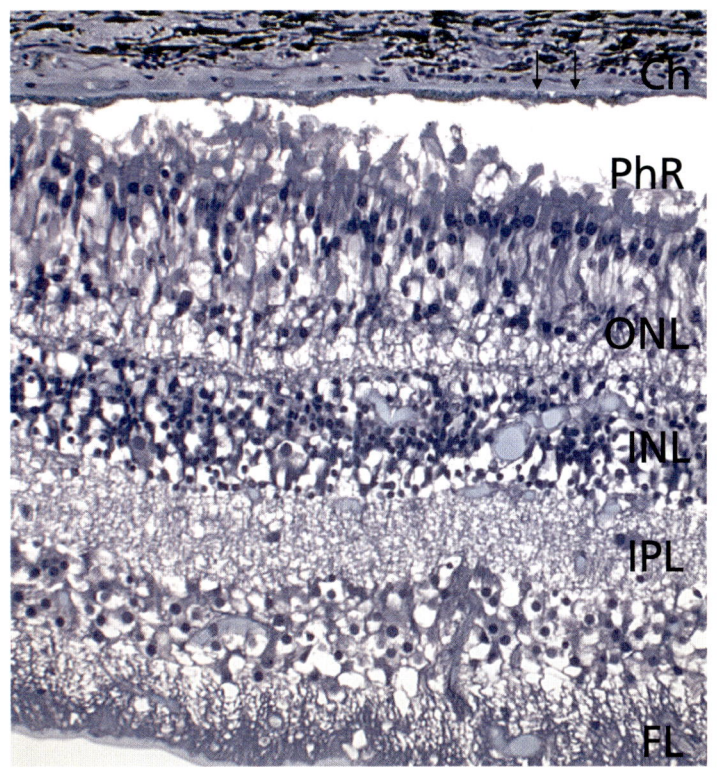

Menschliche Netzhaut eines Blinden

Dieses Netzhautprofil eines blinden Menschen mit Retinitis pigmentosa zeigt die verkümmerten Seh-Zapfen (PhR), die sich von dem dahinterliegenden Pigmentepithel (Ch) abgelöst haben. In diesen Spalt kommt der Sehchip hinein. Wichtigste Erkenntnis der mikroskopischen Voruntersuchungen an verstorbenen Blinden war der sichtbare Beleg, daß die darüberliegenden Nervenzellen der Netzhaut noch intakt waren. Diese Nervenzellen sind der elektrische Angriffspunkt für den Sehchip.

gleich oftmals in rudimentärer Form – immer noch vorhanden. So liegt die Vermutung nahe, daß sie auch funktionieren, wenn die Nervenzellen erstmals wieder mit Elektroden gereizt werden.

Im Kern besteht das *Subret-Implantat* aus einer Ansammlung dicht gepackter *Mikrophotodioden* (MPD), die als MPD-Array unter die Neuronenschicht der Netzhaut plaziert werden. Die lichtempfindliche Schicht ist selbstverständlich nach vorne gerichtet, damit die Lichtstrahlen den Chip optimal anregen können. Im Grunde plazieren die Forscher mit dem MPD-Array einen künstlichen, lichtempfindlichen „Film" in die Netzhaut. Da die Augenlinse noch intakt ist, projiziert sie ein Bild von der Umwelt auf den Chip. Durch die zahlreichen, nebeneinanderliegenden Photodioden wird dieses Bild in einzelne

10. Neurobionische Prothesen der Zukunft

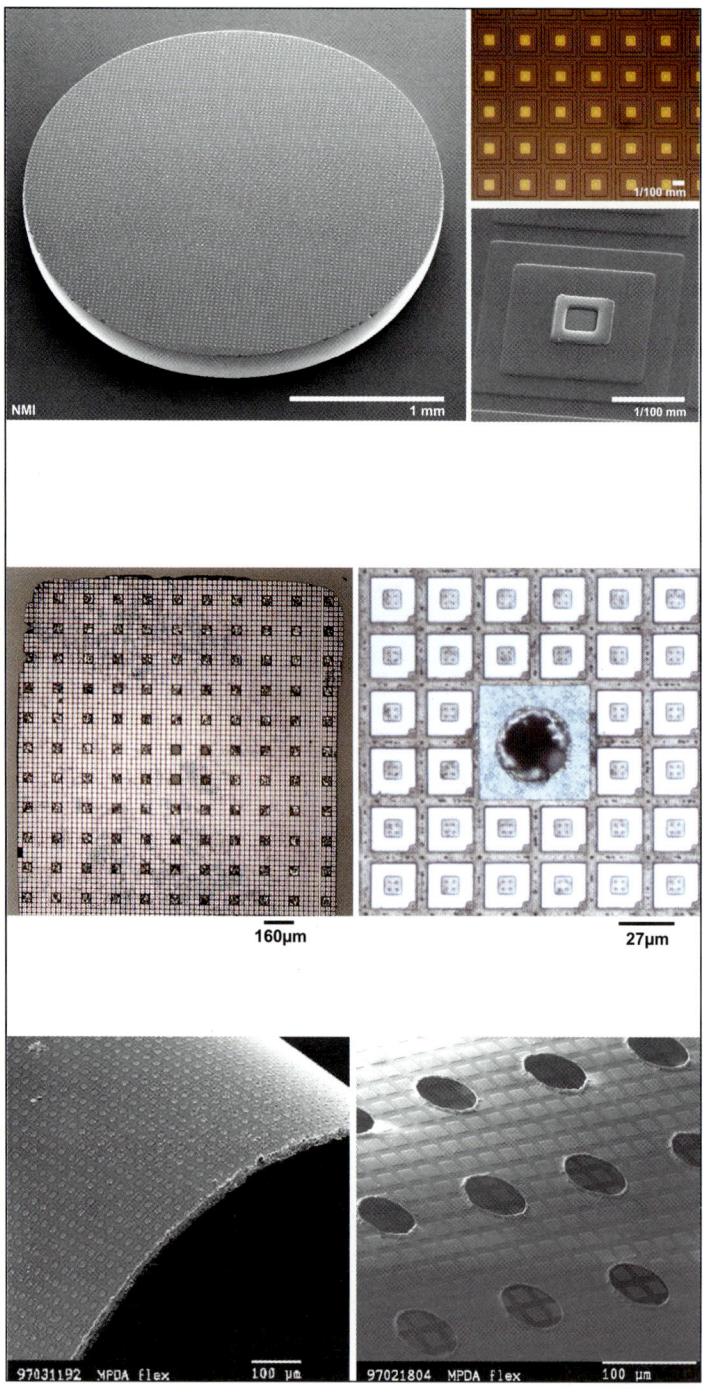

"Lichtpunkte" unterteilt – vergleichbar mit den Pixeln eines Nadeldruckers – wobei jeder Lichtpunkt in Elektrizität verwandelt wird und die Nervenzellen in direkter Nachbarschaft reizt. Der Umweg über den Photochip läßt aus dem Licht einen Nervenimpuls entstehen.

Die Hoffnungen gehen nun dahin, daß das Gehirn in der Lage ist, aus den eintreffenden Nervenimpulsen ein vollständiges Bild zusammenzusetzen. Soweit zunächst einmal zur Theorie. Wie bei herkömmlichen Netzhautoperationen wird der Glaskörper entfernt, die Netzhaut mit einer scharfen Kanüle aufgeschlitzt, und der nur drei Millimeter große und 50 bis 100 Mikrometer dicke *Array* zwischen innerer Netzhaut und Pigment-Epithel hineingeschoben (siehe Abbildung *Entwicklungen verschiedener Retina-Implantate*). Künstliche neuronale Netze, Kameras und komplizierte Sende-Empfangs-Anlagen sucht man bei dieser Prothese vergebens. Das Bundesforschungsministerium finanziert das Projekt seit 1995, und mittlerweile liegen eine ganze Reihe von ermutigenden Ergebnissen vor.

> Photodioden verwandeln das Licht in Elektrizität. Dieser Strom soll die Sehnerven reizen.

Sehprothesen aus der Spritze

Das Institut für Mikroelektronik in Stuttgart zeigte den Prototyp eines Photochips der Öffentlichkeit erstmals 1996 auf der Industriemesse in Hannover. Auf dem Chip

◀ **Entwicklungen verschiedener Retina-Implantate**

Beim ersten Sehchip (oben) waren die zugehörigen Elektrodenpaare vorn und auf der Rückseite angeordnet. Der freigesetzte Photostrom mußte um den Chip „herumfließen". Dabei ging sehr viel Strom verloren, eine Reizung der Retina blieb aus. Durch die Entwicklung bipolarer *Photodioden-Arrays* (Mitte) ist die „Stromausbeute" deutlich gestiegen. Plus und Minus liegen in den quadratischen Zonen dicht beieinander. Aber auch hier war die Stromproduktion nicht ausreichend: Normales Tageslicht konnte die Nervenzellen nicht anregen, nur bei sehr gleißendem Licht produzierten die Sehzellen genügend Strom. Der dunkle Kreis (Mitte rechts) ist ein „Versorgungsloch". Hier sollen gelöster Sauerstoff und Nährstoffe durchfließen. Je größer die Chips, desto wichtiger die Versorgungslöcher. Großflächige *Arrays* (unten) müssen flexibel sein, damit sie sich dem runden Augapfel anpassen können. Hier sind die Versorgungslöcher in regelmäßigen Abständen von entscheidender Bedeutung.

10. Neurobionische Prothesen der Zukunft

waren 7000 schachbrettartig angeordnete Photodioden auf einem Scheibchen von nur drei Millimetern Durchmesser angeordnet. Die Mikrophotodioden erreichen mit ihren Abmaßen von nur 20 mal 20 Tausendstelmillimetern eine Packungsdichte der Photorezeptoren, wie sie zumindest in der Peripherie der Retina realisiert ist. Um einen Sehchip zu implantieren, muß die Netzhaut erst einmal angeritzt werden. Durch diesen Spalt gelangt der nur drei Millimeter große Chip in den subretinalen Raum, und zwar genau dort, wo die untergegangenen Sehnervenzellen liegen. Bei vielen Blinden hat sich in diesem Bereich ohnehin schon eine Art „Hohlraum" gebildet, weil die Sehnervenzellen verkümmert sind. Die Versorgung des subretinalen Bereichs mit Sauerstoff und Nährstoffen ist bei der geringen Größe des Chips. noch kein Problem. Großflächige Chips – die Prothesen der Zukunft – müßten in regelmäßigen Abständen perforiert sein, damit die interzelluläre Flüssigkeit zwischen vorne liegenden Nervenzellen und Augenhintergrund zirkulieren kann.

Als Vision bereits angedacht sind aber auch flüssige *Suspensionen einzelner Photosensoren*, die unter die Retina gespritzt werden. Die frei beweglichen Partikel sollen sich im subretinalen Spalt gleichmäßig verteilen und angrenzende Nervenzellen stimulieren. Erste Versuche mit Dummies aus kristallinem Silizium liefen allerdings nicht sehr erfolgreich. Die Partikel verklebten unter der Netzhaut zu Siliziumhaufen, so daß dieser elegant erscheinende Weg vorerst nicht weiterverfolgt wird, denn die Zeit bis zum Projektende drängt. Aber vielleicht ist es dennoch irgendwann einmal möglich, Sehprothesen mit einer Spritze einfach zu injizieren.

In zweijähriger Entwicklungsarbeit sind bereits drei Generationen von Implantaten entstanden, ohne daß von einem Durchbruch gesprochen werden kann. Bei der ersten Dioden-Generation waren die Pole der Elektroden auf der Vorder- und auf der Rückseite angeordnet. Der

Subret-Prothesen gehen unter die Haut

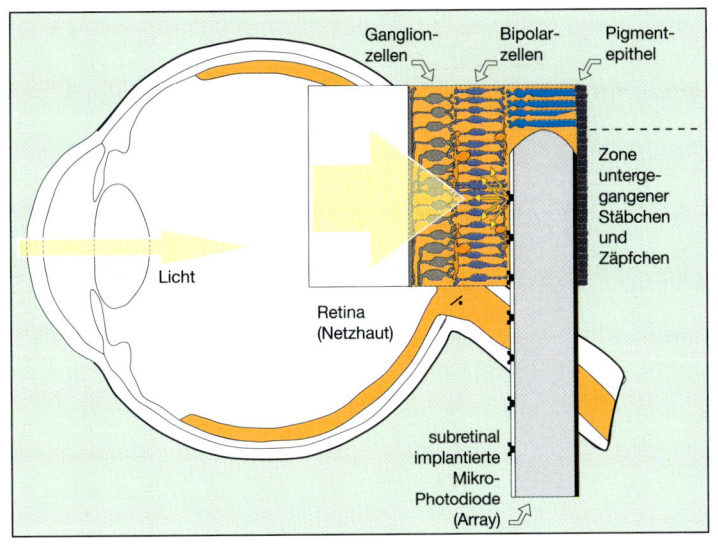

Sehchip für blinde Augen

Die stark vergrößerte Netzhaut zeigt sehr schön, wo der implantierte Sehchip arbeiten soll. Die Photodioden kommen unter die Netzhaut, dort, wo die untergegangenen Sehzellen liegen. Da die darüber liegenden Nervenzellen wie zum Beispiel Bipolarzellen und Ganglienzellen noch intakt sind, können sie von dem Sehchip elektrisch gereizt werden.

Strom mußte umständlich und verlustreich um den Chip herum auf die Rückseite fließen, was dazu führte, daß der freigesetzte Strom nicht mehr ausreichte, den Schwellenwert der Nervenzellen zu überschreiten. Die Neuronen blieben stumm. Bei einer zweiten Version lagen die Elektroden dicht beieinander – noch dazu auf der Vorderseite, dort, wo die Nervenzellen der Retina liegen – und trotzdem reichte die freigesetzte Elektrizität immer noch nicht aus, um bei den Nervenzellen Impulse auszulösen.

Jetzt greifen die Wissenschaftler zu größeren Photodioden, die in der Lage sind, mehr Strom freizusetzen. Der Nachteil dieser Strategie: Die Zahl der Dioden pro Chipfläche verringert sich und damit eben auch die „Bildauflösung". Das Problem der zu geringen Stromstärke ist auch von anderer Seite angegangen worden. Korrosionsbeständige Stimulationselektroden aus hochleitendem Gold, Iridium und Titannitrit, entwickelt vom *Naturwissenschaftlichen und Medizinischen Institut Reutlingen*, sollen die elektrischen „Reibungsverluste" möglichst gering halten.

In jedem Fall muß die subretinale Prothese so viel Elektrizität freisetzen, daß die Nervenzellen *anspringen*.

10. Neurobionische Prothesen der Zukunft

Keine leichte Aufgabe. Besondere Bedeutung erlangen hierbei die Beschichtungstechniken. Es kommt nämlich darauf an, die Oberfläche der Photodioden so zu beschichten, daß die Nervenzellen möglichst nahe an die Elektroden herankommen. Ein „Spalt" von nicht einmal einem Tausendstelmillimeter würde schon zu einer erheblichen Streuung des Stimulationsstroms führen: Die angrenzenden Nervenzellen blieben dann stumm, weil sie nur dann reagieren, wenn sich die Potentialdifferenz der Nervenzellmembran um mindestens ein Hundertstel Volt verändert. Forschungsarbeiten gehen heute sogar dahin, mit speziellen Beschichtungen die Nervenzellen zu veranlassen, bevorzugt auf den Elektroden anzudocken – vielleicht sogar anzuwachsen.

Tiere im Test

Mit bisherigen Photodioden können die Versuchstiere nur bei extrem grellem Licht etwas „sehen".

Alle Erkenntnisse sind vorerst im Rahmen von Tierversuchen – vor allem mit Ratten – gewonnen worden. Blinde Versuchstiere lassen sich dabei auf zweierlei Weise „gewinnen". So unterdrückt ein künstlich eingebauter Gendefekt die Bildung der lichtempfindlichen Pigmentschicht. Die Ratten kommen blind auf die Welt. Den *brutaleren* Weg eröffnen hohe Dosen sehr energiereichen UV-Strahlen, mit denen die Tiere geblendet werden. Das UV-Licht *verbrennt* gewissermaßen die empfindlichen Lichtsinneszellen, während die anderen in der Netzhaut liegenden Neuronen für die Versuchszwecke intakt bleiben. Für die relativ kleinen Augen der Ratten waren drei Millimeter große MPD-Arrays fast schon zu groß. Die „steifen" Chips paßten kaum in die Rundung der Augenhinterwand hinein. Dieses Problem muß später einmal – wenn die Versuche mit Menschen beginnen – unbedingt gelöst sein. Denkbar in diesem Zusammenhang sind zum Beispiel viele kleine Arrays, die wie Mosaiksteine die Netzhaut auspflastern. Einen eleganteren Weg bieten flexible Implantate, die sich den Rundungen des Auges anpassen. Auch hier gibt es bereits folienartige Lösungsansätze, die allerdings mit dem Manko behaftet sind, daß diese flexiblen Implantate sehr schnell einreißen und unbrauchbar werden.

Mittlerweile sind Katzen und Kaninchen in die Versuchsreihen eingebunden – demnächst kommen auch Schweine an die Reihe. Tiere können zwar nicht berichten, ob und wie sie sehen, Ableitversuche in Form von *Elektroretinogrammen* lassen jedoch vermuten, daß sie sehr wohl die Signale aus der Prothese wahrnehmen. Eine Blendung der Kaninchen mit aggressiven UV-Licht kam dabei übrigens nicht in Betracht, weil dann die gesamte Netzhaut untergeht und für Versuche unwiederbringlich verloren ist. Es gab aber einen Trick: Im Gegensatz zu den natürlichen Sehzellen im Kaninchenauge – wie auch im menschlichen Auge – reagieren künstliche Sehchips nämlich auf Infrarotlicht (Wärmestrahlen). In völliger Dunkelheit zeigte das Elektroretinogramm keinerlei Aktivität; Dunkelheit, gepaart mit IR-Licht, regte hingegen die Neuronen an. Das heißt: Die elektrischen Impulse konnten nur von dem Mikrochip ausgehen. Da die isolierte Netzhaut für einige Stunden immer noch voll funktionsfähig ist, können zum Beispiel auch die Augen getöteter Schweine vom Schlachthof genommen werden. Von Tieren also, die ohnehin sterben mußten.

> Ratten, Katzen, Kaninchen und Schweine dienen als Versuchstiere.

Bis erstmals Menschen in vier bis fünf Jahren mit diesen Prothesen in Berührung kommen, müssen noch etliche Fragen beantwortet werden. Wie ist es um die Langzeitstabilität der Prothese bestellt? Werden die elektrischen Impulse des Implantats von den Nervenzellen überhaupt zu einem *verständlichen Bild* zusammengesetzt? Die derzeit wichtigste Frage aber berührt immer noch den Mikrokontakt zwischen Elektroden und Nervenzellen. Die Stromstärke der Photodioden reicht nämlich immer noch nicht aus, unter „natürlichen Lichtverhältnissen"

10. Neurobionische Prothesen der Zukunft

Viele Fragen sind durch Tierversuche zu klären, bevor Menschen die Prothesen ausprobieren können.

genügend Elektrizität für die Anregung der Neuronen zu erzeugen.

Weiter ist zu fragen, ob stabile und zahlenmäßig ausreichende Verbindungen hergestellt werden können und die kontaktierten Zellen dann überhaupt noch funktionsfähig sind, die Impulse weiterzuleiten? Ungeklärt ist in diesem Zusammenhang auch, ob der mikroskopisch sichtbare Degenerationsprozeß bei der Retinitis pigmentosa die Funktionsfähigkeit der Ganglienzellen so massiv einschränkt, daß die Impulse aus dem Mikrochip nicht mehr zu Bildern zusammengesetzt werden können. Dreh- und Angelpunkt beim subretinalen Implantat sind also die *biologischen Neuronen* der Retina. Sie haben dafür zu sorgen, daß die elektrischen Signale aus dem Mikrochip in die Sprache der Nerven übersetzt werden. Gelingt dies nicht, ist dieser Ansatz im Prinzip gescheitert.

Epiret-Projekt

Was die natürlichen Ganglien der Netzhaut nicht schaffen, das könnten vielleicht *technische Neuronen* bewerkstelligen. Diesen Weg verfolgt das Epiret-Projekt. Das epiretinale Projekt ist von der technischen Konzeption her wesentlich aufwendiger, was derzeit aber nicht besagt, daß es schwieriger zu realisieren ist. Die Bezeichnung „epiretinal" drückt bereits aus, daß es sich hierbei um eine völlig andere Strategie handelt. Die Stimulation der Nervenzellen erfolgt nämlich „von oben", indem ein *Retina-Stimulator* (*RS*) auf die freigelegte Netzhaut „gelegt" wird. Der zweite Ansatz versucht, auf der noch gesunden Innenseite der Netzhaut eine Mikrokontaktfolie zu implantieren, die elektrische Impulse direkt an den dort abgehenden Sehnerv Richtung Gehirn weitergibt. Axone und Nervenzellen werden also lediglich als „Leitungsmedium" benutzt, keineswegs aber als biologischer Rechner.

Epiret-Projekt

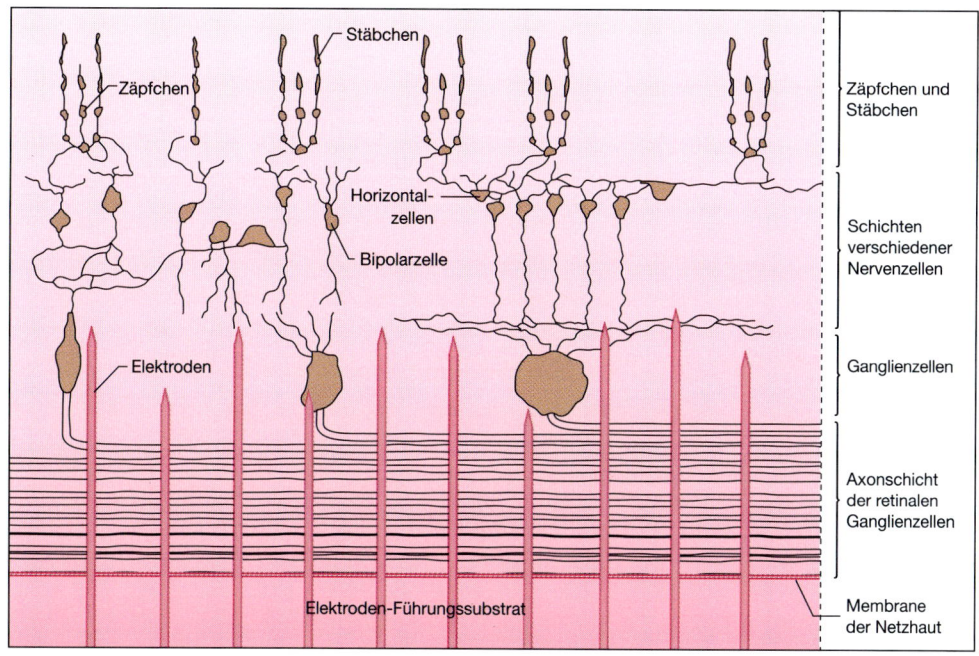

Elektrodenträger vom Fakir?

Wie sollen die Nervenzellen der Retina „von oben" gereizt werden? 1993 stellten sich Wissenschaftler im Leitprojekt *Neurotechnologie* einen Elektrodenträger vor, der an ein miniaturisiertes Fakir-Bett erinnerte. Allerdings sind die wie „Nägel" aussehenden Elektroden gerade einmal fünf Hundertstelmillimeter lang. Bei einem Elektrodenabstand von einem Hundertstelmillimeter sollten so 100 Elektroden pro Quadratmillimeter zur Stimulation der Nervenzellen in der Netzhaut benutzt werden können. Mittlerweile hat man sich von diesem Konzept verabschiedet. Die Verletzungsgefahr ist beim „Einstechen" zu groß. Heute werden „Oberflächenelektroden" bevorzugt, die lediglich auf die Retina aufgelegt werden.

Die Umformung der Lichteindrücke in diese elektrischen Impulse, die normalerweise die Netzhaut übernimmt, geschieht bei diesem Ansatz außerhalb des Auges in speziell entwickelten Signalprozessorchips. Die Lage des Stimulators auf der neuronalen Oberfläche der Netzhaut hat also weitreichende Konsequenzen zur Folge. Da hier die letzte Schicht vor dem Ausgang in den Sehnerv stimuliert wird, müssen an dieser Stelle sehr *biologienahe* Impulse

> Das Epiret-Projekt bringt Neurocomputer zum Einsatz. Die Elektroden stimulieren die Netzhaut von oben.

10. Neurobionische Prothesen der Zukunft

vermittelt werden. Das heißt: Diese Strategie setzt detaillierte Kenntnisse über die neuronale Arbeit der Retina voraus, denn nur dann können eben auch Computer entwickelt werden, die diese Aufgabe auf (biologisch) adäquate Weise erledigen. Diese anspruchsvolle Arbeit kann nur ein künstliches neuronales Netz mit technischen Neuronen lösen.

Das Bild von einer externen „Videokamera" wird zur Netzhaut gesendet.

Das geplante Retina-Implantat setzt sich aus drei Bauelementen zusammen: Der sogenannte *Retina-Encoder* (*RE*) besteht aus einer Videokamera mit einem etwa Quadratzentimeter großen Halbleiterchip, bestehend aus 10 000 bis 100 000 Photosensoren, der das Bild in einzelne elektrische Signale zerlegt. Ein angeschlossener Neurocomputer verwandelt die Signale in Impulse, die den Nervenimpulsen möglichst ähnlich sind. Dieser Retina-Encoder befindet sich derzeit – wegen seiner Größe – außerhalb des Auges. Patienten sollen eine entsprechende Brille tragen, auf der die Kamera samt Computer installiert sind. Als Fernziel ließe sich zumindest die Kamera in einer Kontaktlinse unterbringen. Ebenfalls in der Brille integriert ist das drahtlose *Signal- und Energieübertragungssystem* (*SE*), das nun – per Funk – die errechneten Impulse aus jedem einzelnen Pixel der Photodiode an den auf der Netzhaut liegenden Retina-Stimulator sendet. Die Übertragung der Signale vom Chip zur Mikrokontaktfolie auf der Netzhaut geschieht durch extrem schwache Funkwellen, wobei die Forschenden hoffen, das keine Schädigungen durch die Strahlen eintreten.

Um eine möglichst große Sicherheit bei der Übermittlung der Stimulationsimpulsfolgen zu gewährleisten, werden die Signale vor dem Versenden codiert und im Retina-Stimulator wieder decodiert. Dieser *Retina-Stimulator*, der als einzige Apparatur im Auge implantiert ist, besteht aus der Empfangsstation, einem Rechner zur Decodierung und aus Elektroden zur Versorgung der oberen Neuronenschicht. Auf eine Stromversorgung kann ver-

Epiret-Projekt

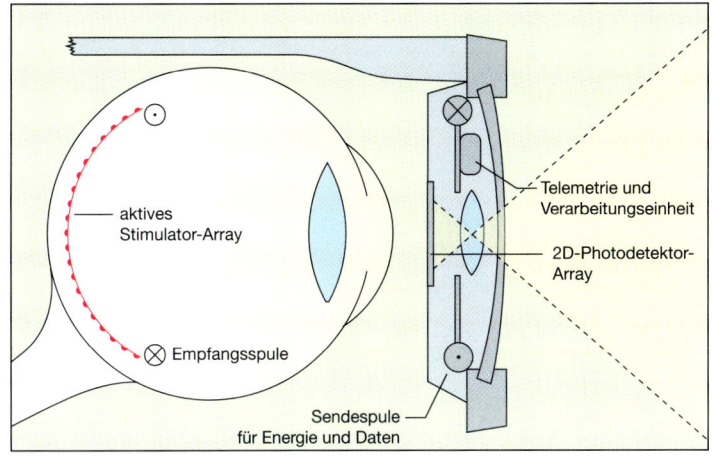

Architektur eines Retina-Implantats

Beim sogenannten *Epiret-Projekt* befinden sich nur der Elektrodenträger und eine Empfangseinrichtung im Inneren des Auges. Kamera, Photodetektor, Neurocomputer und Sendespule sollen in einem Brillengestell untergebracht werden. Schon denken die Forscher daran, den Photodetektor soweit zu verkleinern, daß die Apparatur in einer Kontaktlinse Platz findet.

zichtet werden, da der Retina-Stimulator mit elektromagnetischer Energie aus dem Energieübertragungssystem versorgt wird.

Anders als eine klassische Kamera mit einer Blende zur Lichtmengenregulierung hat der *Sehchip* alle Funktionen für die Bildaufnahme, Helligkeitsanpassung und Signalaufbereitung bereits „eingebaut". Ein nachgeschalteter lernfähiger und dynamischer „Ortsfilter" aus 100 bis 1000 technischen Ganglienzellen ermöglicht eine optimale Einstellung für Gegenlicht, Dunkelheit, schnelle Bewegungen und vieles mehr. Die *technischen Neuronen* verwandeln die Lichtmuster in Pulsfolgen, die dann in einem weiteren Schritt von einem lernfähigen Signalprozessorchip weiterverarbeitet werden, bevor sie zur Sendeanlage kommen.

Das Konzept der epiretinalen Prothese ist also wesentlich aufwendiger und bedarf vor allem Know-how aus der technischen Forschung und weniger aus der Biologie. Blinde, die mit dieser Prothese vielleicht einmal sehen können, werden sich kaum daran stören, daß der Retina-Encoder wegen seiner Größe auf ein externes Brillengestell montiert wird, also keine sonderlich ästhetische Lösung bietet. Schwerer allerdings dürfte das Problem wiegen, daß die op-

10. Neurobionische Prothesen der Zukunft

tische Achse der Kamera von der Augenachse grundsätzlich entkoppelt ist. Das bedeutet: Das Bild wird nicht mit der Augenbewegung eingestellt, sondern mit der Kopfbewegung, was zu einer gewissen Verwirrung führen kann. Sollte es gelingen, die „Kamera" in einer Kontaktlinse zu plazieren, wäre dieser Nachteil allerdings behoben.

Wie beim Subret-Projekt kann der Stimulator nur dann implantiert werden, wenn der Glaskörper im Augapfel entfernt ist. Der Retina-Stimulator wird dann in einem schützenden Trägerwerkzeug in das Augeninnere eingebracht und anschließend als Mikrokontaktfolie an die Oberfläche der Netzhaut „geschmiegt". Das alles hat wegen der hohen mechanischen Empfindlichkeit mit äußerster Vorsicht zu geschehen. Erschwerend kommt hinzu, daß die Elektroden mit einer Genauigkeit von 0,01 bis 0,02 Millimeter positioniert werden müssen und im späteren Verlauf natürlich nicht mehr verrutschen dürfen. Als Befestigung der Elektroden kommen derzeit biologische Klebetechniken in Betracht, aber auch mechanische Verankerungen in der Lederhaut. Erste Stimulatoren, die bei Kaninchen und Katzen eingesetzt wurden, besaßen 250 Elektroden.

> Niemand kann heute sagen, welche der beiden Sehprothesen besser funktioniert, und ob Blinde damit überhaupt sehen können.

Heute kann niemand genau sagen, wie sich die Netzhaut durch das Retina-Implantat mit der Zeit verändert, ob zum Beispiel Fremdkörperreaktionen eintreten können. Schlimme Folgen wären auch Vernarbungen, etwa im Bereich der mechanischen Fixierung. Jede Form der Gewebereaktion kann natürlich auch Einfluß auf die Ganglienzellen nehmen und die Signalvermittlung zwischen Retina-Implantat und Netzhaut-Ganglien empfindlich stören. Rolf Eckmiller von der Universität Bonn, Leiter des Epiret-Projekts, fordert in diesem Zusammenhang „ausführliche Tierexperimente" unter Anwendung feingeweblicher und funktionsübergreifender Methoden, bevor diese Prothesen beim Menschen zum Einsatz kommen.

Zwei Wege – ein Ziel

Hinter dem Epiret- und dem Subret-Projekt stecken zwar ganz unterschiedliche Strategien, doch sind die Probleme in vielerlei Hinsicht identisch. Noch ist nicht entschieden, welche Technik die besseren Resultate liefert. Die subretinale Vorgehensweise ist auf den ersten Blick „bionischer", weil sie auf komplizierte Technik weitgehend verzichtet – in der Hoffnung, daß die biologischen Neuronen der Netzhaut die elektrischen Signale der Photosensoren intelligent verarbeiten und *ins Bild setzen*. Daß Impulse tatsächlich fließen, konnte durch Elektroretinogramme im Tierexperiment bereits belegt werden. Ob die Katzen oder Kaninchen dabei nur Lichtpunkte wahrnehmen oder wirklich ein zusammenhängendes Bild sehen, ist eine ganz andere Frage. Rolf Eckmiller, der auf das „konkurrierende" Epiret-Projekt setzt, läßt sich nur dann überzeugen, wenn eine Katze mit Subret-Prothese tatsächlich auch Mäuse fängt. Dieser Erfolg dürfte in der Tat noch in weiter Ferne liegen. Die beteiligten Wissenschaftler wären schon froh, wenn die Blinden mit Hilfe der Prothesen überhaupt etwas sehen könnten, und seien es nur vage Schatten und Umrisse – grau in grau. An bunte Bilder ist derzeit überhaupt nicht zu denken, weil die Farben von den Chips in entsprechende Grauwerte umgerechnet und dann in elektrischen Strom verwandelt werden. Die Kenntnisse über eine farbgetreue Abbildung stehen also noch in den Sternen.

Alternative: Solaris-Projekt

Die beiden Retina-Projekte zur Wiederherstellung der Sehfähigkeit bei netzhautgeschädigten Patienten haben das Problem zu lösen, einen neuen biotechnischen Kontakt für die Retina zu entwickeln: entweder für den subretinalen oder den epiretinalen Spaltraum. Diese Vorhaben sind mit mehr oder weniger großen Entwicklungsproblemen, aber

10. Neurobionische Prothesen der Zukunft

auch mit Schwierigkeiten infolge der anzuwendenden chirurgischen Implantationsverfahren verbunden. In einer Kooperation zwischen Westfälischer Wilhelms-Universität, der Fachhochschule Steinfurt, der Ruhr-Universität Bochum und der Universität Twente in Enschede (Niederlande) wird deshalb im Rahmen des Projekts *Solaris* eine weitere Möglichkeit erforscht, an der Netzhaut erkrankten Patienten zu helfen. Der wichtigste Unterschied zu den vorher beschriebenen Forschungsansätzen liegt in der vorgesehenen Kontaktstelle zwischen biologischem und technischem System.

Beim Solaris-Projekt bleibt der Augapfel von einem chirurgischen Eingriff völlig verschont. Die Schwierigkeiten der Retina-Implantate versucht man so zu umgehen.

Wir hatten schon im zweiten Kapitel darauf hingewiesen, daß eines der Grundprinzipien der Neurobionik die Verwendung standardisierter Kontaktverfahren im Bereich von Hirnnerven, Spinalnerven und peripheren Nerven darstellt. Die visuellen Informationen werden dem Gehirn – wie bekannt – über den zweiten Hirnnerv, den Sehnerv (Nervus opticus), zugeführt. Die Nervenzellen, deren Fortsätze den Sehnerv bilden und die vom Augapfel bis zum Zwischenhirn reichen, liegen in dem epiretinalen Raum der Netzhaut. In diesem Raum versucht das Epiret-Projekt den biotechnischen Kontakt mit den oben beschriebenen Kontaktfolien herzustellen und über diese elektrischen Kontakte die Nervenzellen zu stimulieren, die die erzeugten Impulse über den Sehnerv dann bis zum Zwischenhirn senden, wo sie umgeschaltet, verarbeitet und zur Sehrinde weitergeleitet werden.

Anstelle des technisch schwierigen und chirurgisch anspruchsvollen Vorhabens, den epiretinalen Raum zu kontaktieren, setzt das Solaris-Projekt auf ein Standardverfahren zur Herstellung der biotechnischen Verbindung: die von der Fachhochschule Steinfurt patentierte „dual-selektive Scannerelektrode". Diese Elektrode wird über einen standardisierten seitlichen, neurochirurgischen Zugang zur Augenhöhle hinter dem Augapfel um den Sehnerv herum gelegt, ohne den Sehnerv selbst zu pene-

Alternative: Solaris-Projekt

trieren oder zu verletzen. Der Augapfel bleibt chirurgisch unangetastet.

Das Prinzip „dualselektive Scannerelektrode" wird im Kapitel *Verbindungsmethoden für Biologie und Technik* genau beschrieben. Kurz zusammengefaßt ist es mit dieser Elektrode möglich, das Innere des von ihr umschlossenen Nervs räumlich selektiv zu stimulieren, so daß der Querschnitt eines etwa drei bis vier Millimeter dicken Nerven (Durchmesser des Sehnervs) in 30 Regionen durch Steuerung der elektrischen Stimulationsfelder eingeteilt wird. Innerhalb jeder dieser räumlichen Regionen ist es möglich, selektiv dickere oder dünnere Nervenfasern zu stimulieren. Daraus folgt, daß über die *selektive Sehnervenstimulation* für die betroffenen Patienten ein Gesichtsfeld mit einer Auflösung von mindestens 30 Bildpunkten geschaffen werden kann. Diese Auflösung ist ausreichend für eine grobe visuelle Orientierung in der Umwelt, wenn man die Anpassungsfähigkeit und Plastizität des Großhirns mitberücksichtigt, wie wir sie kennengelernt haben in den Erfahrungen mit dem Cochlea-Implantat und anderen neurologischen Verfahren der Rehabilitation.

Die übrige Technologie des Solaris-Projekts baut auf marktverfügbaren Komponenten auf: Eine digitale Mikrokamera, die in einem Brillengestell montiert ist, registriert die optische Umwelt. Ein sequentieller Mikroprozessor – in der ersten, klinisch anwendbaren Entwicklungsstufe – rastert das aufgezeichnete Bild in einer Größe von 30 Bildpunkten. Jeder Bildpunkt ist charakterisiert durch seine Position (nasenwärts, schläfenwärts, oben, unten) und seinen korrigierten (Gesamtlichtmenge, Blendeffekte, Kontraststärke), mittleren Helligkeitswert. Die Positionswerte der Bildpunkte werden durch den Mikroprozessor in folgendes Set von *Stimulationsparametern* transformiert: aktivierte Elektroden der dualselektiven Scannerelektrode, Form der Stimulationsimpulse (Vorpuls, Hauptpuls, Nachpuls), Impulsdauer, Impulsstärke. Hingegen werden die

Mit bereits entwickelter Verbindungstechnologie kann der Sehnerv selektiv stimuliert werden. Für die behandelten Patienten resultiert hieraus ein Sehen, das eine grobe Orientierung ermöglicht.

10. Neurobionische Prothesen der Zukunft

Helligkeitswerte der Bildpunkte in die Impulsfrequenz der Stimulation transformiert. Diese Daten werden mit auf dem Markt verfügbaren telemetrischen Vorrichtungen kabellos, *transkutan* (durch die geschlossene Haut) auf die Elektrode übertragen.

Materialverträglichkeitsuntersuchungen sind im Rahmen des Solaris-Projekts nicht notwendig, da zur Implantation nur Materialien zur Anwendung kommen, deren Biokompatibilität schon im Zusammenhang mit heute in der Klinik verwendeten Implantaten getestet ist. Die Funktion des Systems wird zur Zeit an der Katze erprobt. Zu diesem Zweck wurde kein neuer Tierversuch eingerichtet, sondern sich an Versuche angeschlossen, die an einer der beteiligten Forschungsinstitutionen auf dem Hintergrund anderer Fragestellungen bereits etabliert waren. Darüber hinaus wurde die dualselektive Scannerelektrode in wesentlichen Teilen nicht mit Hilfe von Tierversuchen, sondern in der Computersimulation entwickelt. Weitere Alternativen zur Vermeidung von Tierexperimenten werden im zwölften Kapitel separat besprochen.

Was haben Prothesen mit der Psyche zu tun?

Wir müssen nicht erst auf die Hirnprothesen warten, um psychische Auswirkungen auf die Prothesenträger zu diskutieren. Jede neuronale Veränderung – auch in der Peripherie – löst bekanntermaßen erhebliche Reaktionen aus. Das beste Beispiel liefert die Akupunktur, die über eine gezielte Reizung peripherer Schmerzrezeptoren eine ganze Reihe unterschiedlicher Reaktionen auslösen kann. Mit dieser Methode lassen sich rheumatische Erkrankungen lindern und – nicht zu vergessen – verschiedenste Nervenleiden.

Die kleinen Nädelchen sind sogar in der Lage, das gesamte Wohlbefinden eines Menschen zu beeinflussen. Was die Chinesen seit Jahrtausenden wissen, setzt sich in der modernen Wissenschaft nur sehr langsam durch. Ein ganz junger Zweig der Medizin, die *Psychoneuroimmunologie*, lotet beispielsweise die Wechselwirkungen zwischen Psyche und Immunsystem aus. Mittlerweile ist die Datenlage erdrückend und belehrt jeden Zweifler, daß eine gestörte Psyche die Abwehrbereitschaft erheblich senken kann. Infektionen, Krebs und vorzeitiger Tod können die Folgen sein. Trauernde Personen zum Beispiel, die einen langjährigen Lebenspartner verloren haben, sterben weitaus früher, wie statistische Untersuchungen zeigen konnten.

Die Psychosomatik liefert weitere Anhaltspunkte dafür, daß Psyche und Körper nicht voneinander getrennt gesehen werden können. Der Volksmund weiß: „Ärger schlägt auf den Magen", doch erst in jüngster Zeit sind diese Zusammenhänge auf breiter Basis wissenschaftlich erforscht worden. Sogenannte *Stressoren* – verschiedenste Hormone – vermitteln dabei die Kommunikation zwischen Körper und Geist, was aber auch bedeutet, daß körperliche Handicaps umgekehrt auch das seelische Gleichgewicht durcheinanderbringen können. Sehprobleme sind hier keine Ausnahme. Sie können, wie viele andere Krankheiten auch, Gefühle und Persönlichkeitsmerkmale verändern. Psychologen fanden heraus, daß Kurzsichtige zum Beispiel häufig schüchtern und nach innen gekehrt sind. Ihr Redefluß ist eher schnell und sie neigen zu Verspannungen. Kurzsichtige zeigen bei belastenden Situationen große Angst, und sie vermeiden es, Wut und Gefühle zu zeigen. Weitsichtige werden in ihrem Verhalten als eher nach außen gerichtet beschrieben, zeigen zum Beispiel in der Schule Verhaltensauffälligkeiten und sind weniger in Tagträume versunken.

Das Auge ist – bezogen auf den „Datenstrom" – wohl die wichtigste Eintrittspforte für neuronale Informationen. Wir bezeichnen uns selbst als „Augenmenschen", und jeder Restaurantbesitzer weiß, daß die Augen auch *mitessen*: Allein der schön garnierte Teller läßt das Wasser im

Die Stimulation von Nerven nimmt auch Einfluß auf die Psyche des Menschen.

10. Neurobionische Prothesen der Zukunft

Munde zusammenlaufen. Die Wahrnehmung unserer Augen beeinflußt auch unseren Biorhythmus im Gezeitenwechsel von Tag und Nacht – zwischen Hast und Ruhe. Und was hat das alles mit den Sehprothesen zu tun? Blinde Menschen werden mit den Prothesen in jedem Fall nicht so „sehen" können wie mit einem intakten Auge, sondern müssen mit erheblichen Abweichungen rechnen.

Auch Sehprothesen dürften die Psyche des Menschen verändern. Begleitende Forschungen hierzu sind notwendig.

Sie nehmen die optische Umwelt wahrscheinlich nur schemenhaft und verschwommen wahr, was auf die heute noch geringe Auflösung der Sehprozessoren zurückzuführen ist. Auch sind die Bilder nicht farbig, sondern schwarzweiß. Der amerikanische Neurologe Oliver Sacks hat sich sehr intensiv mit der angeborenen *Achromatopsie* beschäftigt und in mehreren Büchern beschrieben, wie Farbenblindheit die Psyche der Betroffenen verändern kann. Die Prothesen sind aber nicht nur mit Einschränkungen verbunden. Auf der anderen Seite registrieren die lichtempfindlichen Prothesen nämlich auch das Infrarotlicht, was das menschliche Auge normalerweise nicht sehen kann. Die Prothesenträger können demzufolge auch bei völliger Dunkelheit „sehen", weil von jedem Gegenstand – auch in der Nacht – Wärmestrahlen ausgehen. Die Retina-Implantate erweisen sich hier als „Nachtsichtgeräte", und die moderne Flugmedizin, die sich mit Interkontinentalflügen beschäftigt, weiß seit Jahren, wie sich ein Mensch verändert, dessen Tag- und Nachtrhythmus durcheinandergerät.

Blinde Menschen drängen zur Eile

Die *Deutsche Retinitis Pigmentosa-Vereinigung*, ein Selbsthilfeverein blinder Menschen, der seit nunmehr 20 Jahren auch Forschungsförderung betreibt, begleitet die Retina-Implantat-Forschung mit großer Aufmerksamkeit. Wenn auch der Erfolg nicht garantiert ist, und heute bereits feststeht, daß die Prothesen alles andere als ein brillantes Bild liefern können, so können es Blinde verständlicherweise dennoch kaum erwarten. In einer eigens zum Projekt herausgegebenen Broschüre über die Retina-Implantat-Projekte, *Eine Hoffnung für Blinde*, heißt es fordernd, »daß das Potential und die Ressourcen der Neurotechnologie intensiver als bisher für den medizinischen Einsatz zur Linderung des psychischen und körperlichen Leidens und zur Erhöhung der Autonomie der Patienten genutzt werden sollte«.

Die Selbsthilfeorganisation will nun verstärkt darauf hinarbeiten, Ressentiments gegen neuere wissenschaftliche Entwicklungen in der Öffentlichkeit abzubauen, andererseits aber auch Wissenschaftler und Wissenschaftlerinnen zur Aufklärung über alle Risiken und zu verantwortlichem Handeln verpflichten. Auch wenn erst nach der Jahrtausendwende die Tierversuche abgeschlossen sind und erstmals Menschen mit den Prothesen in Berührung kommen, will der Blinden-Verein so früh wie möglich mit gründlicher Information und Beratung zur Seite stehen. Blinde haben die schwierige Aufgabe, den Nutzen einer Sehprothese mit dem möglichen Risiko abzuwägen. Die Aussicht „auf Licht" wird viele Behinderte dennoch nicht zögern lassen.

> Behinderte Menschen drängen die Wissenschaftler zur Eile. Viele Blinde würden am liebsten schon jetzt ein Retina-Implantat haben.

Amerikanischer Weg zum Licht

Zwei amerikanische Labors erkunden derzeit sehr engagiert einen völlig anderen Forschungsweg, der in Deutschland aus verschiedenen Gründen nicht verfolgt wird. Die Forscher wollen die Sehprothesen unter Umgehung der Retina direkt mit dem visuellen Cortex – also direkt mit dem Gehirn verschalten. Der *visuelle Cortex* wird bekanntlich von den Sehnerven versorgt, das heißt hier im Gehirn laufen die gebündelten Informationen der Netzhaut auf und werden zu einem kompletten Bild zusammengesetzt. Die prothetische Strategie der Amerikaner dürfte vor allem dann interessant sein, wenn die Retina der Betroffenen überhaupt nicht mehr funktioniert oder aber die ableitenden Sehnerven, zum Beispiel durch einen Tumor, unterbrochen sind. In beiden Fällen würde die Stimulation der Retina mit einer Prothese keinen Sinn machen, die Signale landeten nämlich in einer „neuronalen Sackgasse".

Die Forschungsgruppen verwenden ein ähnliches System wie in Deutschland: eine Videokamera mit entsprechender Codierungsfunktion, deren Ausgang dann aber dazu verwendet wird, den visuellen Cortex direkt über einen entsprechenden Stimulator zu reizen. Der chirurgische Einsatz dieses Stimulators gestaltet sich allerdings anders als beim Retina-Implantat. Der Schädelknochen muß nämlich eröffnet werden. Nur so können die Elektroden unter der Schädeldecke Kontakt zu den Nervenzellen des Gehirns finden. In Deutschland wurde diese Strategie zwar ebenfalls in Erwägung gezogen, aus ethischen, aber auch aus medizinischen Gründen nicht weiterverfolgt. Das Hauptargument gegen die Hirnprothese: In dem Augenblick, in dem man die Schädeldecke ohne Notwendigkeit öffnet, während die *sensorische Peripherie* (Netzhaut) zum Teil noch intakt ist, greift man mit Neuroimplantaten eventuell überflüssigerweise in die Autonomie von Patienten ein. Damit wäre die Gefahr einer viel größeren Manipulationsbreite gegeben, als wenn man in einer mehr peripheren Struktur wie dem Auge mit der Sehhilfe einkoppelt.

Amerikanische Wissenschaftler wollen die Sehprothesen direkt mit dem Gehirn verbinden.

Diese bisher in Deutschland geäußerte Position ist eine sehr naive, vom Wissen um die eigentlichen Probleme in der Neurobionik wenig belastete Einstellung. Die Eröffnung des Schädelknochens wird in den neurochirurgischen Kliniken der Welt täglich viele tausend Mal routinemäßig durchgeführt. Es werden massiv in die Struktur des Gehirns

Amerikanischer Weg zum Licht

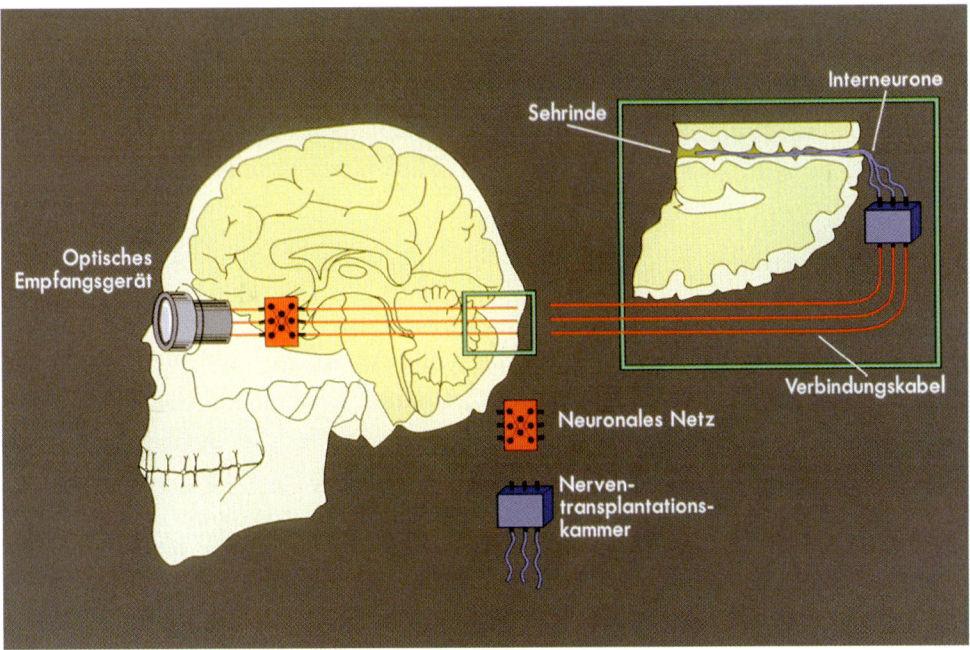

eingreifende Operationen durchgeführt, ohne daß diese Maßnahmen immer Persönlichkeitsveränderungen hervorrufen. Im ersten Kapitel wurde dargestellt, daß selbst Elektrostimulationen im innersten Kern des Gehirns, in den Basalganglien und im Thalamus, eine deutliche Besserung eines schwer behindernden Krankheitsbildes, der Parkinsonschen Krankheit, bewirken. Andererseits wissen wir, daß ständiger Lichtmangel bei vielen Menschen Depressionen, die zur Handlungsunfähigkeit im täglichen Leben führen, auslöst. Auch führt ein ständig erhöhter Lärmpegel nicht nur zum Absterben der Haarzellen im Innenohr, sondern auch zu Aggressivität.

Es kommt also nicht auf den *Ort* des biotechnischen Kontakts an, sondern auf die *Art* der Informationseinspeisung in das Zentralnervensystem und die Beeinflussung spezifischer Informationsverarbeitung. Sehr peripher kontaktierende Neuroprothesen können die Persönlichkeit deutlicher und massiver verändern als zentral im Gehirn

Sehchip mit direktem Draht zum Gehirn

Amerikanische Wissenschaftler wollen die Bildsignale aus den Photodioden nicht auf die Netzhaut schalten, sondern direkt zur Sehrinde des Großhirns weiterleiten. Dieses Projekt wäre in Deutschland aus ethischen Gründen nie genehmigt worden, urteilten Wissenschaftler 1996 auf einem Kongreß in Bremen.

231

10. Neurobionische Prothesen der Zukunft

oder Rückenmark ansetzende Systeme. Die ethische Diskussion, was getan werden darf und welche neurobionischen Eingriffe gesetzlich verboten und sanktioniert werden sollen, darf sich nicht mit im wahrsten Sinne des Wortes „oberflächlichen" Argumentationsketten zufriedengeben.

Peripher und zentral ansetzende Prothesen sollten zunächst einmal unter die gleiche kritische Lupe genommen werden. Letztlich ist jedes neurobionische System – unter Heranziehung des aktuell zur Verfügung stehenden Wissens von interdisziplinären Kommissionen mit Expertise zur Technologiefolgenabschätzung – mit dem von Hans Jonas vorgeschlagenen kategorischen Imperativ zu beurteilen. Seiner Meinung nach, muß in unserer technisch-wissenschaftlichen Welt im Zweifelsfall die Bewahrung des Schlechteren Vorrang haben vor der Erzeugung des nicht vollständig voraussagbaren Guten.

Sehprothesen zur Horizonterweiterung

Groß dürfte die Versuchung sein, die neuronalen Sehprothesen mit technischen Sonderausstattungen zu versehen, um den Prothesenträgern tiefere Einblicke zu ermöglichen. Da physikalisch arbeitende Sensoren keine chemischen Reaktionswege kennen, die entscheidend die geringe Bildauflösungsfrequenz herabsetzen, ließe sich mit Hilfeneuronaler Sehprothesen problemlos eine höhere zeitliche Auflösung erreichen, wie sie beispielsweise von den Insekten bekannt ist: Stubenfliegen können weit mehr als 200 Bilder pro Sekunde trennen. Fernsehbilder, die mit 25 Bildern pro Sekunde erscheinen, registrieren solche Insekten als „Diavortrag". Die Verlockungen von derart manipulierten Sehprothesen liegen auf der Hand: Sportler mit hohen Reaktionsanforderungen wie beispielsweise Tennisspieler könnten sich – noch dazu, wenn solche Prothesen einfach unter die Netzhaut gespritzt werden – angezogen fühlen.

Denkbar sind künstliche Neuroaugen, die das Licht in einem größeren Spektralbereich registrieren, als dies dem biologischen Auge möglich ist. So könnte zum Beispiel unsichtbares UV-Licht in den Bereich des Sichtbaren transformiert werden. Der Bedarf für „technische Mätzchen" dieser Art ist sicher da, und es wird immer Menschen geben, die ihren „Horizont" auf physikalisch fragwürdige Weise erweitern wollen. Je weiter wir ins Zentralnervensystem vordringen, desto kritischer muß mit diesen Optionen umgegangen werden.

Sehprothesen – nicht nur ein Markt für Blinde?

Selbstheilungskräfte der Nerven

Periphere Nerven – außerhalb von Gehirn und Rückenmark – sind bedingt regenerationsfähig. Werden zum Beispiel Axone verletzt oder durchtrennt, reagieren die Nervenzellen mit einem *wohlinszenierten* Reparaturmechanismus: Membranproteine und alle zum Aufbau eines neuen Axons nötigen Materialien werden mit Hilfe zellinterner Prozesse herangeschafft, bis die Nervenbahn in ihrer gesamten Länge wiederhergestellt ist. Durch diese Fähigkeit unterscheiden sich die in den Extremitäten und im Körper verlaufenden peripheren Nerven prinzipiell von den Nervenzellen des zentralen Nervensystems. Neurochirurgen, die häufig die Opfer schwerer Verkehrsunfälle behandeln, können hier enorme Selbstheilungskräfte beobachten. Tiefe Wunden an Armen und Beinen führen oftmals auch zur Zerstörung von peripheren Nervensträngen. Zum Glück sind zumeist die umgebenden Myelinscheiden noch in Position. Auf diese Weise wird das Axon gleichsam automatisch zum Zielorgan mit der biologisch vorgegebenen Regenerationsgeschwindigkeit von einem Millimeter pro Tag geführt. Hat beispielsweise eine Verlet-

10. Neurobionische Prothesen der Zukunft

zung des Oberarms zur Taubheit der Finger geführt, kann allein Warten den nötigen Erfolg herbeiführen. Die Nervenzellen benötigen für die 40 Zentimeter lange Strecke etwas mehr als ein Jahr, bis die Axone wieder Anschluß an Muskeln und Rezeptoren der Hand gefunden haben.

Bei größeren Wunden allerdings können die aussprossenden Axone die alten Myelinscheiden nicht mehr auffinden. Vergleichbar mit den Ranken einer Kletterpflanze suchen die Nerven im Gewebe nach Verbindungsstellen. Axone wuchern mit ihren Fortsätzen in alle Richtungen, überkreuzen ihre Bahnen, ein regelrechtes Knäuel entsteht, das Neurochirurgen als *Neurom* bezeichnen. Der Arm wird zwar weiterhin durchblutet, doch die Unfallopfer können ihn nicht mehr bewegen – die unterbrochenen peripheren Nerven haben trotz ihrer Regenerationsfähigkeit den nervösen Anschluß nicht bewerkstelligen können.

Für diese Patienten hat Bernhard Widrow von der Stanford University einen zwei Kubikmillimeter großen Keramikblock entwickelt, der mit 2 000 Bohrungen von 15 Mikrometer Durchmesser perforiert ist. Am Ende jeder Bohrung steckt eine Metallelektrode, die das mikroskopisch kleine Loch wie eine Sackgasse abschließt. In jedes dieser Röhrchen ließ Widrow ein Axon einer peripheren Nervenzelle hineinwachsen, bis es in der Sackgasse an den Metallkontakt stieß. Eine elektrische Verbindung zwischen Nervenzelle und Metallelektrode war damit hergestellt. Die Überlegungen gehen nun dahin, von jedem der 2000 Metallelektroden Kabel abzuleiten, die bis zu den Muskeln führen. Die Signale der Elektroden könnten nun auch die Muskeln dazu bewegen, den motorischen Befehlen des Gehirns zu folgen. Der gelähmte Arm wäre wieder funktionstüchtig.

Ein Mikrochip als Übersetzer von Nervensignalen wäre in diesem Fall nicht notwendig, da es lediglich darum geht, die Axone gewissermaßen künstlich zu verlängern. Experimente dieser Art geben auch der Neurobionik wich-

Periphere Nerven in Armen und Beinen können nach einer Verletzung wieder aussprossen.

tige Impulse, denn auch hier müssen haltbare und funktionstaugliche Verbindungen zwischen Nerven und Elektroden hergestellt werden. Besondere Aufmerksamkeit verdient ein Experiment von Jerome Pine von der Universität San Francisco. Er entwickelte Leiterplatinen, die sich als Verbindungselement zwischen Mikroprozessor und Nervenzelle besonders gut zu eignen scheinen. Pine benutzt embryonale Nervenzellen, die mit *Wachstumsfaktoren* (zellteilungsanregende Substanzen) dazu gebracht werden, von der Leiterplatine auszukeimen und den Kontakt zu Nervenzellen des umliegenden Gewebes zu suchen. Die Embryonalzellen in der Kammer haben den Status eines „Zwischenneurons", das Informationen nur vermittelt. Das Problem besteht nun darin, die Zwischenneurone dazu zu bewegen, mit den gewünschten Nervenzellen gezielt Kontakt aufzunehmen. Aufbauend auf den Versuchen von Pine ist an der Westfälischen Wilhelms-Universität in Münster die Idee einer sogenannten *Nerventransplantationskammer* entwickelt worden, auf die im Kapitel zu den *Verbindungsmethoden für Biologie und Technik* näher eingegangen wird.

Eine Nerventransplantationskammer soll Kontakt zu den unterbrochenen Nervensträngen finden.

Gefühlvolle Bewegung: die neuronale Armprothese

Prothesen für Arme und Beine sind seit der Antike bekannt. Man kaschierte die Spuren kriegerischer Auseinandersetzungen mit kunstvollen Konstruktionen aus Holz, Leder und Metall. Seit der Erfindung neuer Werkstoffe werden auch Kunststoffe, Glas und Kohlefasern eingesetzt. Die Fortschritte in der Prothetik sind allerdings begrenzt, wenngleich manch moderne Prothese, zum Beispiel solche für den Hochleistungsbehindertensport mit Scharnieren, Gelenken und Federn, ein kleines Meisterwerk darstellt. Doch bei allem Fortschritt auf diesem Gebiet sind Prothesen für Arme und Beine auch immer nur das geblieben, was

10. Neurobionische Prothesen der Zukunft

sie seit Jahrtausenden stets waren: steifer und toter Ersatz für verlorengegangene Gliedmaßen.

In Deutschland werden jährlich etwa 20 000 unfallbedingte Amputationen und Teilamputationen von Gliedmaßen gezählt. Heute sind es vor allem Verkehrsunfälle, aber auch Arbeitsunfälle an Pressen, Schneid- und Fräsmaschinen, die zum Verlust von Extremitäten führen, aber auch Zivilisationskrankheiten wie Raucherbeine, Entzündungen und Tumore an Knochen, Muskeln und Nerven.

In Deutschland verlieren 20 000 Menschen im Jahr Gliedmaßen durch Amputation.

Ein Ziel der Neurobionik sind neuronale Prothesen auch für diesen Patientenkreis. Wobei an dieser Stelle zu betonen ist, daß die Verwirklichung teilweise noch in weiter Zukunft liegt. Anders als bisherige Prothesen für Arme und Beine können sich neuronale Arm- und Beinprothesen genauso bewegen wie der vorherige Arm oder das ehemalige, abgetrennte Bein. Der Prothesenträger könnte also durchaus mit seinem künstlichen Arm nach einer Tasse greifen und spüren, ob der Kaffee darin noch warm ist. Prothesen dieser Art würden keineswegs als Fremdkörper empfunden werden, denn sie sind schließlich mit sämtlichen Nerven des abgetrennten Arms oder Beins verbunden. Unser Gehirn hätte also „direkten Zugriff" auf die Motorik der Prothesen, die sich bewegen und gleichzeitig „Empfindungen" weitergeben würden. Wie bei einem normalen Arm spürte der Prothesenträger auch Streicheleinheiten. Empfindliche Personen könnten an einer neuronalen Prothese sogar gekitzelt werden. Es gäbe keinen (neuronalen) Unterschied zwischen biologischem Arm und neuronaler Prothese.

In der Neuroprothese fließt selbstverständlich kein Blut, schließlich bewegen sich dort auch keine *echten* Muskeln aus Fleisch, außerdem gibt es keine Knochen aus Kalzium, und eine menschliche Haut wäre ebenfalls keine zwingende Voraussetzung für die „Authentizität" der Gefühle, die eine solche Prothese vermitteln könnte. *Neuronale Integration* läßt das bionische Ersatzteil mit dem

Gefühlvolle Bewegung: die neuronale Armprothese

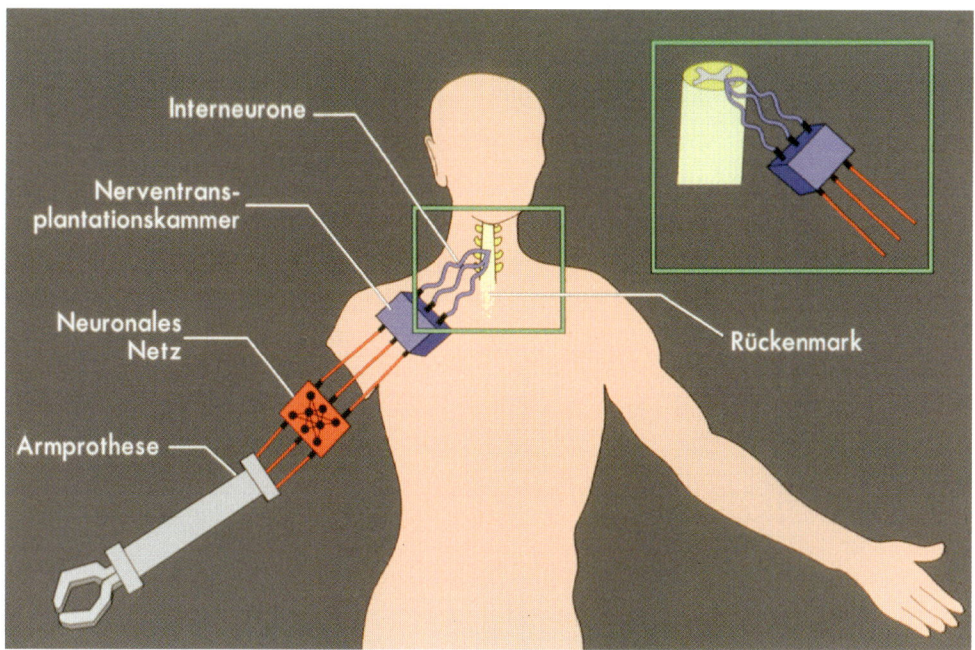

Neuronale Armprothese

Im Kunstarm befinden sich Motoren beziehungsweise hydraulische Elemente, die für die Bewegung des Arms verantwortlich sind. Druck- und Hitzesensoren sorgen für das (authentische) Gefühl eines biologischen, ganz normalen Arms. Ein neuronales Netz vermittelt die Kommunikation zwischen Nerven und Prothese. Für die Verbindung des biologischen und des technischen Systems ist eine Nerventransplantationskammer verantwortlich.

Patienten verschmelzen: Eine gewöhnungsbedürftige Symbiose zwischen Mensch und Maschine entsteht. Erst durch den neuronalen Anschluß „erwacht" die Prothese, die sich nun mit mustergültiger Folgsamkeit „revanchiert".

Wie so eine Prothese aufgebaut sein muß, läßt sich am besten an einem biologischen Arm erläutern. Die für die motorische Steuerung der Arme zuständigen Nerven verlassen seitlich die Halswirbelsäule. Mediziner nennen diese Nerven *Nervengeflecht* oder *Plexus*, weil sie dicht hinter der Wirbelsäule tatsächlich wie ein Geflecht aussehen. Die Evolution hat ein scheinbar heilloses Gewirr geschaffen.

10. Neurobionische Prothesen der Zukunft

Vier dieser miteinander verwobenen Nervenäste bilden den sogenannten *Plexus cervicalis*. Weitere fünf Nervenäste setzen den *Plexus brachialis* zusammen, deren untere Äste sogar aus tiefer liegenden Wurzeln der Brustwirbel entspringen. Aus diesem kompliziert erscheinenden Nervengeflecht bilden sich im Bereich der Schulter einfachere Strukturen heraus, so zum Beispiel auch die wichtigsten Hauptleitungen für die Steuerung der Arme: der Nervus medianus, der Nervus radialis und der Nervus ulnaris. Alle genannten Nerven verzweigen sich im weiteren Verlauf des Arms erneut, denn die Zielorgane, die Muskeln, müssen separat mit motorischen Impulsen versorgt werden. Der *Nervus musculocutaneus*, ein weiterer Nerv des Plexus brachialis, aktiviert beispielsweise Oberarmmuskeln wie den Bizeps, während der *Nervus medianus* und der *Nervus ulnaris* bis hinunter in die Hand laufen, sich dort verzweigen und die Feinmotorik der Finger ermöglichen.

Nerven und Muskeln allein ermöglichen aber noch keine fein abgestimmte Bewegung. Dazu bedarf es zahlreicher sensomotorischer Meßdaten, die einzig und allein die Aufgabe haben, Bewegungen zu kontrollieren. Sogenannte *Muskelspindeln* dienen dazu, die Längenausdehnung des Muskels zu überwachen. Sie laufen parallel zu den übrigen Muskelfasern und erzeugen immer dann Impulse, wenn sich die Spindel beziehungsweise der Muskel dehnt. Für die Kontrolle der angespannten Muskeln sind die sogenannten *Golgiorgane* zuständig. Sie liegen im muskelnahen Ende der Sehnen und sind den Muskelspindeln sehr ähnlich, nur daß sich in der inneren Kapsel, in der sich die sensorischen Nerven befinden, keine Muskel-, sondern Sehnenfasern befinden. Wenn der Muskel unter Spannung steht, *feuern* die Nerven der Sehnenspindel Impulse ab. Je größer die Power im Muskelpaket, desto mehr Impulse entstehen. Die „Berichte" von Muskelspindeln und Golgiorganen reichen aber noch nicht aus, um eine vollständige Kontrolle über den Arm zu haben. Weitere sensible Rückmelder sind not-

> Ein neuroprothetischer Arm ist natürlich nicht aus Fleisch und Blut. Er verschmilzt aber regelrecht mit dem jeweiligen Patienten, so daß solch ein Arm sogar gekitzelt werden könnte.

Gefühlvolle Bewegung: die neuronale Armprothese

wendig: Sie haben die Aufgabe, dem Zentralnervensystem die Lage und den Bewegungssinn der Gelenke zu vermitteln. Auf diese Weise kennen wir die Ausrichtung des Arms im Raum. Die bisher dargestellten Rezeptoren sind in ihrer Summe verantwortlich dafür, daß wir auch mit geschlossenen Augen sagen können, in welcher Position sich unsere Arme befinden und ob die Hand dabei geöffnet oder geschlossen ist.

Neben den *efferenten* Fasern, in denen die motorischen Signale vom Gehirn zu den Muskeln geschickt werden, spielen demnach die afferenten Nerven eine mindestens ebenbürtige, wenn nicht entscheidendere Rolle. Neben Muskelspindeln, Golgiorganen und Gelenkrezeptoren gibt es noch eine ganze Reihe anderer Rezeptoren in unserer Haut, die ihre Informationen in das *afferente* Nervensystem einspeisen, damit das Gehirn über den Zustand von Innen- und Außenwelt informiert ist. *Schmerz* beispielsweise wird durch freie Nervenenden, die sich dicht unter der Hautoberfläche baumartig verzweigen, wahrgenommen. Schmerzleitende Nervenfasern existieren in zwei Formen: Die dickeren Fasern (A-Delta-Fasern) leiten Schmerzinformationen dem Rückenmark relativ schnell zu (38 Meter pro Sekunde). Nicht einmal 0,25 Sekunden sind deshalb notwendig, um die Hand reflexartig von einer heißen Herdplatte wegzuziehen. Eine andere Form der schmerzleitenden Fasern ist sehr dünn (1 Mikrometer) und leitet den Schmerz nur sehr langsam (5 Meter pro Sekunde). Deshalb verspüren wir die Schwellung nach einem Mückenstich nur mit Verzögerung, aber dann dauerhaft. Die Schmerzfasern sind in der Körperperipherie so zahlreich, daß sie die Hälfte des Volumens peripherer, afferenter Nerven einnehmen.

Wärmerezeptoren, die ebenfalls als freie Nervenenden dicht unter der Haut liegen, leiten wichtige Informationen für die Thermoregulation weiter, und sie nehmen auch Einfluß auf die Muskeln (Gänsehaut). Der Wunsch, sich

> Rezeptoren im Muskel ermöglichen eine kontrollierte Bewegung.

10. Neurobionische Prothesen der Zukunft

etwas Warmes anzuziehen, hat seinen Ursprung in diesen Rezeptoren, von denen es spezielle *Kaltrezeptoren* gibt, die in wesentlich höherer Zahl vorhanden sind als Warmrezeptoren. Warmfasern und Kaltfasern steigern mit zunehmender Temperatur die Zahl der Impulse, wobei die Kaltfasern bei Temperaturen anspringen, die unter der normalen Körpertemperatur liegen: Sie sind die „Alarmglocken" gegen Unterkühlung. Für die Streicheleinheiten der Haut sind *Mechanorezeptoren* zuständig, die entweder Druck (*Ruffini-Körper*), Berührung (*Meissner-Rezeptoren*) oder Vibration (*Vater-Pacini-Körperchen*) registrieren und als neuronale Impulsfolge zum Gehirn fortleiten. Sensible Fernmelder dieser Art besitzen nicht nur unterschiedliche Leitungsgeschwindigkeiten, sie sind in der Haut auch in unterschiedlicher Zahl vorhanden. Unser berühmtes „Fingerspitzengefühl" entspricht – neuroanatomisch und neurophysiologisch gesehen – der großen Anzahl sensibler Rezeptoren in den Fingerkuppen.

Das „Fingerspitzengefühl" ist auch eine Frage neuronaler Kommunikation.

Seit Jahrzehnten sind die beschriebenen Afferenzen und Efferenzen intensiv sowohl in anatomischer als auch in physiologischer Hinsicht untersucht worden. So kennt man beispielsweise das Leistungsverhalten eines Muskels in Abhängigkeit von der Impulsfrequenz der ihn versorgenden motorischen Fasern. Kenntnisse dieser Art bieten (in einer Vorstufe) die Grundlage für die funktionelle Elektrostimulation von Armen und Beinen querschnittsgelähmter Patienten.

Die Ausführungen über die sensomotorische Abstimmung macht deutlich, daß die Konstruktion neuronaler Prothesen höchste Anforderungen an Wissenschaft und Technik stellt. Allein die sensorische Aufgabe ist angesichts vielfältiger biologischer Strukturen gewaltig. Eine neuronale, das heißt künstliche Armprothese müßte über sämtliche „Meßeinrichtungen" verfügen, die auch der biologische Arm besitzt. Das beginnt bei der technischen Umsetzung von Druck- und Tastrezeptoren, nicht zu ver-

Gefühlvolle Bewegung: die neuronale Armprothese

gessen die Thermorezeptoren und die Konzeption von technischen Schmerzsensoren.

In geeigneter Weise sind dann die Meßdaten all dieser Sensoren mit den afferenten Nerven des Armstumpfes verbunden. Nicht mit irgendwelchen Nerven, sondern mit jenen Nervensträngen, die bereits im biologischen Arm für den Transport der sensorischen Daten zuständig waren. Ein auf den ersten Blick unlösbares Ansinnen, doch ist die Miniaturisierung zum Beispiel der Elektrodenträger schon so weit fortgeschritten, daß die Kleinheit der Systeme nicht mehr als unüberwindliche Hürde erscheint.

Die anatomischen Strukturen der biologischen Sensoren sind nicht nur winzig, sie kommen zudem in ungeheurer Zahl vor. Neurobionik muß angesichts dieser Kleinheit und Feinheit keineswegs passen. Schließlich vereinfacht auch unser Organismus die Datenverarbeitung auf das absolut notwendige Mindestmaß. Nicht jeder Rezeptor führt mit eigener Leitung zum Gehirn. Abertausende von Rezeptoren werden neuronal zusammengelegt und deren Signale zusammengefaßt. Wichtiger als die Ökonomie der Leitungszahl ist ein anderer Umstand: Selbst unser Gehirn könnte die gewaltige Datenmenge überhaupt nicht bewältigen, wenn das Nervensystem keine Datenreduktion ermöglichen würde. *Datenreduktion*, dieses moderne Schlagwort aus der digitalen Kommunikation, ist also im Grunde schon vor Jahrmillionen entwickelt worden.

Übrigens führt die Datenreduktion des Nervensystems auch dazu, daß ganze sensible Areale abgeschaltet werden können, um den Weg für wichtigere Signale frei zu machen. Wenn wir Kleidung auf dem Körper tragen, bemerken wir sie schon kurze Zeit nach dem Anziehen nicht mehr. Neuronal ausgedrückt: Die Signale der Druck- und Tastrezeptoren werden „unterdrückt", und das wiederum ist vornehmlich eine Leistung des Gehirns und Rückenmarkes, also des Zentralnervensystems. Wenn wir aber daran denken, spüren wir plötzlich erneut den kalten

Um eine neuronale Armprothese beweglich zu machen, muß sie mit dem Gehirn kommunizieren.

10. Neurobionische Prothesen der Zukunft

Stoff auf der Haut, den steifen Kragen am Hals oder das Kratzen des Pullovers. Das sensible und sensorische Nervensystem arbeitet also spürbar selektiv, kann Wichtiges von Unwichtigem unterscheiden, und es liegt ständig auf der Lauer, wenn ungewohnte Signale auftreten. Für eine neuronale Armprothese ergeben sich daraus einige Folgerungen. Die Zahl der technischen Sensoren muß nicht unbedingt dem biologischen Vorbild entsprechen. Ähnlich sieht es auch beim „Meßbereich" beziehungsweise der Empfindlichkeit der Rezeptoren aus. Es kommt auf den Neurocomputer an, der als entscheidender Filter und Mittler für die Gewichtung der Nervensignale fungiert. Am Ende müssen auch im Gehirn die „neuronalen Weichen" gestellt sein, um die Informationen aus dem Arm überhaupt registrieren zu können.

Ähnlich liegen die Verhältnisse bei den Muskeln. Auch hier muß nicht jede Muskelfaser, die Kontakt zu motorischen Nerven hat, eine technische Entsprechung finden, denn diese Nerven verzweigen sich, wie bereits angesprochen, ebenfalls zu vielzähligen Ästen, um einen Befehl (Impuls) auf möglichst viele Fasern zu übertragen. Warum nicht also auch das technische System vereinfachen? Muskelfasern bestehen aus den langkettigen Proteinen Actin und Myosin, die im Zuge eines Nervenimpulses aneinander vorbeigleiten. Auf diese Weise kontrahiert der Muskel. Ein technischer Muskel in einer neuronalen Armprothese wird natürlich ganz anders funktionieren. Es könnte ein kleiner elektrischer Motor sein oder eine miniaturisierte hydraulische Apparatur, wie man sie von Baufahrzeugen her kennt. Fehlen jedoch dürfen in der motorischen Einheit keinesfalls die Sensoren, um die Dehnung und Kraftentwicklung der Kontraktoren zu überwachen. Denn eine neuronale Armprothese muß auch diese Informationen dem Gehirn zur Verfügung stellen, damit das zentrale Nervensystem über die Lage der Prothese stets im Bilde ist.

Ohne Datenreduktion könnte unser Gehirn gar nicht alle Informationen verarbeiten. Genau das ist die Chance für die Neurobionik.

Gefühlvolle Bewegung: die neuronale Armprothese

Nicht minder wichtig ist die Frage der Energieversorgung. Während die Muskeln den Energieträger Adenosintriphosphat (ATP wird aus der zugeführten Energie des Blutzuckers gewonnen) als Treibstoff für die schwere Arbeit verbrennen, wird eine neuronale Prothese, die, wie bereits erwähnt, nicht von Blut durchströmt wird, eine andere Lösung erfordern. Anstelle des aus dem Blutzucker gewonnenen ATP bietet sich in erster Linie elektrische Energie an, um Motoren und hydraulische Muskeln zu bewegen. Selbst moderne Energiespeicher wie Natrium-Schwefel-Batterien oder Nickel-Wasserstoff-Zellen leiden noch immer an einer Krankheit: Die Leistungsdichte, ausgedrückt in Watt pro Kilogramm Batteriegewicht, ist bislang noch sehr gering, weshalb Batterien mit hohem Energiegehalt sehr schwer sind. Ein neuronaler Arm ließe sich unter diesen Umständen kaum heben. Sollten in Zukunft nicht bessere Stromspeicherkonzepte mit einer höheren Energiedichte gefunden werden, müssen neuronale Arm- oder Beinprothesen infolge ihrer mechanischen Leistungsanforderungen möglicherweise von externen Energieträgern versorgt werden.

Die Konstruktion technischer Sensoren wie auch technischer Muskeln ist nur ein Bereich der Neurobionik – und nicht einmal der am schwierigsten zu bewältigende. Elektromotoren als Muskelersatz oder Bimetalle als Thermorezeptoren können „sich" natürlich nicht direkt mit den Nerven „verständigen", denn eine neuronale Prothese für den Arm besäße im Inneren zunächst einmal ganz normale Elektrokabel. Die Sprache der Technik muß demnach in irgendeiner Weise in die Sprache der Nerven übersetzt werden. Nur so kann die Prothese tatsächlich auch mit dem zentralen Nervensystem kommunizieren.

Die Verbindungsprobleme zwischen Nerven und Prothese sind noch nicht gelöst.

Eine Sprache analog codierter Impulse ist die Sprache der Nerven, elektrische Ströme von wenigen Millisekunden Dauer, die sich entlang den Nervenfasern in schneller Folge ausbreiten. Eine hohe Impulsfolge von 80 Impulsen

10. Neurobionische Prothesen der Zukunft

pro Sekunde läßt einen Muskel dauerhaft kontrahieren. Biologische Rezeptoren produzieren ebenfalls Impulse. Bis zu 50 Impulse pro Sekunde erzeugt ein Thermorezeptor unter der Haut – diese hohe Impulsdichte wird dann im Gehirn als heiß interpretiert. Impulse spielen demnach die zentrale Rolle in der neuronalen Kommunikation. Mit diesen Impulsen können technische Systeme wie Motoren natürlich nichts anfangen. Und auch Meßsysteme, die als Sensoren eingesetzt werden, produzieren keineswegs Impulse wie sie vom Gehirn verstanden werden. Kurzum: Die Maschinensprache der Prothese müßte in eine Impulssprache der Nerven umgewandelt werden, wenn Technik und Biologie zueinander passen sollen. Erst dann können die Signale technischer Meßsysteme vom Gehirn wahrgenommen und verstanden werden. In umgekehrter Richtung können die motorischen Steuerimpulse des Gehirns in eine maschinell lesbare Form transformiert werden, damit die technischen Muskeln anspringen und arbeiten können.

Druck wird in Impulse umgewandelt, die der Neurochip bewertet.

Die zentrale Aufgabe einer kommunikativen Verbindung müssen *neuronale Mikroprozessoren* lösen. Das neuronale Netz ist das Herz der neuronalen Prothese. Der Prozessor muß die Impulse richtig einordnen: Welche Muskeln sollen bewegt werden und in welcher Stärke? Im Rechner werden alle neuronalen Befehle geordnet, umstrukturiert und in eine maschinenlesbare Form gebracht. Kabel, die zur „Muskel-Maschine" führen, transportieren nun den Steuerstrom zum Zielorgan: Der Arm bewegt sich – doch letztlich gab der Wille den Anstoß.

Mikroprozessoren spielen auch beim afferenten Datentransfer eine entscheidende Rolle. In wieviel Impulse pro Sekunde müssen die Meßströme aus den Drucksensoren der Prothese umgewandelt werden, damit man eine Tasse festhalten kann? Der Mikrochip, der diese Frage rechnerisch richtig zu beantworten hat, steht vor einer schwierigen Aufgabe. Er muß den Druck, der beim Festhalten einer Tasse in der künstlichen Hand entsteht, in verständliche Nervenimpulse umwandeln. Sie gelangen schließlich zum Gehirn und vermitteln ein Gefühl von Festhalten. Nur wenn der Chip diese anspruchsvolle Aufgabe bewältigt, gleitet die Tasse nicht aus der Hand.

Natürlich sind auch Komplikationen denkbar: Vermittelt der Neuroprozessor zum Beispiel einen zu starken Druck, überträgt er also unnatürlich viele Nervenimpulse auf die afferenten Neuronen, würde das Gefühl von zuviel Druck entstehen. Aus Angst, der Gegenstand würde zerbrechen, würde der Prothesenträger die künstliche Hand lockern, der Griff ließe nach, die Tasse fiele aus der Hand. Eine zu niedrige Impulsfrequenz würde das Gefühl einer „schwachen Hand" vermitteln. Der Prothesenträger würde instinktiv stärker zugreifen, zum Schaden zerbrechlicher Gegenstände wie Gläser, die in der künstlichen Hand zerspringen könnten.

Die dargestellten Prinzipien einer *bidirektionalen Neuroprothese*, das heißt einer Prothese, die sowohl Informationen aus dem Körper registriert, verarbeitet und dann die biologischen Organe durch entsprechend zurückgegebene Impulse steuert, werden abschließend anhand eines konkreten Forschungsprojekts beschrieben.

Entwicklung einer ersten bidirektionalen Neuroprothese

Das Projekt *Alpha* ist ein adaptives (anpassungsfähiges) Neuroimplantat zur Registrierung des Blasenfüllungsvolumens und zur Blasensteuerung bei querschnittsgelähmten Patienten. Es wird bearbeitet in Zusammenarbeit von Institutionen der Westfälischen Wilhelms-Universität in Münster, der Fachhochschule Steinfurt, der Universität Twente in Enschede (Niederlande) und der Friedrich-Alexander-Universität in Erlangen.

10. Neurobionische Prothesen der Zukunft

Die Beschreibung der klinischen Besonderheiten bei der spastischen Blasenlähmung eines querschnittsgelähmten Patienten wurde im Kapitel über *Neuroprothesen im medizinischen Einsatz* beschrieben. Wie wir dort erklärt haben, wird diese Lähmung mit der sakralen Deafferentation und dem Stimulator nach Brindley behandelt. Ein einfach gerichtetes System in bezug auf seinen Informationsfluß, das in mehrfacher Hinsicht veraltet ist.

Bei *thorakalen Paraplegikern* (Querschnittsverletzung im Brustwirbelsäulenbereich) mit gering ausgeprägter Spastik der Blase – und damit auch der Extremitäten – erscheint die Implantation des adaptiven Neuroimplantats angezeigt. Die afferenten Fasern der Blase sollen nicht durchtrennt, sondern genutzt werden, um in einem geschlossenen, bidirektionalen System die Blasenentleerung rückgekoppelt zu steuern. Indem während der Entleerungsstimulation die sensiblen Nervenfasern elektrisch außer Funktion gesetzt werden, wirkt man einer Spastik der Blasenschließmuskulatur entgegen. Ein Stimulator mit entsprechender Leistungsreserve kann die Blasenspastik durch Dauerstimulation der erhaltenen Afferenzen während der Urinspeicherphase verhindern.

> Um die Mängel der herkömmlichen Therapie bei Blasenfunktionsstörung im Fall von Querschnittslähmung zu beheben, wird eine Neuroprothetik entwickelt, die lernen kann, verschiedene Füllungszustände der Blase zu erkennen.

Die im Bereich des untersten Rückenmarkabschnitts (Conus medullaris) noch vorhandene, segmentale Gliederung der aus dem Rückenmark austretenden Nervenfasern zur organspezifischen Registrierung von Biosignalen – und entsprechender Stimulation – wird genutzt, indem man die bioelektrischen Kontakte so rückenmarksnah wie möglich legt. Eine Vermischung der Nerven der Cauda equina wie sie im Kreuzbein vorliegt findet sich am Conus medullaris nämlich nicht. Hierzu wird der Wirbelkanal in Höhe des elften Brustwirbels bis zum dritten Lendenwirbel eröffnet (Laminektomie) und 16 Cuff-Elektroden an die ventralen (motorischen) und dorsalen (sensiblen) Nervenwurzeln (Fila radicularia) S2 bis S5 auf beiden Seiten angelegt. Jede Elektrode enthält multipolare Kontakte (motorisch) oder

Entwicklung einer ersten bidirektionalen Neuroprothese

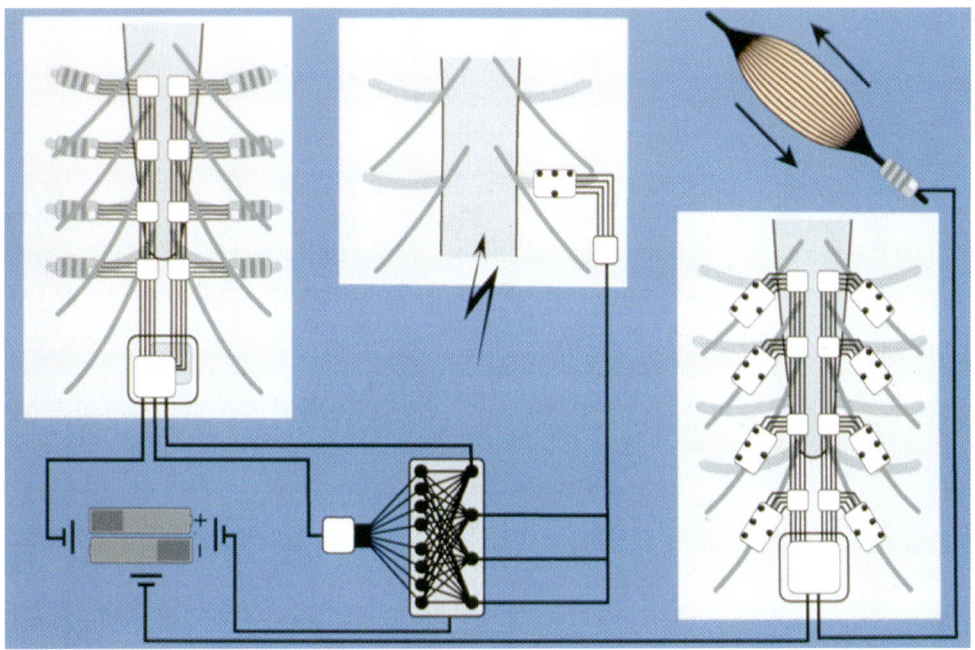

Systemaufbau und -komponenten des adaptiven Implantats zur Behandlung der Blasenlähmung bei Querschnittsgelähmten

Informationen über den Füllungszustand der Harnblase werden über die sakralen, sensiblen Spinalnerven abgeleitet (links oben) und zur Auswertung an ein künstliches neuronales Netz weitergegeben (Auswertungsverfahren: Kreuzkorrelationen und Mustererkennung). Bei Füllung von 400 bis 600 ml wird ein intakter, sensibler Rückennerv oberhalb der Querschnittläsion stimuliert (Mitte oben), so daß der Patient die Notwendigkeit zur Harnblasenentleerung spürt. Auf Knopfdruck oder per willkürlicher Muskelkontraktion (rechts oben) wird die selektive Stimulation der sakralen Vorderwurzeln eingeleitet (rechts unten), so daß nur die Harnblasenwand kontrahiert und nicht der Blasenschließmuskel. Urin kann sich entleeren. In einer zweiten Ausbaustufe ist auch die selektive Stimulation des Enddarms und der Sexualorgane vorgesehen.

quadropolare Kontakte (sensibel). Die Anschlüsse zu diesen Elektroden werden aus der harten Rückenmarkshaut (Dura) herausgeführt und im Unterhautfettgewebe entlang der Rumpfseitenwand nach vorn unter die Bauchhaut verlegt. An dieser Stelle werden sie mit Induktionsspulen verbunden, um Signale durch auf die Haut aufgesetzte Transmitter transkutan übertragen zu können. Nach Ab-

10. Neurobionische Prothesen der Zukunft

Das erste anpassungsfähige Neuroimplantat kann nicht nur stimulieren, sondern auch registrieren. Ein Patient mit solch einer neuronalen Prothese muß dann lernen, ein Gefühl für die künstlichen Implantatsignale zu entwickeln, um sie als jeweilige Blasenfüllungszustände verstehen zu können.

schluß der Wundheilung beginnt die zweite der insgesamt drei Behandlungsphasen:

Über die sensiblen Kontakte werden die Biosignale bei verschiedenen Füllungszuständen der Blase abgeleitet. Zeitgleich werden das Blasenfüllungsvolumen, die Blasendrücke und EMGs (Elektromyographien) aus Beckenboden und analem Schließmuskel aufgezeichnet. Nach entsprechender Signalvorverarbeitung lernt ein zweischichtiges neuronales *Feed-Forward*-Netz unter Anwendung der *Back-Propagation*-Lernregel (siehe 7. Kapitel), in der Simulation die Muster der verschiedenen Blasenfüllungszustände zu erkennen. Die afferenten Signalmuster bei 0 bis 50, 200 und 400 Milliliter Füllungsvolumen – oder einem Blasendruck von 40 Zentimeter H_2O – werden erkannt und in entsprechend pulscodierter Form an einen kontaktierten intakten sensiblen Nerv der Rückenhaut weitergeleitet. Der Patient lernt die künstlichen, sensiblen Phänomene über den intakten sensiblen Nerv mit dem Gefühl des jeweiligen Füllungszustands der Blase gleichzusetzen. Schließlich werden die Reizparameter für die motorische Stimulation der ventralen Wurzeln S2 bis S5 so eingestellt, daß zunächst nur die Blase selektiv aktiviert wird, ohne andere Beckenorgane mit zu innervieren. Denn die selektive Aktivierung von Enddarm und Sexualfunktionen ist nicht vorrangiges Ziel des Alpha-Projekts.

In der dritten Phase wird das neuronale Netz in das Bauchunterhautfettgewebe implantiert. Aus ethischen und rechtsmedizinischen Gründen besteht durch entsprechend angelegte, transkutane Kontakte die Möglichkeit, den Neuroprozessor jederzeit abstellen und über die vorhandenen Induktionsspulen eine klassische Vorderwurzelstimulation zur Blasenentleerung durchführen zu können.

Ein speziell zusammengestelltes Team übernimmt die weitere Rehabilitation des Patienten: Neurochirurgen und Urologen, die den medizinischen Behandlungsplan festlegen; speziell geschulte Pflegekräfte (mit Erfahrung in Neurochirurgie, Urologie, Neurorehabilitation, Physiologie der Nervenstimulation und Neuroinformatik), die den ständigen Kontakt zu dem Patienten aufrechterhalten und den Ablauf der Rehabilitation organisieren; Neuroinformatiker und Neurophysiologen, die in festgelegten Abständen die Funktion des Implantats und der Elektroden zusammen mit den Ärzten und dem Pflegepersonal überprüfen. Wendet man die oben beschriebene Technik – der differenzierten biotechnischen Kontakte an den rückenmarksnahen Wurzeln des Conus medullaris – an, bietet sich die Möglichkeit der getrennten Stimulation verschiedener Funktionen des Beckenbodens (Enddarm, Sexualfunktion). Bei den heute zur Verfügung stehenden Blasenstimulatoren kommt es während der Blasenstimulation zu einer Miterregung und Kontraktion weiter Bereiche des Beckenbodens, des Harnröhrenschließmuskels und von Teilen der unteren Extremitäten.

Etwa 1000 durch Unfälle verursachte Querschnittslähmungen treten in der Bundesrepublik Deutschland jedes Jahr neu auf. Diese Patienten sind im Durchschnitt 35 Jahre alt und verbrauchen etwa drei Millionen Mark an Gesundheitskosten während ihres weiteren Lebens für notwendige Behandlungen. Zu einem großen Anteil sind die Kosten auch infolge von urologischen Problemen (Blaseninfektion, Niereninsuffizienz) verursacht. Ein voraussichtlich etwa 500 000 Mark teures, adaptives Blasenimplantat, welches geeignet ist, urologische Komplikationen der Querschnittslähmung zu vermeiden, ist deshalb auch unter volkswirtschaftlichen Gesichtspunkten interessant.

11

Die für die Neuroprothetik so wichtigen Elektroden, wie winzig und filigran sie auch sein mögen, werden von den Nervenzellen als Fremdkörper angesehen und behandelt. Mittlerweile gibt es jedoch Elektroden, die den Nerv weder penetrieren noch verletzen. Darüber hinaus bewerkstelligt eine spezielle Transplantationskammer, daß sich Nervenzellen direkt mit Nervenzellen verbinden.

Verbindungsmethoden für Biologie und Technik

Verbindungsmethoden für Biologie und Technik

In der Geschichte der Neurophysiologie ist die Ableitung elektrischer Signale von Nervenzellen schon seit einem Jahrhundert bekannt. Elektroden unterschiedlichster Art und Größe werden auf mehr oder weniger traumatisierende Art und Weise in das biologische Gewebe eingebracht. Diese Elektroden sind im Laufe der Zeit subtiler und feiner geworden. Lagen die Größenordnungen von Ableitungs- und Stimulationselektroden in der Neurophysiologie am Anfang unseres Jahrhunderts noch im Millimeterbereich, so lassen sich dieselben heute in Größenordnungen anfertigen, die bis in einen Bereich von einigen Millionstel Millimetern hinabreichen.

Die Nachteile sind aber bei allen Versuchen die gleichen, wenn es darum geht, den Kontakt zwischen Biologie und Technik mit Mikroelektroden herzustellen: Eine Elektrode, welcher Größenordnung und aus welchem Material auch immer, ist im Nervengewebe ein Fremdkörper. Es gibt im biologischen Zellverband keine Leerräume, die eventuell frei wären, um dort Elektroden zu plazieren. Nervengewebe besteht zum einen aus den die Information verarbeitenden Neuronen. Diese sind eingebettet in ein engmaschiges Netz von sie versorgenden und vor schädigenden Stoffwechseleinflüssen schützenden Zellen. Die sogenannten *Gliazellen* bilden im Zentralnervensystem zum Beispiel mit Hilfe der Oligodendrozyten die isolierenden Schichten um die Axone, genauso wie die *Schwannschen Zellen* dies im peripheren Nervensystem tun. Es gibt weiterhin die sogenannten *Mikrogliazellen*, die die Funktion der Abfallentsorgung im Zentralnervensystem übernehmen. Schließlich müssen die vielfältigen Formen der *Astrozyten* oder Sternzellen erwähnt werden, die die Neuronen selbst bei Stoffwechselaufgaben sowie bei der Bekämpfung krankhafter Prozesse unterstützen und ein Reservoir für Nährstoffe darstellen, und die schließlich – so wird heute vermutet – auch an dem informationsverarbeitenden Prozeß selbst teilnehmen.

> Die Nervenzellen und das sie umgebende Gewebe sind hochkomplexe Strukturen, in deren Bauplan kein Platz für noch so kleine Elektroden ist. Diese werden daher immer als Fremdkörper angesehen und behandelt.

11. Verbindungsmethoden für Biologie und Technik

Zusätzlich zu dem Gliazellgewebe wird das Nervensystem natürlich von Blutgefäßen aus dem arteriellen und venösen System mit sich in immer feinere Äste aufzweigenden Adern durchzogen, die durch eine besondere Membran, die *Blut-Hirn-Schranke*, das Nervensystem vor allen schädlichen Produkten im Blutkreislauf abschirmt, die von anderen Organsystemen im Körper verkraftet werden. Als energieliefernde Substrate werden der Nervenzelle über die Blut-Hirn-Schranke nur Sauerstoff und Glukose und einige Aminosäuren zugeführt.

Zwischen diesen kompliziert zusammengesetzten Zellsystemen finden sich im Nervengewebe größere Extrazellularräume mit einem durchschnittlichen Durchmesser von 10 bis 15 Millionstel Millimeter. Diese Räume außerhalb und zwischen den verschiedenen Zellsystemen sind keine leeren Räume, in die man etwa Elektroden ohne negative Folgen einbringen könnte. Der Extrazellularraum ist angefüllt mit einem schwamm- und gallertartigen Material, das verschiedenste Baustoffe der Biologie enthält. So finden sich hier Proteine (Eiweiße aus Aminosäuren); Kettenmoleküle, die aus einzelnen Zuckerarten zusammengesetzt sind, sogenannte *Polysaccharide*; und die Derivate von Fettsäuren und sogenannten Steroiden. Dieser gallertartige, extrazelluläre Schwamm sorgt für die Regulierung des Wasserhaushalts – das zentrale Nervensystem besteht je nach Gewebeart aus 70 bis 80 Prozent Wasser. Darüber hinaus nimmt er an der Regulierung der für die elektrische Aktivität der Nervenzellen äußerst wichtigen Ionenströme teil und kann die verschiedensten Ionen in seinem gallertartigen Schwammnetzwerk speichern oder nach Bedarf abgeben.

Im Extrazellularraum befinden sich Substanzen, die zusammen mit bestimmten Zellen bei Fremdeinwirkungen aller möglichen Art, wie Trauma und Entzündung, sofort das Alarmsystem der körpereigenen Abwehr aktivieren. Selbst wenn man also Elektroden, die nicht größer als

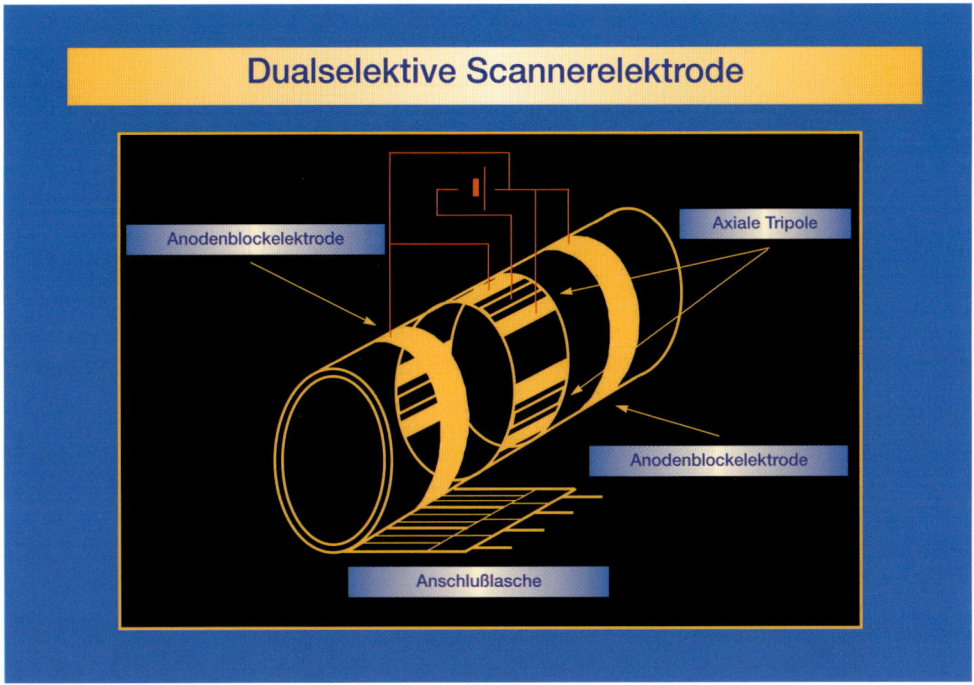

Schemazeichnung der dualselektiven Scannerelektrode

Das Prinzip der Elektrode (Entwicklung J.W. Bartha, H.W. Bothe, J. Chlebek) liegt in der Anordnung der elektrischen Kontakte zusammen mit einem sehr spezifischen Set von Stimulationsparametern. Der Elektrodenträger ist eine sich auf eine vorgegebene Größe selbst aufrollende Röhre. Sie trägt an ihrer Innenseite das Nervengewebe berührende, aber nicht drückende Kontaktflächen. Die Kontakte sind in drei Ebenen angeordnet. Außen liegen jeweils zwei Ringelektroden, die einen Anodenblock erzeugen und damit für die Diameter spezifische Selektivität sorgen. In der Mitte sind ringförmig 6 Einzelelektroden angebracht, die als Tripol verschaltet innere und äußere Segmente des von der Elektrode umhüllten Nerven stimulieren.

zehn Millionstelmillimeter sind, in dieses System durch raffinierte – heute noch nicht realisierte Techniken einbringen würde – könnte der Extrazellularraum, auch wenn die umliegenden Zellen unverletzt blieben, seiner biologischen Funktion nicht mehr nachkommen. Im schlimmsten Fall werden lokale, körpereigene Abwehrreaktionen entstehen. Sie sind stärker bei ausgedehnten Verletzungen, aber sie treten auch im submikroskopischen Bereich bei *Mikrotraumen* auf und verändern das biologische Milieu – Veränderungen, die meßbare Alterationen der elektrischen Aktivität der umliegenden, neuronalen Strukturen zur Folge haben.

Dualselektive Scannerelektrode

Gehirn und Rückenmark werden von Hirnnerven, Spinalnerven und peripheren Nerven mit Informationen aus der Umwelt oder dem Körperinneren versorgt. Gleichzeitig verlassen alle Impulse über diese Nerven das Zentralnervensystem. Die Informationen in zentralen und peripheren Nerven werden in weitgehend sortierter Form transportiert: Motorische Signale werden über vordere Spinalnerven zur Muskulatur geleitet, während die Empfindungen aus Gelenken und Haut über hintere Spinalnerven Gehirn und Rückenmark erreichen. Genauso werden visuelle und akustische Informationen über die entsprechenden Hirnnerven getrennt dem Gehirn zugeführt. Zentrale oder periphere Nerven haben einen Durchmesser von mindestens 0,1 Millimetern und höchstens 4 bis 5 Millimetern. Je nach Größe fassen sie bis zu zwei Millionen einzelne Nervenfasern.

Von der Fachhochschule Steinfurt in Zusammenarbeit mit der Westfälischen Wilhelms-Universität in Münster wurde zur Herstellung einer neurobionischen Konnektion zwischen biologischem und technischem System die inzwischen patentierte „dualselektive Scannerelektrode" entwickelt. Diese Elektrode ist in der Lage, einen Nerv selektiv, von außen, zu stimulieren, ohne den Nerv zu penetrieren oder zu verletzen. Die Elektrode ist *self-sizing*: Sie rollt sich um einen Nerv herum auf einen vorbestimmten Durchmesser auf. Der Nerv wird am Patienten vor der Operation mit Hilfe der Kernspintomographie dargestellt und seine Größe ausgemessen. Der Durchmesser der Elektrode wird während des Herstellungsprozesses festgelegt und ist 0,3 Millimeter größer als der Nerv. Die Bestimmung der Elektrode liegt in ihrer Fähigkeit, nicht alle Fasern des kontaktierten Nervs, sondern einzelne Faserbündel innerhalb des Nervs zu stimulieren. Die Auflösung der Stimulation liegt bei einem zwei Millimeter dicken Spinalnerven, der etwa 35 000 einzelne Fasern enthält, bei etwa 15 selektierbaren Regionen auf der Fläche des Durchmessers, also bei etwa 0,015 mm². Innerhalb jedes räumlich selektierten Segments lassen sich markarme und markreiche Nervenfasern nochmals selektiv stimulieren. Deshalb wird die Elektrode „dualselektiv" genannt: Sie ist raum- und durchmesserselektiv.

Die Selektivität der Stimulation wird erreicht, weil die Elektrode durch entsprechend konfigurierte elektrische Kontakte auf sehr begrenztem Raum regionale Felder aufbaut. Gleichzeitig sind die Stimulationsparameter so gewählt, daß unter Berücksichtigung der Kinetik der Depolarisation, Repolarisation und der Nervenleitgeschwindigkeit Nervenfasern unterschiedlicher Dicke und damit unterschiedlicher Funktion selektiv innerhalb jeder einzelnen Region aktiviert werden können.

Diese Elektrode stimuliert nicht nur Nervenfasern verschiedener Dicke, also unterschiedlicher Funktion, sondern schafft es darüber hinaus, den Nerv hierbei unverletzt zu lassen.

Nerventransplantationskammer

Die wachstumsfähige Nervenzelle paßt sich dem biologischen System optimal an. Sie kennt in ihrem genetischen Code alle Stoffwechselbedürfnisse einer zu kontaktierenden Nervenzelle: spezifische Signale, die von den Empfängernervenzellen ausgesendet werden, um Kontakte zu knüpfen; Oberflächenantigene, die zu einer Verklebung von Nervenzellmembranen führen.

Im Kapitel *Welt der Nerven* wurde die Arbeitsgruppe von Peter Fromherz (MPI, München) erwähnt, die Ner-

11. Verbindungsmethoden für Biologie und Technik

venzellen auf elektronischen Schaltelementen kultiviert. Eine Weiterentwicklung dieser Versuche ist in der Nerventransplantationskammer realisiert, die an der Westfälischen Wilhelms-Universität (Münster) entwickelt wird. Sie stellt eine biotechnische Konnektionsmöglichkeit her auf der Basis von biologischen und technischen Bauelementen, die in einem System zusammengefaßt sind.

Die Nerventransplantationskammer stellt eine Möglichkeit dar, mit biologischem Material einen biotechnischen Kontakt zu knüpfen.

Mit Hilfe der Mikrosystemtechnik wird eine winzige Kammer hergestellt, die die Größenordnung einer lebenden Nervenzelle besitzt (Innenmaße etwa 20 x 20 x 20 Mikrometer). Am Boden der Kammer wird ein *Feldeffekttransistor* angebracht, der elektromagnetische Potentiale kontaktlos verstärkt. Nachdem mehrere solcher Kammern mit wachstumsfähigen Nervenzellen besetzt sind, werden sie in die Nähe des zu kontaktierenden Nervengewebes gebracht. Die Molekularbiologie hat in den letzten Jahren viele Faktoren gefunden, um das Wachstum einer Nervenfaser zu fördern.

In der Neurochirurgie ist die Nerventransplantation eine etablierte Methode. Mit ihrer Hilfe können wachstumsfähige Nervenzellen in eine bestimmte Richtung gelenkt werden. Die Empfängerzellen im Wirtsorganismus werden so kontaktiert. Die aus der Nerventransplantationskammer wachsenden Nervenfasern erkennen die intra- und extrazellulären Strukturen des Gastorganismus, da sie genetisch die gleiche Ausrüstung wie dieser besitzen. Sie aktivieren auch nicht, wie Versuche im Neurotransplantationszentrum in Lund (Schweden) gezeigt haben, die körpereigene Abwehr und sie knüpfen einen perfekten interneuronalen Kontakt. Die Nervenzellen der Nerventransplantationskammer sitzen auf Feldeffekttransistoren. Diese geben die Signale der Nervenzellen dann an technische, informationsverarbeitende Systeme weiter – zum Beispiel an ein künstliches neuronales Netz.

Erste Versuche mit dieser Art der biotechnischen Kontaktherstellung wurden an der Universität Berkeley

Nerventransplantationskammer

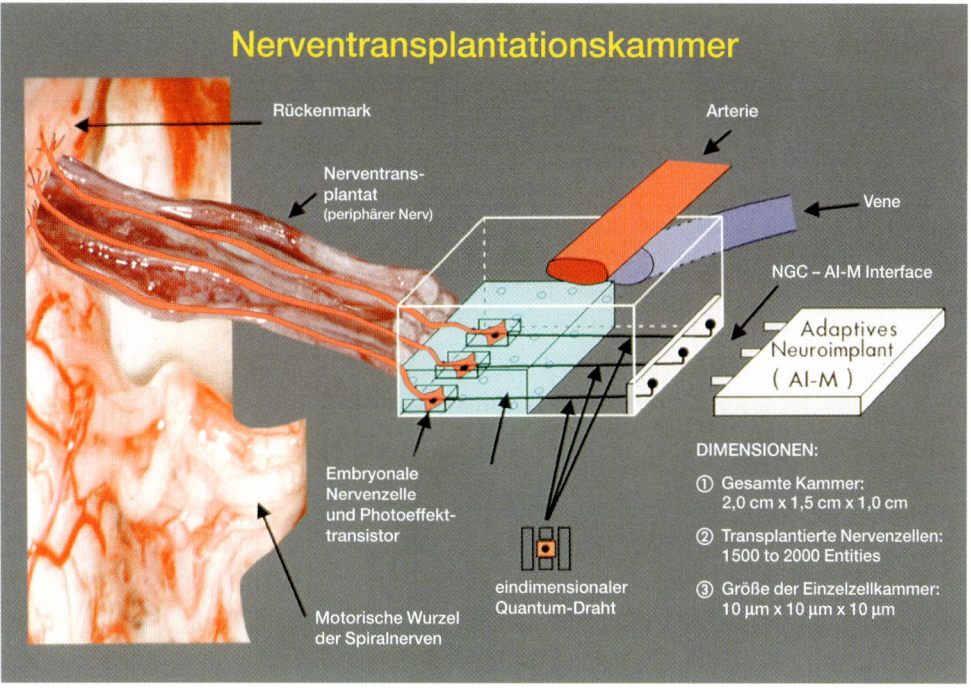

Schema der Nerventransplantationskammer

Die Kammer wird zur Ernährung der in ihr enthaltenen wachstumsfähigen Nervenzellen an das arterielle und venöse Blutgefäßsystem angeschlossen. Die Nervenzellen kontaktieren innerhalb der Kammer elektronische Schaltelemente (Transistoren), die die Signale an ein künstliches neuronales Netz weiterleiten oder die Kammerzellen stimulieren. Die Axone der Nervenzellen wachsen entlang körpereigener Nerventransplantate (gängige neurochirurgische Praxis) in das geplante Zielgebiet (zum Beispiel motorische Zellen oberhalb einer Rückenmarksverletzung) und kontaktieren dort intakte biologische Neuronen. Die Verbindung zwischen Technik und Biologie ist hergestellt.

(Kalifornien, USA) in der Arbeitsgruppe um Jerome Pine durchgeführt, die Feldeffekttransistoren mit einzelnen Nervenzellen bestückten. Um diese biotechnischen Hybride in den menschlichen Körper implantieren zu können, sind sie wegen bestimmter Eigenschaften aller Nervenzellen, die bisher noch nicht besprochen wurden, in einer zusätzlich abgeschirmten Kammer – wie sie in Münster entwickelt wird – unterzubringen.

11. Verbindungsmethoden für Biologie und Technik

Nervenzellen sind nicht in der Lage, Stoffwechselendprodukte und viele andere, im Blut zirkulierende Substanzen zu metabolisieren. Das Nervensystem ist deshalb – anders als die übrigen Körperorgane – gegen den Blutkreislauf und nichtneuronales Gewebe abgeschirmt durch die sogenannte *Blut-Hirn-Schranke*. Sie sorgt dafür, daß von den Stoffen, die vom Blut transportiert werden, nur ganz wenige bis zur einzelnen Nervenzelle vordringen, nämlich Sauerstoff, Glukose, wichtige Aminosäuren und einige Fettsäuren. Der Kontakt mit den übrigen Bestandteilen des Blutes wirkt auf Nervenzellen toxisch. Deshalb müssen die auf einem Feldeffekttransistor sitzenden, wachstumsfähigen Nervenzellen – damit sie überleben können – zwar einerseits mit Sauerstoff und Glukose versorgt, andererseits aber gegen die übrigen Stoffe, die im Blutplasma zirkulieren, abgeschirmt werden.

Dies wird in der Nerventransplantationskammer durch semipermeable Membranen erreicht, die wachstumsfähige Nervenzellen von den toxischen Bestandteilen des Blutes abschirmen. Die Nerventransplantationskammer wird mit neurochirurgischen Techniken in den menschlichen Körper implantiert. Sie wird an das arterielle und venöse Blutsystem angeschlossen und von diesem durchströmt. Der Ausgang zur technischen Seite der Kammer enthält die üblichen Steckkontakte, über die abgeleitete Signale eingespeist, verarbeitet und zum Beispiel an die Muskulatur eines Querschnittsgelähmten weitergeleitet werden.

12

In der Neurobionik geht es um den ureigensten und ganz speziellen Bereich des Lebewesens Mensch. Tierexperimente können infolgedessen häufig nur unzureichende Ergebnisse liefern. Sind Tierversuche denn überhaupt notwendig?
Welche Alternativen gibt es, und sind wir gegebenenfalls bereit, bestimmte Fragestellungen an uns selbst testen zu lassen?

Sinn und Unsinn von Tierversuchen

Sinn und Unsinn von Tierversuchen

Wir haben als Menschen Verantwortung gegenüber allen Lebewesen unserer Welt. Wenn wir ethisch festlegen, daß die Abwendung von Tod und Leid beim Menschen höher zu bewerten ist als bei nichtmenschlichen Lebensformen, sind Tierversuche in der medizinischen Forschung möglich. Die Maxime unseres Handelns lautet: Tierversuche in der Neurobionik „ja", aber so wenig wie möglich!

Zur Einschränkung von Tierversuchen stehen der neurobionischen Forschung folgende Möglichkeiten zur Verfügung:

- Computersimulationen neuronaler Informationsverarbeitung
- Untersuchungen an Zell- und Gewebekulturen
- Zusammenlegung von Tierversuchen verschiedener Forschungsinstitutionen
- Verwendung von Materialien, die toxikologisch bereits ausgetestet sind
- Neuromonitoring am Menschen während neurochirurgischer Operationen
- Der medizinische Heilversuch am Menschen
- Bewußter Verzicht auf medizinischen Fortschritt in der Neurobionik

Das menschliche Zentralnervensystem (Gehirn und Rückenmark) unterscheidet sich funktionell von demjenigen hochentwickelter Säugetiere wie der Katze. Eine Querschnittslähmung nach Rückenmarksverletzung wie beim Menschen gibt es bei der Katze nicht. Sie können einige Wochen nach einer Verletzung des Rückenmarks wieder laufen, weil der unterhalb der Verletzung liegende Teil des Rückenmarks autonom die Steuerung der Hinterläufe übernimmt. Dies bedeutet, daß die Tierversuchsergebnisse im Bereich Informationsverarbeitung nur eingeschränkt auf den Menschen übertragbar sind. Biologische Informa-

12. Sinn und Unsinn von Tierversuchen

tionsverarbeitung kann in entsprechenden Computermodellen simuliert werden. Unter Verwendung bekannter Daten aus neurophysiologischen Messungen beim Menschen – und natürlich an Tieren – wird die Simulation eines speziellen zentralnervösen Subsystems (zum Beispiel der Blasensteuerung) im Computer so lange modifiziert und angepaßt, bis sie der Informationsverarbeitung des biologischen Systems entspricht. Die Ergebnisse der Computersimulationen werden durch Messungen am Menschen überprüft und sind dann Grundlage zur Herstellung entsprechender mikroelektronischer Implantate.

Computersimulationen können ebenfalls bei der Entwicklung biotechnischer Kontaktverfahren genutzt werden. Die Physiologie der Signalübertragung und Signalfortleitung einzelner Nervenzellen und ihrer Fortsätze ist in weiten Teilen bekannt. Im Computer lassen sich deshalb Signalübertragung und hierzu notwendige elektrische Parameterkonstellationen simulieren. Das Design spezieller Elektroden läßt sich so vor dem Einsatz im biologischen Gewebe weitestgehend vorbestimmen. Vor dem Einsatz am Menschen sollte – falls obengenannte ethische Festlegung anerkannt wird – die Erprobung im Tierversuch stehen.

Nicht vermeiden lassen sich Tierversuche, um die Gewebeverträglichkeit neuer, in den Körper zu implantierender Materialien zu untersuchen. Aber auch hier kann die Anzahl solcher Versuche reduziert werden, wenn auf Materialien zurückgegriffen wird, deren toxikologische Unbedenklichkeit schon untersucht wurde. Die biologische Verträglichkeit neu entwickelter Materialien kann ebenfalls in *Gewebe- und Zellkulturen* untersucht werden.

Tierversuche werden an unterschiedlichen Forschungsinstitutionen an der gleichen Spezies zu differenten Fragestellungen durchgeführt. Ein Gespräch mit den Kollegen der Nachbardisziplin eröffnet oftmals die Möglichkeit, im Rahmen eines einzigen Versuchsvorhabens mehrere Fragestellungen zu beantworten. So konnte sich zum

Durch die tierexperimentelle Methodik lassen sich die Fragestellungen in den verschiedenen Bereichen der Neurobionik nur unvollständig oder gar nicht beantworten, es bieten sich jedoch Alternativen an.

Beispiel die Arbeitsgruppe des im zehnten Kapitel beschriebenen *Solaris*-Projekts für die notwendigen Experimente einem Tierversuch anschließen, der seit längerem in einem benachbarten Institut zu einem anderen Thema läuft. Nun wird ein Versuchstier zur Beantwortung zweier unterschiedlicher Fragenkomplexe verwendet: Folglich verringert sich die Anzahl der benötigten Tiere um die Hälfte.

Tierversuche lassen sich zusätzlich einsparen durch klinische, *patientenzentrierte Forschung*. Aufgrund der Tatsache, daß sich Informationsverarbeitung im menschlichen Gehirn und Rückenmark ganz wesentlich von derjenigen bei Tieren – auch bei hochentwickelten – unterscheidet, können Ergebnisse dieses Bereichs nicht ohne weiteres auf den Menschen übertragen werden. Die neurochirurgische Diagnostik und Therapie eröffnen viele Möglichkeiten, am Patienten die Funktionsweise von Teilsystemen des Zentralnervensystems gezielt zu untersuchen. Läsionen in Gehirn und Rückenmark von Patienten werden seit hundert Jahren in Neurologie und Neurochirurgie genutzt, um die Funktion des lädierten Nervengewebes aufzuklären. Mit Hilfe moderner Geräte der Medizinelektronik werden während neurochirurgischer Operationen, elektrische Signale des freigelegten Nervensystems abgeleitet und nach selektiver Stimulation von Gehirn und Rückenmark der Erfolg an den peripheren Organen (Arm- und Beinmuskeln, Harnblase, Auge, Ohr und andere) gemessen. Die Ergebnisse intraoperativen *Neuromonitorings* werden in Computersimulationen zur Entwicklung künstlicher neuronaler Netze genutzt. Anschließend werden die simulierten Netze so lange modifiziert, bis sie genauso Information verarbeiten wie die natürlichen, biologischen Subsysteme – die durch neurobionische Implantate ersetzt werden sollen. Die Erarbeitung von neuronalen Netzstrukturen in der Computersimulation ist die Grundlage zur Herstellung implantationsfähiger Hardware.

> Neben der Computersimulation besteht eine wesentliche Alternative im „medizinischen Heilversuch" in Absprache mit dem Patienten.

12. Sinn und Unsinn von Tierversuchen

Nach deutschem Recht steht dem Arzt nicht nur der Tierversuch zur Verfügung, um neue Therapien einzuführen. Jeder Arzt hat die Möglichkeit, seinen Patienten noch nicht abgesicherte Behandlungsverfahren im Sinne eines *Heilversuchs* anzubieten. Er bespricht mit seinem Patienten die Vor- und Nachteile sowie alle Risiken einer neuen Therapieform. Der geschäftsfähige und informierte Patient entscheidet dann, ob das noch nicht abgesicherte Heilverfahren bei ihm angewandt werden soll.

Nicht zuletzt lassen sich Tierversuche ganz vermeiden, wenn wir uns alle nach einer gesamtgesellschaftlichen, öffentlichen Diskussion dafür entscheiden, auf medizinischen Fortschritt zu verzichten – in diesem Fall im Bereich der Neurobionik.

Auf dem Hintergrund der Tatsache, daß Tiere heute sehr viel mehr als Mitgeschöpfe empfunden werden als noch vor zwanzig oder dreißig Jahren, und daß diese Änderung der menschlichen, gesamtgesellschaftlichen Empfindung Tieren gegenüber sicherlich keine vorübergehende Episode unserer gemeinsamen Orientierung ist, sollte der Tierversuch grundsätzlich – aber besonders auf dem Gebiet der Neurobionik – sorgfältig überlegt werden. Wie bereits erwähnt, lassen die fachlichen Inhalte der Neurobionik (Informationsverarbeitung in Gehirn und Rückenmark) Übertragungen vom Tier auf den Menschen nur in eingeschränktem Umfang zu. Es stehen allerdings die oben beschriebenen leistungsfähigen, alternativen Methoden zur Verfügung. Hierbei muß uns klar sein, daß wir den Anteil an Verantwortung und Risiko, der in der Vergangenheit oftmals durch unüberlegte Tierversuche auf Mitlebewesen abgewälzt wurde, in Zukunft selber tragen müssen. Dies gilt, wenn medizinischer Fortschritt und Heilung von bisher nicht heilbaren Krankheiten ein gesellschaftliches Ziel bleiben soll.

13

Interdisziplinär wie die Neurobionik ist, fließen die Erkenntnisse verschiedenster Fachgebiete in ihre Forschungsarbeit ein. Dieses Kapitel ist daher den wissenschaftlichen Partnern der Neurobionik gewidmet. Auf eine vollständige Auflistung wird allerdings verzichtet, denn viele neurobionische Kooperationen wurden bereits in den vorhergehenden Kapiteln dargestellt. An dieser Stelle wird deshalb nur noch auf die bisher unerwähnten Wissenschaftsdisziplinen eingegangen: beispielsweise den Forschungszweig, der mechanische Teile von geringerer Größe als die eines Nervenzellkernes herstellt – oder den, der die Problematik des Mikroprozessordesigns lösen helfen soll.

Partnerwissenschaften der Neurobionik

Computational Neuroscience

Das Fachgebiet mit der angloamerikanischen Bezeichnung *Computational Neuroscience* stellt in gewisser Weise das biologisch orientierte Pendant zur technologisch-ingenieurswissenschaftlich orientierten Neuroinformatik dar. *Computational Neuroscience* orientiert sich enger als die Neuroinformatik an der Biologie. Dabei fügt sie der zu Abstraktion und Vereinfachung neigenden Neuroinformatik immer wieder neue Aspekte aus dem biologischen Repertoire hinzu. Beide nähern sich von verschiedenen Ausgangspunkten demselben Ziel. Es geht beiden um die *neuronale Informationsverarbeitung*.

Ein typisches Forschungsprogramm der *Computational Neuroscience* wird am *SALK*-Institut in San Diego von der Arbeitsgruppe um Terry Sejnowski bearbeitet. Es geht um das Nervensystem des Blutegels: Berührt man einen Blutegel, so krümmt sich sein länglicher, schlauchförmiger Körper von der Berührungsstelle weg. Der zunächst gerade Körperschlauch des Blutegels bildet also nach einer Berührung ein U-förmiges Gebilde, wobei der tiefste Punkt des U an der Stelle entsteht, an der er berührt wurde. Dieses Reiz-Reaktions-Muster gilt für alle möglichen Berührungspunkte. Dies bedeutet, wenn man den Blutegel an seinem angenommenen Rücken berührt, so bildet er den tiefsten Punkt des U am Rücken, berührt man ihn am Bauch, so bildet er den tiefsten Teil des U bauchwärts. Gleiches gilt für die rechte und linke Seite. Dieses einfache Reiz-Reaktions-Muster wird im Hinblick auf die zugrundeliegende Informationsverarbeitung analysiert.

Der erste Schritt der Analyse ist die Aufklärung der morphologischen Struktur des Nervennetzes im Blutegel. Dazu wird der Blutegel in dünne Schnitte zerlegt, die nach histologischer Färbung mit dem Mikroskop untersucht werden. Die Nervenzellen, die zu dem oben beschriebenen Beugungsreflex führen, sind in drei Schichten angeordnet:

> Die *Computational Neuroscience* steht in enger Beziehung zur Neuroinformatik, orientiert sich jedoch noch stärker an ihrem biologischen Vorbild.

13. Partnerwissenschaften der Neurobionik

Die Vorgehensweise der Computational Neuroscience soll anhand der Nervenstrukturen des Blutegels illustriert werden. In einem ersten Schritt wird dabei die morphologische Struktur des Nervennetzes analysiert.

Es gibt Nervenzellen, die mit sensiblen Strukturen verknüpft sind. Diese auf Reize reagierenden Nervenenden haben eine gewisse Ähnlichkeit mit den sensiblen Strukturen im menschlichen Nervensystem. Sie nehmen Berührungsreize von der Außenwelt auf und sind parallel in der ersten Nervenzellschicht des neuronalen, informationsverarbeitenden Blutegelnetzes angeordnet. Weiterhin läßt sich in den Gewebeschnitten eine zweite Nervenzellschicht erkennen, die weder mit den sensiblen Rezeptoren der Peripherie noch mit der Muskulatur des Blutegels verknüpft ist. Eine dritte parallele Nervenzellschicht zieht mit ihren Axonen zur Muskulatur des Blutegels. Bei der zweiten Schicht handelt es sich um eine verborgene Schicht von Interneuronen, die für die Informationsverarbeitung auf dem Weg vom sensiblen Eingang zum motorischen Ausgang verantwortlich ist. So läßt sich mit einfachen lichtmikroskopischen Methoden die Grundstruktur des Nervensystems in einem einfachen Lebewesen feststellen.

Der nächste Schritt der Analyse des neuronalen Netzes beim Blutegel gilt der Untersuchung des Nervennetzes in Funktion. Hierzu werden neurophysiologische Untersuchungstechniken verwendet. So werden in die einzelnen Nervenzellen winzige Elektroden eingebracht, um die elektrische Aktivität dieser Zellen zu untersuchen. Die Neurophysiologie konnte von den technologischen Fortschritten der letzten Jahre profitieren. Eine mit dem Nobelpreis ausgezeichnete Entwicklung der letzten zehn Jahre auf dem Gebiet der neurophysiologischen Methodik, die sogenannte *Patch-clamp-Technik*, bietet die Möglichkeit, die lokalen Ionenströme aus einer Nervenzellmembran über einzelnen Ionenkanälen der Zellmembran abzuleiten.

Nach der neurophysiologischen Untersuchung von Neuronen im Gesamtnetz wird die Aktivierung bei unterschiedlichen Aufgaben analysiert. Die Stärke einzelner synaptischer Verbindungen bei genormten Aufgaben des

Netzes (zum Beispiel beim Blutegel für die Beugung der Bauchseite bei Rückenberührung) wird ermittelt. Durch Bestimmung unterschiedlicher Verbindungsstärken läßt sich dann das Gesamtmuster der elektrischen Aktivität innerhalb des Netzes für eine bestimmte Funktion festlegen. Mit morphologischen und physiologischen Methoden bleibt die Analyse eines neuronalen Netzes mehr oder weniger unvollständig.

In einer zweiten Stufe versucht man deshalb, auf der Basis der erarbeiteten Daten ein Simulationsmodell im Computer zu erstellen. In die Simulation gehen die Daten der morphologischen Organisation des jeweiligen Netzes ein: Beim Blutegel sind jeweils vier Neuronen in der Eingangs- und Zwischenschicht und acht Neuronen in der motorischen Ausgangsschicht und das jeweils für die linke und die rechte Seite. Darüber hinaus werden in dieses Simulationsprogramm die zuvor gemessenen Daten der Aktivierungs- und Schwellenfunktionen einzelner Neuronen eingegeben sowie die Stärke der synaptischen Verbindungen.

Beim ersten Simulationsversuch wird man im allgemeinen feststellen, daß das Verhalten des künstlichen, neuronalen Netzes zunächst nicht demjenigen des biologischen Netzes entspricht. Durch Veränderung der Aktivierungs- und Schwellenfunktionen sowie der synaptischen Gewichtungen läßt sich das künstliche Netz nun so lange verändern, bis es in seinem Verhalten dem biologischen Netz entspricht. Durch Analyse des biologischen Systems mit Hilfe von Mikroskopie und Physiologie in Kombination mit einer Computersimulation läßt sich die Suche nach den Algorithmen, mit deren Hilfe neuronale Netze bestimmte Aufgaben lösen, optimieren.

Die Simulation ist dabei prinzipiell auf zwei Arten möglich: zum einen in sogenannten realistischen und zum anderen in simplifizierten Modellen. Die realistischen Modelle werden unter Berücksichtigung möglichst vieler

Die Computersimulation auf der Grundlage realistischer oder simplifizierter Modelle dient der weiterführenden Analyse biologischer neuronaler Netze.

Details physiologischer und molekularbiologischer Kenntnisse über Neuronen aufgebaut. Der Detailreichtum kann allerdings leicht dazu führen, daß die Funktion des Modells genausowenig erklärbar bleibt wie die seiner natürlichen Vorlagen. Auch besteht die Gefahr, daß trotz Berücksichtigung vieler Einzelheiten wichtige Aspekte des natürlichen Vorbildes in die Modellkonstruktion nicht einfließen, weil die empirische Forschung sie noch nicht entdeckt hat. Diese in wichtigen Einzelmomenten unvollständigen, aber ansonsten realistischen Modelle können völlig andere informationsverarbeitende Eigenschaften entwickeln als ihre natürlichen Vorbilder und damit zu falschen Ergebnissen und unrichtigen Schlußfolgerungen führen.

Die zweite Strategie – natürliche Netze im Computer nachzubilden – benutzt simplifizierte Modelle, um zumindest wichtige Prinzipien der neuronalen Informationsverarbeitung erfassen zu können. Die Methoden der *Computational Neuroscience*, Wissen zu erlangen, sind die schon in den vorherigen Kapiteln beschriebenen Werkzeuge der klassischen, naturwissenschaftlichen Methode, nämlich das reduktionistische Denken. Trotz Verwendung dieser klassischen deterministischen Methode wird durch die Kombination von Analyse und Simulation ein neuronales System erstellt, das sich in Teilaspekten wie das natürliche System nicht vorhersagbar verhält. Auf die Ergebnisse der *Computational Neuroscience* können Neuroinformatik und Mikroelektronik aufbauen, um künstliche neuronale Netze sowohl zu entwerfen als auch in Hardware zu realisieren.

Biophysik

Neueste Forschungsmethoden der Biophysik haben Ergebnisse geliefert, die in zwei Bereichen für die Neurobionik von Bedeutung sind: Zum einen versucht die Biophysik, mit künstlich hergestellten Systemen aus der Siliziumtechnik biologische Vorgänge der informationsverarbeitenden Einheiten, der Neuronen, nachzuahmen. Zum zweiten ist es in ersten Ansätzen gelungen, tatsächlich eine Verbindung zwischen biologischen Neuronen und technischen Schaltelementen der Elektronik herzustellen.

Die Arbeitsgruppe um Peter Fromherz vom Max-Planck-Institut in München versucht, die Vorgänge der Erregungsausbreitung innerhalb von Axonen und Dendriten in einem Siliziumsystem zu simulieren. Es wird ein Träger hergestellt, der einem rechteckigen Stab mit einer Längenausdehnung von wenigen Millimetern entspricht. Auf einer Seite des Stabs wird mit Hilfe der Verfahren, die zur Herstellung von Mikroprozessoren verwendet werden, eine flache Grube eingeätzt, deren Tiefe 170 millionstel und deren Breite 150 millionstel Millimeter beträgt. Die Länge des Stabes ist vier Millimeter. Der Siliziumträger wird auf eine isolierte Glasplatte aufgebracht, und in die eingeätzte Grube werden flüssige Bestandteile biologischer Membranen eingefüllt. Biologische Membranen bestehen aus einer Trilipidschicht, in die unter anderem Tunnelproteine eingelassen sind, die für die Erzeugung elektrischer Erregungen in biologischen Nervenzellmembranen verantwortlich sind.

Dieses System ist eine Verbindung aus technischen Bauelementen, gefertigt aus Silizium und biologischen Bauelementen, bestehend aus Fettsäuren und Proteinen. Legt man an einem Ende des Stabs eine Spannung an – wie es bei einer natürlichen Nervenzellmembran zum Beispiel am Anfang, im Initialsegment eines Axons geschieht – so lassen sich die räumlich-zeitlichen Erregungsverläufe auf dem etwa vier Millimeter langen Membranelement untersuchen und die jeweiligen Bedingungen der Erregungsausbreitung sowohl der technischen wie auch der biologischen Elemente variieren.

Zwei Dinge sind mit dieser Kombination in Hinblick auf die Neurobionik erreichbar: Zum ersten ist es möglich,

Aus technischen (Silizium) und biologischen Bauelementen (Fettsäuren und Proteine) werden Erregungsleiter hergestellt, anhand derer die neuronale Erregungsausbreitung beobachtet werden kann.

13. Partnerwissenschaften der Neurobionik

Anhand eines biologisch-technischen Stromleiters können zwei Probleme angegangen werden: Die Erforschung der biologischen Erregungsausbreitung und die Verbindung von biologischen und technischen informationsverarbeitenden Systemen.

die biophysikalischen, elektrischen Membranprozesse und ihr zeitliches und räumliches, dynamisches Verhalten – wie es in biologischen Membranen abläuft – zu studieren. Insbesondere lassen sich Prozesse untersuchen, die zur Erregungsausbreitung entlang eines Nervenaxons führen, welches im Bereich seines Initialsegments angeregt wurde. Dieses biologische Verhalten ist in Kabeln bei weitem nicht so genial gelöst wie in der Natur. In technischen Kupferkabeln ist die Stromausbreitung entlang dem Leiter darauf angewiesen, daß am Anfang und Ende des Kabels eine elektrische Spannung für Elektronendruck sorgt. Der Strom verliert auf seinem Weg durch den Widerstand des Kabels an Arbeitskraft und Energie. In der Natur hingegen – im Axon der Nervenzelle – regeneriert sich der elektrische Spannungsimpuls an jeder Stelle des Axons von neuem. Dabei können diese Relaisstationen unendlich dicht beieinanderliegen oder auch durch geschickte Isolation zu einer saltatorischen, das heißt sprunghaften, Erregungsleitung führen. Wie es zu dieser in der Natur sehr energiesparenden und geschickten Lösung der Weiterleitung von Informationssignalen entlang eines Axons kommt, konnte mit Hilfe des oben beschriebenen Forschungsprojekts zumindest teilweise geklärt werden.

Zum zweiten ist nun vorstellbar, daß in Zukunft über hybride biologisch-physikalische Systeme eine schonende und zugleich effektive Verbindung von technischen Systemen der Informationsverarbeitung zu biologischen Systemen hergestellt werden kann.

Erreichte Ziele der Biophysik sind die Verbindung von technischem und biologischem System sowie der nach Plan ablaufende strukturelle Aufbau aussprossender Axone.

Die Biophysik beschäftigt sich außerdem mit der Herstellung einer direkten Verbindung zwischen lebenden Nervenzellen und technischen Schaltelementen. Auch hier ist es der Arbeitsgruppe um Fromherz gelungen, eine Nervenzelle des Blutegels auf einem elektronischen Schaltelement, einem sogenannten *Feldeffekttransistor*, zu züchten, am Leben zu erhalten und die elektrischen Signale, die die Nervenzelle produziert, über ein elektronisches Element zu verstärken.

Außerdem werden im Max-Planck-Institut in München wachstumsfähige Nervenzellen in vorgeplanter Art und Weise während ihres Wachstumsprozesses miteinander verbunden. Die informationsverarbeitende Leistung im biologischen Nervensystem ist eng an die Struktur gebunden, in der diese Nervenzellen miteinander verknüpft sind.

Um ein geplantes Netzwerk-Design mit biologischen Elementen herzustellen, wird auf einem Träger (zum Beispiel Glas) ein Kulturmedium aufgebracht, welches die für das Wachstum von Nervenzellen benötigten Nährstoffe enthält. Bringt man Nervenzellen auf diesen Träger, wachsen sie, ihre Axone sprossen aus und suchen zunächst ungerichtet und ungezielt Kontakt mit anderen Nervenzellen. Nun wird dieser Träger so verändert, daß die Nervenaxone nur noch entlang bestimmter Bahnen aussprossen können. Dazu hat man, wie bei der Herstellung eines technischen Leitersystems (Platine), eine Maske aus Metall auf das Kulturmedium aufgebracht. Diese Maske bildet bestimmte Bahnsysteme ab, die nach ihrer Applikation auf das Kulturmedium dieses wie ein Gitter bedecken. Der Sandwich aus Glasplattenträger, Kulturmedium und Metallmaske wird anschließend mit einer energiereichen, elektromagnetischen Strahlung bestrahlt. Das freiliegende Wachstumsmedium wird dadurch an den nicht von der Maske bedeckten Stellen denaturiert. Die biologischen Bestandteile an den bestrahlten, unbedeckten Stellen sind nicht mehr funktionsfähig. Entfernt man die Maske und besetzt die intakten Bereiche des Kulturmediums mit wachstumsfähigen Nervenzellen, wachsen diese nur entlang der nicht denaturierten, vorbestimmten Bahnen und sind somit gezwungen, in vorgeplanter Weise auszusprossen und in vorgegebener Weise mit anderen Nervenzellen Kontakte zu knüpfen.

Die Biophysik hat erste Etappenziele auf dem Weg erreicht, neuronale Netze aus biologischen Bauelementen in einer vorgeplanten Architektur zu erstellen.

13. Partnerwissenschaften der Neurobionik

Diese sich allerdings erst in den Anfängen befindende Technik läßt bei weiterer Verfeinerung erwarten, daß neuronale Netze mit biologischen Bausteinen in Zukunft auf vorherbestimmte Art und Weise zusammengesetzt werden können. Es ist durchaus vorstellbar, daß solche biologischen, neuronalen Netze dann im menschlichen Körper nach Anschluß an den Blutversorgungskreislauf zum Ersatz von ausgefallenen Funktionen dienen können.

Zell- und Gewebebiologie

Ferner ist das Erreichen neurobionischer Zielvorstellungen undenkbar ohne die Zell- und Molekularbiologie. Die Zellbiologie beschäftigt sich im Rahmen der biologischen Informationsverarbeitung mit der Analyse von Neuronen, die Gewebebiologie mit Gruppen von Neuronen. Es wird mit Zell- und Gewebekultur gearbeitet, zum Beispiel in der Arbeitsgruppe von Günter Gross aus Denton in Texas. Dieser Gruppe ist es gelungen, zwischen 100 und 200 Nervenzellen, die miteinander in einem Netzwerk in Verbindung stehen, über einen Zeitraum von bis zu 200 Tagen in Kultur zu halten und die elektrische Aktivität innerhalb des Netzwerks zu analysieren.

Die Zellbiologie untersucht Struktur und Funktion von Nervenzellverbänden.

Es werden Nervenzellen in einer einschichtigen Ebene auf einem Kulturmedium aufgebracht, welches auf einem Träger von 64 Ableitelektroden aufgebracht ist. Der Durchmesser dieses biologischen Netzwerks mit seinen etwa 100 Nervenzellen ist nicht größer als 1,5 mal 3 Millimeter. Über die 64 Elektroden kann die spontane elektrische Aktivität des biologischen neuronalen Netzwerks abgeleitet werden. Grundsätzliche Funktionsprinzipien im informationsverarbeitenden Verbund von Nervenzellen lassen sich so herausfinden.

Ein wichtiger Aspekt bei der Untersuchung von Nervenzellverbänden ist die Tatsache, daß diese Eigenschaften entwickeln, die in der Aktivität von Einzelzellen nicht enthalten sind. Impulsfrequenzen sind das Hilfsmittel, quantitative Daten zu decodieren, Phasendifferenzen in der zeitlichen Abfolge dienen zum Aufbau zeitlicher und räumlicher Muster. Diese Leistungen sind nicht durch die Untersuchung von Einzelzellfunktionen, sondern nur durch Analyse ihrer Funktion im Verbund beschreibbar.

Mit Hilfe der in Zellkultur gehaltenen, neuronalen Netze (die nicht wie unser natürliches Nervensystem mit sensorischen und sensiblen Eingängen und auch nicht mit motorischen Ausgängen verbunden sind) hat man herausgefunden, daß sich Zellverbände mit Schrittmacherfunktion für das gesamte Netz herausbilden. Schrittmacherzellen können auch kleine Neuronenverbände gleichzeitig an mehreren unterschiedlichen Stellen des Gesamtnetzes ausbilden. Sie sorgen dafür, daß die Aktivität aller Neuronen in mehr oder weniger strenger zeitlicher Ordnung synchronisiert wird. Wir entdecken den Aspekt der Selbstorganisation wieder. Analysiert man die funktionellen Zustände von in Kultur gehaltenen, biologischen Nervenzellen, so findet man, daß einige der Zustände mit Hilfe der Theorie nichtlinearer, dynamischer Systeme beschreibbar sind. Einige der „chaotischen" Systemzustände sind also mit fraktalen Attraktoren zu beschreiben.

Eine praktische Anwendung von kultivierten neuronalen Netzen liegt in der Erkennung chemischer Substanzen in geringer Konzentration: Biologische Neuronennetze reagieren sehr empfindlich auf Veränderungen ihrer Umgebung. Sie fallen von einem relativ stabilen Zustand durch leichten Anstoß durch äußere Störfaktoren in einen chaotischen, indeterministischen Zustand, aus dem sie durch „Finden einer neuen Insel der Ordnung" wieder herauskommen. Die Analyse der Abfolge verschiedener Systemzustände läßt Schlußfolgerungen auf chemische Substanzen in der Umgebung gezüchteter Neuronenverbände zu.

Neuronetze sind indeterministisch arbeitende Systeme, deren Aktivitäten zum Teil mit Hilfe nichtlinearer Gleichungen beschreibbar sind. Die Zellbiologie untersucht auch – über die Funktion einzelner Nervenzellen hinausgehend – die noch komplexeren Funktionen eines Nervenzellverbandes.

Neurotechnologie

Mikromechanik und Mikroelektronik entwickeln implantierbare Systeme für die Neurobionik. In der Mikromechanik geht es darum, winzige mechanische Module in hoher Präzision herzustellen. So ist es denkbar, im Rahmen der neurobionischen Technik Motoren mit einer Größe von einigen tausendstel Millimetern, winzige Pumpen oder Kammern für wachstumsfähige Nervenzellen herzustellen – die unter anderem an den biologischen Blutkreislauf anschließbar sind. Die Mikroelektronik stellt Mikroprozessoren für biologische Informationsverarbeitung her.

Mikromechanik

Die Mikromechanik hat heute im wesentlichen zwei technische Verfahren zur Verfügung. Zum einen ist dies die *Liga*-Technik (Lithographie und Galvanoformung) und zum anderen die Siliziumtechnik. Die Siliziumtechnik basiert dabei im wesentlichen auf den Verfahren, mit denen heute Mikroprozessoren großindustriell hergestellt werden. Es werden dabei Einkristalle aus Silizium angezüchtet. Man nutzt anschließend den Effekt, daß gewisse Ätzmedien diesen Einkristall in bestimmten Richtungen besonders schnell auflösen, während die Auflösungsgeschwindigkeit in der anderen Richtung sehr viel kleiner ist. Will man also eine Struktur aus solch einem Siliziumeinkristall herauslösen, fertigt man zunächst eine Maske dieser Struktur an. Mit Hilfe dieser Maske wird eine entsprechende Lackschicht auf den Siliziumeinkristall gebracht, die dem Ätzmedium dann entsprechend der vorgefertigten Lackschicht nur bestimmte Angriffspunkte an der Oberfläche offenläßt. Die Genauigkeit der Gestaltungsmöglichkeit ist bei dieser Technik relativ eng begrenzt, denn sie wird durch die Gitterstruktur des Kristalls vorge-

Mikromechanik

geben. Die Möglichkeiten, Formen im Tausendstelmillimeterbereich unterschiedlicher Gestalt herzustellen, sind begrenzt. Trotzdem bietet die Siliziummikromechanik Vorteile. Die einheitliche Herstellungstechnik für Elektronik und Mechanik ermöglicht es, die informationsverarbeitende Mikroelektronik zusammen mit einer bestimmten Rezeptor- oder Effektormechanik in den gleichen Siliziumkristall zu ätzen. Das Ergebnis ist dann ein integriertes, elektromechanisches Bauteil, das zwischen mechanischen Bestandteilen und informationsverarbeitenden Strukturen problemlos Daten austauschen kann. Mit Hilfe dieser Technik werden zum Beispiel intelligente, integrierte Drucksensoren für die Medizin hergestellt.

Freie Gestaltungsmöglichkeiten der Bauteile auf submikroskopischer Ebene bietet die Liga-Technik. Begründer dieser Technik ist der in Mainz tätige Professor Ehrfeld. Das Prinzip der Herstellung von Mikrostrukturen mit der Liga-Technik ist unkompliziert. Man verwendet einen Kunststoff (im allgemeinen Polymethylmetacrylat: PMMA), der sich nach hochenergetischer, elektromagnetischer Bestrahlung substantiell umwandelt. Die durch Bestrahlung umgewandelten Substanzteile lassen sich durch verschiedene chemische Lösungsverfahren aus dem Kunststoff herauslösen. Um dem Kunststoff Form zu geben, wird er mit einer Maske, die strahlenundurchlässig ist, bedeckt. Das gestalterische Design der Maske legt letztendlich die vorbestimmte Form fest. Nach Beschichtung des Kunststoffs mit der Maske wird er mit Synchrotronstrahlung beschossen. Durch die Öffnungen der Maske hindurchtretend verändert die Strahlung mit großer Tiefenschärfe den Kunststoff und dessen Substanz. Synchrotronstrahlung wird deshalb verwendet, weil es sich um eine extrem parallele und intensive Röntgenstrahlung handelt. Die bestrahlten Bereiche des Kunststoffs werden anschließend in einem speziellen Entwicklungsprozeß mit einem Lösungsmittel selektiv entfernt. Es entsteht eine reliefartige Struktur.

Die Mikromechanik kann mehrere Verfahren zur Herstellung von Mikrobauteilen anwenden. Mit der Siliziumtechnik werden elektromechanische Elemente und mit der Liga-Technik submikroskopische, mechanische Teile hergestellt.

Die Hohlräume dieser Struktur werden auf galvanischem Weg mit Metall aufgefüllt. Nach Entfernung der restlichen Kunststoffteile erhält man eine Mikrostruktur aus Metall, deren Form die Komplementärmenge der zuvor durch die Synchrotronstrahlung ausgestanzten Kunststoffmasse darstellt. Mit Hilfe der Liga-Technik lassen sich mechanische Bauteile bis zu einer Größenordnung von wenigen Mikrometern herstellen – also Bauteile, die durchaus in einer Nervenzelle Platz finden würden. Die Größe von einzelnen, äußerst präzise hergestellten Zahnrädern ist zum Teil geringer als der Zellkern einer Nervenzelle. Mit Hilfe der Liga-Technik lassen sich die für die Neurobionik benötigten submikroskopischen, mechanischen Teile im Mikrometerbereich anfertigen.

Mikroelektronik

Die entscheidenden Probleme, die die Mikroelektronik im Zusammenhang mit der Neurobionik lösen muß, liegen im Mikroprozessordesign. Wir haben in den vorhergehenden Kapiteln die Funktion neuronaler Netze kennengelernt. Wenn heute mit Hilfe der Computertechnik biologische neuronale Netze nachgeahmt werden, so handelt es sich hierbei immer um Simulationen. Die Hardware, auf der die Simulation von neuronalen Netzen abläuft, besteht aus sequentiellen Mikroprozessoren. Die Struktur der Rechner ist so gestaltet, daß von den logischen Arbeitsabläufen immer ein Schritt nach dem anderen ausgeführt wird. Die enorme Parallelität von neuronalen Netzen wird auf diesen Rechnern durch eine entsprechend gestaltete Software simuliert. Parallel ablaufende Prozesse müssen nacheinander abgearbeitet werden. Die Folge dieser sequentiellen Arbeitsweise ist ein schnell ins Unendliche wachsender Zeitbedarf, wenn es um die Simulation komplexer Netze geht.

Mikroelektronik

Dies ist mit den Anforderungen der Neurobionik nicht vereinbar. Neuronale Netze, die Teilfunktionen im menschlichen Nervensystem übernehmen sollen, müssen in *Realtime*, das heißt genauso schnell arbeiten können wie die biologische Informationsverarbeitung selbst. Die Mikroprozessoren der Neurobionik dürfen neuronale Informationsverarbeitung nicht simulieren, sondern müssen sie emulieren. Neurochips sollen vor allem die Bidirektionalität des biologischen Nervensystems nachahmen. Bis zum heutigen Tag existiert kein einziger implantierbarer Mikroprozessor, der Signale aus dem biologischen Nervensystem aufnehmen und verarbeiten kann. Nur einfache Stimulatoren werden hergestellt und sind für Implantationszwecke freigegeben.

Stefan Prange vom Institut für Mikroelektronik in Berlin hat ausgerechnet, daß ein einfacher Lernvorgang in einem vierschichtigen, neuronalen Netzwerk mit 32 Neu-

Marienkäfer mit Zahnrädern

In LIGA-Technik gefertigte und vergoldete Zahnräder für ein Planetengetriebe im Größenvergleich zu einem Marienkäfer. Material: Nickel-Eisen, vergoldet. Quelle: Institut für Mikrotechnik Mainz GmbH

ronen pro Schicht in einer simulierten Abarbeitung auf einem sequentiellen Mikroprozessor etwa 40 Tage dauern würde. Dies unterstreicht die Forderung nach der *Emulation* neuronaler Netze in Hardware. Bei der Entwicklung und Fertigung neuronaler Netze in emulierter Form treten Probleme auf.

In einem ersten Schritt arbeitet die Mikroelektronik mit Computersimulationen, um dann zu implantierende Neurochips in Hardware herzustellen.

Zunächst einmal zeichnen sich neuronale Netzwerke durch vielfache Verbindungen der Neuronen untereinander aus. Jedes Neuron jeder Schicht kann mit jedem anderen Neuron im neuronalen Netzwerk verbunden sein. Diese Art von Problemen ist mit den mathematischen Hilfsmitteln der Topologie, der Lehre von Lage und Anordnung geometrischer Gebilde im Raum, lösbar. Es gilt, eine optimale Lösung neuronaler Netze für bestimmte Aufgaben im Hinblick auf ihre Verbindungen zu finden. Wobei optimal im Hinblick auf Leiterbahnen heißt, daß diese sich auf dem Neurochip an möglichst wenig Stellen überkreuzen.

Ein weiteres Problem bei der Herstellung von emulierten Neurochips ist die optimierte dreidimensionale Anordnung der Neuronen so wie sie das Bauprinzip der Biologie vorgibt. Herkömmliche sequentielle Mikroprozessoren sind in bezug auf ihre Funktionselemente auf einer Ebene angeordnet. Die optimale, von der Natur gefundene Lösung gilt es in Siliziumtechnik (oder auch anderen innovativen Verfahren) nachzuahmen.

Mikroprozessoren, die für neurobionische Prothesen entwickelt werden, müssen bidirektional Information verarbeiten können und mehrere Bereiche klinischer Anwendungen abdecken: Der Mikroprozessor des Harnblasenimplantats lernt die Signale der sakralen Hinterwurzeln so zu interpretieren, daß er das Füllungsvolumen der Blase erkennt und durch selektive Stimulation der Vorderwurzeln die Entleerung einleitet. Der gleiche Mikroprozessor sollte durch Interpretation der Signale aus den lumbalen Hinterwurzeln die Stellung der Beine im Raum erkennen und durch selektive Stimulation der lumbalen Vorderwurzeln die Muskulatur der Beine zum Stehen und Gehen koordinieren.

Neurochirurgie

Die Neurochirurgie behandelt Erkrankungen des menschlichen Nervensystems operativ. Das Nervensystem besteht aus Gehirn, Rückenmark und peripheren Nerven (den Nerven in Armen und Beinen). Die Neurochirurgie ist einerseits ein sehr altes, andererseits sehr junges klinisches Fach. Öffnungen des Schädels wurden schon, wie einschlägige Funde bestätigen, in der Steinzeit, im alten Ägypten und in den alten mittelamerikanischen Kulturen durchgeführt.

In die Moderne ist die Neurochirurgie allerdings erst seit etwa 100 Jahren eingetreten. Damals haben sich zunächst Allgemeinchirurgen intensiv mit der operativen Behandlung von Erkrankungen des menschlichen Nervensystems befaßt. Während der ersten 50 bis 60 Jahre waren der Neurochirurgie nur sehr geringe Erfolge beschieden. Einer der großen europäischen Neurochirurgen, ihr eigentlicher Großvater, Herbert Olivecrona aus Schweden, mußte sich noch mit der Tatsache abfinden, daß mindestens die Hälfte aller von ihm behandelten Patienten auf dem Operationstisch starb. Der anderen Hälfte ging es nach der Operation oftmals schlechter als vor dem neurochirurgischen Eingriff. Im Laufe der fünfziger und sechziger Jahre wandelte sich diese Situation allmählich, bis es dann Anfang der siebziger Jahre zu rasanten Fortschritten in der Neurochirurgie kam. Heute stirbt kein neurochirurgisch operierter Patient mehr auf dem Operationstisch, und dem größten Teil der Patienten geht es nach der Operation besser als vorher.

Zu den Erkrankungen, unter denen die Patienten leiden, gehören Tumoren – gut- und bösartige –, die sowohl

13. Partnerwissenschaften der Neurobionik

im Gehirn, im Rückenmark wie auch manchmal im Bereich der peripheren Nerven wachsen. Weiterhin hat die Neurochirurgie sich mit den Folgen von Unfällen auseinanderzusetzen. Hunderttausende verunglücken jedes Jahr im Straßenverkehr. Es kommt zu Schädelzertrümmerungen, Hirnblutungen, Querschnittslähmungen und Abtrennung von Gliedmaßen. Die Neurochirurgie versucht bei diesen Patienten zu retten, was noch zu retten ist: durch Entfernen der Blutungen, durch Wiederzusammennähen der durchtrennten Nerven und durch Stabilisierung verletzter Wirbelsäulen. In vielen Fällen kann durch diese Eingriffe den Patienten geholfen werden.

Aufgrund zahlreicher Entwicklungen verzeichnet das klinische Fach Neurochirurgie seit Anfang der siebziger Jahre besondere operationstechnische Erfolge.

Das Dilemma der Neurochirurgie und vor allem natürlich der Patienten bleibt aber die Tatsache, daß ausgefallenes Nervengewebe – zumindest im Gehirn und Rückenmark – nicht in der Lage ist, wieder zu regenerieren, beziehungsweise nur in verschwindend geringem Ausmaß. Weitere Krankheitsbilder der Neurochirurgie sind Mißbildungen am Gehirn und Rückenmark, die schon während der Fötalzeit entstehen, teilweise durch Medikamenteneinnahme, aber auch durch ungesunde Lebensweise, wie Nikotin- und Alkoholkonsum. Schließlich beschäftigt sich die Neurochirurgie auch mit einer der größten Zivilisationskrankheiten unseres Jahrhunderts, dem erkrankten und degenerierten Gefäßsystem. Dies bedeutet für das Gehirn, daß geplatzte Blutgefäße Nervengewebe zerstören oder ihm die Versorgung mit Sauerstoff und Glukose nehmen, ohne die es zugrunde geht.

Die technischen Fortschritte, die der Neurochirurgie geholfen haben, ihre Patienten besser und wirkungsvoller zu betreuen, fanden zunächst auf dem Gebiet der Mikroanatomie statt. Ab Mitte der sechziger Jahre haben Anatomen in Deutschland, insbesondere Professor Lang in Würzburg, mikroskopische, anatomische Studien betrieben – speziell im Hinblick auf neurochirurgische Operationsbedürfnisse. Gefäßlängen wurden ausgemessen, Hirnnerven in ihrer Lage untersucht, Hirnhäute und die sie umgebenden Schädelstrukturen Millimeter für Millimeter analysiert und schließlich den Neurochirurgen für die intraoperative Anwendung zur Verfügung gestellt. Die Neurochirurgie konnte diese neuen mikroanatomischen Erkenntnisse nutzen, weil Ende der sechziger Jahre das Operationsmikroskop zur Verfügung stand. In Deutschland und Europa wurde das Operationsmikroskop vor allem von Professor Yasagil in Zürich und Professor Samii in Hannover während neurochirurgischer Operationen genutzt. Mit dem Operationsmikroskop, welches kardanisch dreidimensional über dem Patienten beweglich aufgehängt ist und in seiner Position dem Blickwinkel des Operateurs millimetergenau nachgeführt werden kann, ist es möglich – bei Vergrößerungen zwischen fünfzehn- und dreißigfach – feinste Strukturen des Nervengewebes sichtbar zu machen.

Ein weiterer technischer Fortschritt von großer Bedeutung wurde mit der Einführung der sogenannten *Computertomographie* erreicht. Die Computertomographie ist eine Röntgenmethode, mit Hilfe derer sich die Weichteile im Schädelinneren in Schnitte zerlegen lassen und von dem behandelnden Neurochirurgen wie in einem Anatomieatlas betrachtet werden können. Mit Hilfe der Computertomographie ist die Diagnostik, die vorher für die Patienten schmerzhaft war und für den Operateur oftmals in ihrer Aussagekraft völlig unbefriedigend, um Lichtjahre vorangebracht worden. Eine zweite diagnostische Revolution stellte die Kernspintomographie dar, die Anfang der achtziger Jahre eingeführt wurde – und in ihrer Bildqualität die der Computertomographie nochmals übertrifft.

Schließlich wurden Stereotaxiegeräte, die zusammen mit dem Computer- und Kernspintomographen benutzt werden können, entwickelt. Metallrahmen werden am Kopf des Patienten befestigt. Mit diesem Rahmen wird vom Patienten ein Computertomogramm angefertigt. Auf

Große Fortschritte wurden auf der Basis einer entwickelten Mikroanatomie gemacht, als nach und nach Operationsmikroskop sowie Stereotaxiegerät zur Verfügung standen und Computertomographie, Kernspintomographie und Endoskopie durchgeführt werden konnten.

13. Partnerwissenschaften der Neurobionik

den Schichtbildern sind nicht nur die Gehirnstrukturen des Patienten zu sehen, sondern auch der Metallrahmen. Mit Hilfe der Eichpunkte des Stereotaxierahmens im Computerprogramm läßt sich dann über das Gehirn des Patienten ein dreidimensionales Koordinatennetz legen. Man kann aus den Computerdaten jeden Punkt auf einen Millimeter genau im Inneren des Schädels berechnen. Nun wird der Patient in den Operationssaal gefahren, auf den Stereotaxierahmen ein Zielgerät aufgesetzt und die erkrankte Stelle im Patienten mit Hilfe einer dünnen Nadel und der zuvor errechneten Koordinatenpunkte angesteuert.

Schließlich ist auf die neurochirurgische Endoskopie hinzuweisen. Mit Hilfe von nur drei Millimeter dicken flexiblen Endoskopen, die mehrere Arbeitskanäle enthalten, kann der Neurochirurg Erkrankungen im Schädelinneren und im Rückenmark mit geringstmöglicher Verletzung des Gewebes auf dem Zugangsweg zum eigentlichen Operationsgebiet erreichen.

Heutzutage ist bei einer neurobionischen Therapie der Neurochirurg für das fachgerechte Einsetzen mikroelektronischer Implantate verantwortlich.

Funktionsausfälle in Gehirn und Rückenmark lassen dem Neurochirurgen nicht viele Möglichkeiten medizinischer Hilfe aufgrund der mehrfach erwähnten, mangelnden Regenerationsfähigkeit des ZNS. Dies wird das Einsatzgebiet neurobionischer Ersatzchirurgie sein. Die Implantation eines adaptiven, neurobionischen Implantats ist dem Neurochirurgen zu überlassen, weil er als einziger unter den Medizinern gelernt hat, wie Operationen an Gehirn und Rückenmark durchzuführen sind.

Bei der Implantation einer Neuroprothese wird zuerst die Verbindung zwischen dem technischen Träger der Informationsverarbeitung und dem biologischen System hergestellt. Es ist zu entscheiden, welche Nervenbahnen zum Beispiel bei einem verletzten Rückenmark „anzuzapfen" sind. Die biotechnischen Kontakte sind chirurgisch herzustellen und der neuronale Mikroprozessor an einen geeigneten Platz, beispielsweise unter die Haut der Bauchwand zu verlegen – wegen des dicken Fettpolsters. Der nächste operative Schritt ist der Anschluß des Systems an die motorischen Erfolgsorgane. Hier ist zu entscheiden, ob ein Anschluß überhaupt möglich ist: Man muß hierzu den Ruhetonus der Muskulatur oder eine eventuell schon vorhandene Atrophie, zusätzliche Verletzungen und viele andere Dinge mehr in die Diagnose einbeziehen. Der Neurochirurg muß auch entscheiden, ob er die Verbindung zum motorischen Erfolgsorgan im Bereich des Rückenmarks, im Bereich eines peripheren Nervs oder in der Muskulatur selbst herstellen will. Je nach Anschlußort müssen unterschiedliche neurochirurgische Techniken angewendet werden.

Darüber hinaus wird ein *intraoperatives Monitoring* notwendig werden – das bedeutet eine Aufzeichnung der eventuell zu kontaktierenden Nervenbahnen sowohl in sensibler wie auch in motorischer Richtung. Hierzu sind Mikroelektroden oder Mikroelektrodenarrays notwendig, die heutzutage noch nicht zur Verfügung stehen, die aber in Zukunft erlauben sollen, ein Bahnsystem von zum Beispiel 60 000 Einzelnervenaxonen im Hörnerv nicht grob und summarisch in ihrer elektrischen Aktivität abzuleiten, sondern einen repräsentativen Querschnitt dieser 60 000 Axone zu erreichen.

Neurologie

Die Neurologie beschäftigt sich wie die Neurochirurgie mit dem zentralen und peripheren Nervensystem. Allerdings wendet sie bei ihren Patienten keine operativen Techniken an, sondern versucht durch medikamentöse und physikalische Therapie zu heilen.

Die eigentlichen Beiträge der Neurologie zur Behandlung von Erkrankungen am Nervensystem liegen in erster Linie in der Entwicklung diagnostischer Methoden. So

13. Partnerwissenschaften der Neurobionik

sind von ihr verschiedene Verfahren der Elektrodiagnostik entwickelt worden: Elektroencephalographie (EEG), Elektromyographie (EMG) und evozierte Potentiale (EP).

Bei der *Elektroencephalographie* handelt es sich um eine äußere Ableitung der Hirnströme und deren systematische Interpretation zur Diagnose von krankhaften Prozessen im Gehirn. Hierzu werden an der Schädeloberfläche nach einem festgelegten Schema ein Dutzend Elektroden angebracht. Über die Elektroden werden die Hirnströme von den unter diesen Elektroden liegenden Hirnarealen als Summenpotential abgeleitet. Nach Verstärkung der Ströme – deren Spannung im Millivoltbereich liegt – und deren Aufzeichnung auf einem xy-Schreiber oder durch einen Computer lassen sich diese Kurven interpretieren und dadurch verschiedene, krankhafte Prozesse erkennen. Dabei zeigen die Ströme des EEG je nach Zustand des Patienten Grundrhythmen, deren Form mit Alpha-, Beta-, Theta- und Deltawellen bezeichnet werden. Alphawellen haben eine Frequenz von 8 bis 13 Hertz und sind typisch für die hinteren Regionen im Gehirn und für den schlafenden Patienten.

> Anders als die Neurochirurgie wendet die Neurologie keine operativen Methoden an, sondern therapiert medikamentös und physikalisch.

Tumoren zeigen in dem betreffenden Hirnareal eine Verlangsamung der Wellenfrequenz und eine Abflachung der Amplitudenhöhe. Gehirnbereiche, von denen epileptische Anfälle ausgehen, sind Regionen mit synchronisierten Massenentladungen vieler Nervenzellen und zeigen im EEG hohe und scharfkantige Wellen. Auch Medikamentenintoxikationen oder Durchblutungsstörungen finden ein Korrelat in der Elektroencephalographie.

Mit Hilfe der *Elektromyographie* wird der Funktionszustand der Muskulatur und deren nervale Versorgung diagnostiziert. Hierzu werden in bestimmte Muskeln Metallelektroden eingestochen. Ohne daß der Patient aktive Bewegung durchführt, lassen sich schon in Ruhe Muskelpotentiale ableiten. So ist die Ruhe- oder Spontanaktivität besonders groß und zeigt ein spezifisches Muster bei Muskeln, die ihre Verbindung zu den sie versorgenden Nerven verloren haben. Auch der teilweise Innervationsverlust der Muskulatur läßt sich mit Hilfe der Elektromyographie feststellen. Bei degenerativen Erkrankungen – beispielsweise in den motorischen Nervenzellen des Vorderhorns des Rückenmarks – kommt es zu einem Verlust von Teilen der Axone in den entsprechenden, peripheren Nerven und demzufolge auch in der von diesen Nerven innervierten Muskulatur. Dies zeigt sich im EMG durch entsprechende Unterschiede in der abgeleiteten Muskelaktivität. EMG-Untersuchungen lassen sich durch aktive Mitarbeit der Patienten in ihrer Aussagekraft erweitern, indem man die Patienten bittet, bestimmte Muskelgruppen willentlich zu innervieren und anschließend die EMG-Potentiale beurteilt.

Eng verwandt mit dem EMG ist die sogenannte *Elektroneurographie*, mit Hilfe derer die Leitungsgeschwindigkeit innerhalb eines peripheren Nervs bestimmt werden kann. Diese Leitungsgeschwindigkeit kann auch in antidromer Richtung, das heißt entgegengesetzt der natürlichen Leitungsrichtung, bestimmt werden: Der Nervus ulnaris wird im Bereich des Unterarms mit einem überschwelligen Reizstrom gereizt und die Zeit bestimmt, bis dieser Reiz jenseits des Ellenbogengelenks am Oberarm angekommen ist. Auf diese Weise läßt sich eine Schädigung, die Kompression des Nervs im Ellenbogenbereich, diagnostizieren.

Die *evozierten Potentiale* sind heute in der Klinik der neurologischen Erkrankungen nicht mehr wegzudenken. Über evozierte Potentiale lassen sich sensible oder sensorische Bahnsysteme von der Peripherie, zum Beispiel von der Hand aus über alle Schaltstationen bis zur Gehirnrinde untersuchen. Dazu wird der Nervus medianus am Handgelenk etwa fünfmal pro Sekunde und insgesamt etwa zweihundertfünfzigmal gereizt. Das entsprechende Nervenaktionspotential läuft in zentraler Richtung über den

> Ihre Bedeutung für die Neurobionik erhält die Neurologie durch ihre gut entwickelten diagnostischen Methoden.

13. Partnerwissenschaften der Neurobionik

Schädigende Veränderungen – Verletzungen, Tumoren – im Gehirn lassen sich mit der Messung der Hirnströme durch die Elektroencephalographie und die evozierten Potentiale, ja sogar über psychologische Tests bestimmen und lokalisieren. Die Elektromyographie und Elektroneurographie stellen fest, an welchen Muskeln der Kontakt zu den Nerven gestört oder unterbrochen ist.

Unterarm und den Oberarm bis in die Wirbelsäule, wo es zum erstenmal im Bereich des Hinterhorns des Rückenmarks umgeschaltet wird. Von hier läuft es weiter bis in den Hals-Kopf-Übergangsbereich, von dort entlang dem Hirnstamm, über das Zwischenhirn, bis es schließlich im Großhirn in der sensiblen Rinde ankommt. Über der sensiblen Rinde im Niveau der Kopfhaut werden wiederum Elektroden angebracht und ab Beginn des Reizes über 50 Millisekunden das EEG aufgezeichnet. Nach 250 Reizapplikationen im Bereich des Nervus medianus und entsprechender Aufzeichnung von 250 EEG-Linien werden diese übereinandergelagert und für jeden Punkt der Zeitachse die Mittelwerte gebildet. Man erhält daraufhin eine bestimmte Kurve, deren Höhen, Tiefen und Umkehrpunkte Rückschlüsse auf eine eventuelle Schädigung bestimmter Bahnsysteme zulassen. Es lassen sich weitere Ableitelektroden anbringen – beispielsweise im Bereich des Rückenmarks, was bei Verdacht auf Schädigung in diesem Bereich eine genauere regionale Analyse ermöglicht. So wie für die sensiblen Bahnsysteme beschrieben, lassen sich auch evozierte Potentiale für das akustische System oder für das visuelle System anwenden, analysieren und bei einem in einem bestimmten Bereich erkrankten Patienten zur Diagnose verwenden.

Elektrophysiologische Methoden sind zur Evaluation von Patienten notwendig, denen mit Hilfe der Neurobionik geholfen werden soll. Zur Diagnose eines individuellen Schädigungsmusters und vor, während und nach der Implantation einer Neuroprothese ist die Diagnose des Funktionszustandes eines zu ersetzenden Teils des zentralen Nervensystems mit Hilfe elektrophysiologischer Methoden notwendig.

Die Neuropsychologie verwendet Testverfahren, mit denen man höhere kognitive Leistungen und deren Fehlfunktionen einschätzen und auf eventuell geschädigte Hirnareale zurückschließen kann. Es gibt einfache Tests, um das Kurzzeitgedächtnis einzuschätzen. Hierzu muß der Patient vorgesprochene Zahlenreihen nachsprechen, wobei ein Gesunder von zehn Zahlen bis zu acht im Kurzzeitgedächtnis zu speichern vermag. Nach einem statistischen Auswertungsverfahren läßt sich dann rückschließen, ob in der anatomischen Grundlage des Kurzzeitgedächtnisses – im *limbischen System* – eine Störung vorliegt. Andere Testverfahren überprüfen die räumliche Vorstellungskraft eines Patienten, die ihr anatomisches Substrat vor allen Dingen in der rechten Gehirnhemisphäre (bei Linkshändern!) hinter der motorischen Rinde findet. Bei diesen Testverfahren muß der Patient angeben, wieviel Seiten ein bestimmter Körper hat, der ihm perspektivisch, in dreidimensionaler Form auf einem Blatt Papier aufgezeichnet wird. Schließlich kann man auch die Verbindung beider Hirnhemisphären – den sogenannten *Balken* – überprüfen, indem man der linken Gesichtshälfte, welche ihre Informationen nur in die rechte Seite des Gehirns liefert, bestimmte Bilder anbietet und überprüft, ob der Patient diese Bilder bezeichnen kann. Hierzu ist es notwendig, daß diese im rechten Hirn angekommene Bildinformation über die Verbindung von rechter und linker Gehirnhälfte, den Balken, in die linke Gehirnhälfte – dem Sitz des Sprachzentrums – transportiert wird.

Neurorehabilitation

Die Neurorehabilitation muß sich heute, bei der Entwicklung ihrer Methoden, noch mit der Tatsache abfinden, daß im Bereich des zentralen Nervensystems eine Regeneration von einmal zugrunde gegangenem Nervengewebe summa summarum nicht möglich ist. Sie hat deshalb Methoden entwickelt, um die entstandenen Defizite durch Umtrainieren noch funktionierender neuronaler Bereiche auszugleichen.

13. Partnerwissenschaften der Neurobionik

An erster Stelle sind verschiedene krankengymnastische Verfahren zu erwähnen. Bei Patienten mit einem Schlaganfall, also mit zugrunde gegangenen Hirnanteilen infolge von Durchblutungsunterbrechungen in bestimmten Gehirnbereichen, entwickeln sich aufgrund der fehlenden Bahnverbindungen vom Großhirn zum Rückenmark und einer Verselbständigung der Vorderhornzellen im Rückenmark ein erhöhter Muskeltonus und eine Lähmung. Wir haben in vorhergehenden Kapiteln schon besprochen, daß es auf Rückenmarksebene selbständig funktionierende Reflexbogen gibt, die aus einem sensiblen und einem motorischen Anteil bestehen. Werden diese Reflexbogen nicht mehr vom Großhirn kontrolliert, so bewirken die ständig aus der Muskulatur, den Gelenkkapseln und der Haut eingehenden, sensiblen Informationen eine Aktivierung des motorischen Anteils dieser Reflexbogen, welche sich in einem erhöhten Muskeltonus der entsprechenden Muskelpartien bemerkbar macht, dem sogenannten *Spasmus*. Diese Daueranspannung der Muskulatur kann zu Verkürzungen bestimmter Muskelsehnen führen oder zum Schrumpfen von Gelenkkapseln infolge mangelnder Durchbewegung derselben. Ausgefeilte, krankengymnastische Übungsbehandlung vermag diese Muskelspasmen zu durchbrechen. Die durch den Eigenreflexapparat unterhaltene Muskelspannung kann der gelähmte Patient dann zum Stehen mit Gehhilfen nutzen. Auch das Schwinden der Muskulatur, die sogenannte *Atrophie nach Denervierung*, ist mit neurologisch-neurophysiologisch ausgerichteter Krankengymnastik zu behandeln.

Computer als Sprachersatzwerkzeug bei rein motorischer Sprachlähmung werden in der Neurorehabilitation verwendet: Die Sprache rekrutiert sich aus einem motorischen und einem sensorischen Anteil; nämlich aus der Fähigkeit, Wörter zu formulieren und aus der Fähigkeit, Sprache zu verstehen. Diese beiden Funktionen sind in unterschiedlichen Gehirnarealen lokalisiert. Beim Ausfall

Innerhalb der Neurorehabilitation finden die Krankengymnastik und die Logopädie ihr Anwendungsgebiet.

nur einer der beiden Teile – beispielsweise des motorischen – kann der Patient zwar Sprache verstehen, aber er ist nicht in der Lage, sich sprachlich auszudrücken. Hierbei können ihm Computer mit entsprechenden Programmen helfen, unter Ausnutzung der Tatsache, daß diese Patienten schreiben können.

Mit Hilfe rückgekoppelter Computerprogramme lassen sich auch komplexe Großhirnfunktionen, wie Konzentration und Aufmerksamkeit, die nach jedem gehirnchirurgischen Eingriff, aber auch nach anderen Erkrankungen des zentralen Nervensystems beeinträchtigt sind, behandeln.

Wenn der Schultermuskel durch Verletzung des Nervus axillaris ohne Funktion ist, wird das Schultergelenk nicht mehr durch die Muskelanspannung zusammengehalten, und die Schulter sinkt nach unten. Dies führt zur Funktionsunfähigkeit des Gelenks und oftmals zu starken Schmerzen. Um dieses neurologische Defizit auszugleichen, ist es möglich, durch eine operative Maßnahme den Trapeziusmuskel, der normalerweise in Schulterhöhe am Rücken und Hals verläuft, von seiner ursprünglichen Ansatzstelle abzutrennen und über die Schulter hinweg an den schulternahen Teil des Oberarms anzunähen. Dadurch wird auf das Schultergelenk wieder ein Muskelzug ausgeübt, so daß es nicht mehr nach unten fallen kann. Der Patient muß lernen, durch Aktivierung dieses ursprünglich anderen Aufgaben zugedachten Muskels die Schulter anzuheben.

Zur Neurorehabilitation gehören auch operativ neu angelegte Nervenverbindungen – von der Natur nicht vorgesehen. Fällt zum Beispiel der Gesichtsnerv aus, der normalerweise die Muskulatur im Gesicht bewegt, also das Auge schließt oder den Mund anhebt, uns das Lachen oder die zornige Miene ermöglicht, kann man diesen Gesichtsnerv mit dem Nerv, der normalerweise die Zunge versorgt, verbinden. Es wird dann durch eine mikrochirurgische Nervennaht der Zungennerv unterhalb des Unterkiefers durchtrennt und an den Gesichtsnerv angenäht. Nerven-

Nicht nur durch Training, auch durch operativ verlagerte Muskeln und Nerven lassen sich ausgefallene Funktionen ersetzen.

fasern, die normalerweise die Zunge bewegen, wachsen dann durch den Gesichtsnerv hindurch bis zur Gesichtsmuskulatur. Anschließend muß der Patient lernen, mit diesem zuvor die Zunge bewegenden Nerv das Gesicht zu bewegen. Dies ist möglich, da das zentrale Nervensystem lernfähig ist. Die Nervenzellen der Großhirnrinde, die normalerweise die Zunge bewegen, lernen um und innervieren nach etwa zwei Jahren Training das Gesicht über die neu angeschlossene „Kabelverbindung".

Auch die Methoden der FNS und FES, die im Kapitel über heute zum Einsatz kommende Neuroprothesen beschrieben wurden, gehören zur Neurorehabilitation. Die Neurobionik selbst ist im weitesten Sinne auch Neurorehabilitation. Die postoperativen Verfahren nach Implantation eines neurobionischen Systems werden sich allerdings von klassischer Rehabilitation unterscheiden; denn die künstlichen neuronalen Netze werden erst nach einer Lernphase die ihnen zugedachten Aufgaben übernehmen.

Selbsthilfe: Verbände und Vereine

Allgemein

Allgemeiner Behindertenverband in
Deutschland
Am Köllnischen Park 6–7
10179 Berlin
Tel. u. Fax: 0 30/23 80 66 73

Behinderten Liga e.V.
Raduhner Straße 15
12355 Berlin
Tel. u. Fax: 0 30/6 63 29 25

Bundesarbeitsgemeinschaft Hilfe für
Behinderte
Kirchfeldstr. 149
40215 Düsseldorf
Tel.: 02 11/3 10 06-0
Fax: 02 11/3 10 06-48

Bundesarbeitsgemeinschaft Hilfe für
Behinderte
Winkelsweg 179
40764 Langenfeld
Tel.: 0 21 73/27 02 20
Fax: 0 21 73/2 20 02

Stiftung Hilfswerk für behinderte Kinder
Ludwig-Erhard-Platz 1
53179 Bonn
Tel.: 02 28/8 31-0
Fax: 02 28/8 31-27 18

Amputationen

Amputierten-Initiative e.V.
Selbsthilfegruppe für Beinamputierte
Spanische Allee 158
14129 Berlin
Tel. u. Fax: 0 30/8 03 26 75

Augenerkrankungen

Bund zur Förderung Sehbehinderter e.V.
Max-Planck-Straße 24
40880 Ratingen
Tel. u. Fax: 0 21 02/44 47 37

Deutsche Retinitis Pigmentosa-Vereini-
gung e.V. – Selbsthilfevereinigung zur
Verhütung von Blindheit
Vaalser Straße 108
52074 Aachen
Tel.: 02 41/87 00 18
Fax: 02 41/87 39 61

Deutscher Blindenverband e.V.
Bismarckallee 30
53173 Bonn
Tel.: 02 28/95 58 20
Fax: 02 28/35 77 19

Selbsthilfe: Verbände und Vereine

Deutscher Verein der Blinden und Sehbehinderten in Studium und Beruf e.V.
Frauenbergstraße 8
35039 Marburg
Tel.: 0 64 21/48 14 40
Fax: 0 64 21/5 18 22

Deutsches Blindenbildungswerk GmbH
Bismarckallee 30
53173 Bonn
Tel.: 02 28/95 58 20
Fax: 02 28/35 77 19

Deutsches Komitee zur Verhütung von Blindheit
Helen-Keller-Straße 5
97209 Veitshöchheim
Tel.: 09 31/90 01-0
Fax: 09 31/90 01-1 05

Verein zur Förderung der Blindenbildung
Bleekstr. 26
30559 Hannover
Tel.: 05 11/9 54 65-0
Fax: 05 11/9 54 65-80

Vereinigung der Freunde blinder und sehbehinderter Kinder e.V.
Südring 24
22303 Hamburg
Tel. u. Fax: 0 40/2 79 71 86

Inkontinenz

Gesellschaft für Inkontinenzhilfe
Friedrich-Ebert-Straße 124
34119 Kassel
Tel.: 05 61/78 06 04
Fax: 05 61/77 67 70

Hilfe für Inkontinente Personen e.V.
Wickrather Str. 35
40547 Düsseldorf
Tel.: 02 11/59 21 27
Fax: 02 11/59 24 94

Taubheit

Bundesarbeitsgemeinschaft der Eltern und Freunde hörgeschädigter Kinder e.V.
Pirolkamp 18
22397 Hamburg
Tel.: 0 40/6 07-03 44
Fax: 0 40/6 07-23 61

Bundesarbeitsgemeinschaft Hörbehinderter Studenten und Absolventen e.V.
Hinter der Hochstätte 2a
65239 Hochheim
Tel.: 0 61 46/83 55 37
Fax: 0 61 46/2 62 89

Deutsche Cochlea-Implant Gesellschaft
Gehägestr. 30
30655 Hannover
Tel.: 05 11/9 09 59-40
Fax: 05 11/9 09 59-44

Deutsche Gesellschaft zur Förderung der Gehörlosen und Schwerhörigen
Niemöllerallee 18
81739 München
Tel.: 0 89/6 79 20-2 48
Fax: 0 89/6 79 20-2 49

Deutscher Gehörlosen Bund
Paradeplatz 3
24768 Rendsburg
Tel.: 0 43 31/58 97-22
Fax: 0 43 31/58 97-45

Deutscher Schwerhörigenbund e.V.
Schiffbauerdamm 13
10117 Berlin
Tel.: 0 30/2 80 78 77
Fax: 0 30/2 83 29 80

Deutsches Taubblindenwerk
Albert-Schweitzer-Hof 27
30559 Hannover
Tel.: 05 11/5 10 08-0
Fax: 05 11/5 10 08-57

Fördergemeinschaft für Taubblinde e.V.
Bundesvertretung Deutschland
Basteistr. 83a
53175 Bonn
Tel.: 02 28/9 56 37 63
Fax: 02 28/9 56 37 65

Gesellschaft zur Förderung der Gehörlosen
in Hamburg
Bernadottestr. 126
22605 Hamburg
Tel.: 0 40/88 20 51-52
Fax: 0 40/8 81 15 36

Rehabilitation

Deutsche Gesellschaft zur Förderung der
Rehabilitation
Birmesstraße 35
47807 Krefeld
Tel. u. Fax: 0 21 51/30 33 41

Deutsche Vereinigung für die
Rehabilitation Behinderter
Rüdigerstraße 14
70469 Stuttgart
Tel.: 07 11/89 31-0
Fax: 07 11/89 31-2 98

Unfälle

Unfallopfer-Hilfswerk
Donnersmarck Allee 8
13465 Berlin
Tel.: 0 30/4 01-32 73
Fax: 0 30/4 01-19 73

Zentralnervensystem, Aphasie und Schlaganfall

Bundesverband für die Rehabilitation der
Aphasiker e.V.
Oberthürstr. 11a
97070 Würzburg
Tel.: 0 99 31/57 37 49
Fax: 0 99 31/57 31 41

Aphasie und Schlaganfall Baden-Württemberg e.V.
Heilbronner Straße 300
70469 Stuttgart
Tel.: 07 11/81 40 30
Fax: 07 11/81 40 32

CERES
Verein zur Hilfe für Cerebralgeschädigte
Steinlachallee 14
72072 Tübingen
Tel.: 0 70 71/79 13 32

Bundesverband der Schädel-Hirnpatienten in Not e.V.
Abraham-Weil-Straße 7
76774 Leimersheim
Tel.: 0 72 72/92 75-0
Fax: 0 72 72/92 75-44

Selbsthilfe: Verbände und Vereine

Deutsche Stiftung Schlaganfallhilfe
Carl-Bertelsmann-Straße 256
33311 Gütersloh
Tel.: 0 52 41/97 70-0
Fax: 0 52 41/70 20-71

Fördergemeinschaft der Querschnitts-
gelähmten in Deutschland e.V.
Im Weiher 10
69121 Heidelberg
Tel.: 0 62 21/4 89-6 20
Fax: 0 62 21/4 89-5 84

Kuratorium ZNS für Unfallverletzte mit
Schäden des Zentralen Nervensystems e.V.
Rochusstraße 24
53123 Bonn
Tel.: 02 28/97 84-50
Fax: 02 28/9 78 45-55

Selbsthilfegruppe spastische Spinal-
paralyse-SSP
Römerstr. 30
73525 Schwäbisch-Gmünd
Tel.: 0 71 71/6 94 43
Fax: 0 71 71/4 92 45

Spina bifida und Hydrocephalus e.V.
Bundesverband zur Förderung von
Personen mit angeborener Querschnitts-
lähmung und/oder Störung des Gehirn-
kreislaufs
Münsterstr. 13
44145 Dortmund
Tel.: 02 31/83 47 77
Fax: 02 31/83 39 11

Verband der Hirn-, Rückenmark- und Ner-
venverletzten e.V.
Ebertstraße 1
67063 Ludwigshafen
Tel. u. Fax: 06 21/60 44 12

Institute und Kliniken

Auswahl von Forschungsinstituten und Universitätskliniken, die neurobionische Implantate entwickeln und bei Patienten anwenden; die Auswahl ist subjektiv und erhebt keinen Anspruch auf Vollständigkeit.

Forschungsinstitute

Fachhochschule Münster
Institut für Physikalische Technik
Stegerwaldstraße 39
D-48565 Steinfurt
Tel.: 0 25 51/96 21 66
Fax: 0 25 51/96 22 01

Ruhr-Universität Bochum
Institut für Neuroinformatik
Universitätsstraße 150
D-44780 Bochum
Tel.: 02 34/7 00-79 97 oder -79 65
Fax: 02 34/7 09-42 10 oder -42 09

Friedrich-Alexander Universität
Zentralinstitut für Biomedizinische Technik
Turnstraße 5
D-91054 Erlangen
Tel.: 0 91 31/22 10
Fax: 0 91 31/2 71 96

Universität Bonn
Institut für Informatik VI –
Neuroinformatik
Römerstraße 164
D-53117 Bonn
Tel.: 02 28/73 44 22
Fax: 02 28/73 44 25

University of Twente
Institute for Biomedical Technology
P.O. Box 217
NL-7500 AE Enschede
Tel.: 00 31/53/4 34 09 91

University of North Texas
Department of Biological Sciences and
Center of Network Sciences
USA-76203 Denton (Texas)
Tel.: 0 01/9 40/5 65 26 14

Queen's University
Department of Biomedical Engineering
ON K7L 3N6
CN-Kingston
Tel.: 0 01/6 13/5 45 20 00

National Insitute of Health
Laboratory of Neural Control
Building 36, Room 5A29
USA-20892 Bethesda (Maryland)
Tel.: 0 01/3 01/4 96 40 00

Institute und Kliniken

Universitätskliniken

Westfälische Wilhelms-Universität
Klinik und Poliklinik für Neurochirurgie
Albert-Schweitzer-Straße 33
D-48129 Münster
Tel.: 02 51/8 34 74 72
Fax: 02 51/8 34 74 79

Medizinische Hochschule Hannover
Neurochirurgische Klinik
Konstanty-Gutschow-Straße 8
D-30625 Hannover
Tel.: 05 11/5 32 66 52
Fax: 05 11/5 32 58 64

Medizinische Hochschule Hannover
Klinik für Hals-Nasen-Ohren-Heilkunde
Konstanty-Gutschow-Straße 8
D-30625 Hannover
Tel.: 05 11/5 32 30 33

Eberhard Karls-Universität
Universitäts-Augenklinik
Schleichstraße 12–16
D-72076 Tübingen
Tel.: 0 70 71/2 98 37 21
Fax: 0 70 71/29 37 30

Universitätsklinik Köln
Abt. für Stereotaxie
Kerpenerstraße 32
D-50931 Köln
Tel.: 02 21/4 78 45 80
Fax: 02 21/4 78 51 12

Universitätsklinikum Benjamin-Franklin
Neurochirurgische Klinik
Hindenburgdamm 30
D-12203 Berlin
Tel.: 0 30/84 45 25 31
Fax: 0 30/84 45 35 69

Joseph Fourier University of Grenoble
Department of Clinical and Biological
Neurosciences
Hopital A. Michallon, Pavilion B, BP 217
F-38043 Grenoble
Tel.: 00 33/4 76/51 46 00

Bildquellen:

S. 8: Bibliothek der Alten Medizinischen Fakultät, Paris
S. 72: Aus „Otto und Gustav Lilienthal. Ihr Leben in Bildern", FAB Verlag, Berlin 1996
S. 75: Ariel Fuchs, Malakoff
S. 94: Nach einer Darstellung aus Peitgen/Richter, „The Beauty of Fractals", Springer-Verlag, New York 1986
S. 100: Antiqua-Verlag, Wutöschingen-Hörheim
S. 106: Niedersächsische Landesbibliothek, Hannover
S. 165: AP Photo (ho/DLR), Frankfurt a. M.
S. 281: Institut für Mikrotechnik Main GmbH

Neue Viren auf dem Vormarsch

Das Buch berichtet detailliert über den Ausbruch von Seuchen an den verschiedensten Orten der Welt: AIDS, Hanta-Virus, Ebola-Virus, Malaria, die „fleischfressende Krankheit", die Cholera. Doch die Gefahren der Killer-Viren liegen vor allem in ihren todbringenden Auswirkungen: Was wäre, wenn ein tödliches Virus, wie z. B. Ebola, wie Erkältungs- oder Grippe-Viren durch die Luft übertragen werden könnte?

„Virus X" ist eine aktuelle Bestandsaufnahme, in der die Ergebnisse aus den Forschungsinstitutionen der ganzen Welt und eigene wissenschaftliche Recherchearbeit zusammenfließen.

Längst besiegt geglaubte Epidemien und neue, zum Teil noch unbekannte Infektionskrankheiten sind eine der größten Herausforderungen der Menschheit an der Schwelle zum dritten Jahrtausend.

Frank Ryan
Virus X
Den neuen Killer-Viren auf der Spur
430 Seiten, 21 s/w-Fotos, 1 Karte,
Festeinband mit Schutzumschlag.
ISBN 3-524-69114-5

UMSCHAU:

Die Deutsche Bibliothek – CIP-Einheitsaufnahme

Bothe, Hans-Werner:

Neurobionik : Zukunftsmedizin mit mikroelektronischen Implantaten ; Hoffnung für Querschnittsgelähmte, Schlaganfallpatienten, Parkinson-Kranke, Seh- und Hörgeschädigte, Epilepsie-Kranke, Chronisch-Schmerzkranke / Hans-Werner Bothe ; Michael Engel. – Frankfurt am Main ; Umschau-Buchverl., 1998
Frühere Ausg. u.d.T.: Bothe, Hans-Werner: Die Evolution entlässt den Geist des Menschen
    ISBN 3-524-69118-8

© 1998 Umschau Buchverlag Breidenstein GmbH, Frankfurt am Main

Alle Rechte der Verbreitung in deutscher Sprache, auch durch Film, Funk, Fernsehen, photomechanische Wiedergabe, Tonträger jeder Art, auszugsweisen Nachdruck oder Einspeicherung und Rückgewinnung in Datenverarbeitungsanlagen aller Art, sind vorbehalten.

Umschlag- und Buchgestaltung: Alinea, München
Lektorat: Katrin Welge, Frankfurt am Main
Produktionsleitung: Karin Kern
Gesamtherstellung: Alinea, München

Printed in Germany

ISBN 3-524-69118-8